"十三五"国家重点出版物出版规划项目
国家科技基础性工作专项

国家出版基金项目
NATIONAL PUBLICATION FOUNDATION

中国主要作物气候资源图集

玉米卷

主编
梅旭荣

本卷主编
刘布春　刘园

浙江科学技术出版社·杭州

版权所有　侵权必究

图书在版编目（CIP）数据

中国主要作物气候资源图集. 玉米卷 / 梅旭荣主编；刘布春, 刘园本卷主编. — 杭州：浙江科学技术出版社，2023.12

ISBN 978-7-5739-0920-6

Ⅰ.①中… Ⅱ.①梅… ②刘… ③刘… Ⅲ.①玉米—农业气象—气候资源—中国—图集 Ⅳ.①S162.3-64

中国国家版本馆CIP数据核字（2023）第230677号

本册书名	中国主要作物气候资源图集·玉米卷
主　　编	梅旭荣
本卷主编	刘布春　刘　园

出版发行	浙江科学技术出版社 杭州市体育场路347号　邮政编码：310006 办公室电话：0571-85152719 销售部电话：0571-85176040 网址：www.zkpress.com E-mail: zkpress@zkpress.com
排　　版	杭州万方图书有限公司
印　　刷	浙江新华数码印务有限公司

开　　本	787mm×1092mm　1/16	印　　张	12
字　　数	572千字		
版　　次	2023年12月第1版	印　　次	2023年12月第1次印刷
书　　号	ISBN 978-7-5739-0920-6	定　　价	190.00元
审 图 号	GS浙（2023）267号		

策划组稿	章建林　詹　喜	责任编辑	李羕然　赵雷霖
责任校对	张　宁	责任美编	金　晖
责任印务	吕　琰	装帧设计	顾　页

"中国主要作物气候资源图集"编委会

主　　任　梅旭荣

副 主 任　刘布春　白文波　刘　勤　毛丽丽　杨晓娟　刘　园
　　　　　　　游松财　李昊儒

总 编 委　（按姓氏笔画排序）
　　　　　　　毛丽丽　白文波　刘　园　刘　勤　刘布春　严昌荣
　　　　　　　李昊儒　杨晓光　杨晓娟　何英彬　张立祯　姚艳敏
　　　　　　　梅旭荣　游松财　霍治国

《中国主要作物气候资源图集·玉米卷》编写人员

主　　编　梅旭荣

本卷主编　刘布春　刘　园

本卷副主编　游松财　杨晓娟　白　薇

编 写 人 员　（按姓氏笔画排序）
　　　　　　　王　健　毛丽丽　白文波　白慧卿　刘观止　刘　勤
　　　　　　　李昊儒　杨　凡　杨　帆　陈　迪　武永峰　郑飞翔
　　　　　　　韩　锐

地 图 编 制　浙江省测绘科学技术研究院

数 字 制 图　杭州吉思信息技术有限公司

序

光、温、水、气等气候资源要素是作物生长发育必不可少的物质能量来源和环境条件，其数量、质量及时空组合不仅影响着一个地区作物的种植结构、种植制度和耕作栽培技术，而且决定了一个地区作物的气候生产潜力、现实生产能力和实际产量。气候资源要素与作物生产之间的关系和相互作用规律，不仅是农业气候学要研究的基础科学问题，还是农业生产要解决的实际问题。

无论是在人类社会初期的原始农业阶段，还是在科学技术高度发展的现代农业阶段，探索、认识和掌握气候资源与作物间关系及其相互作用规律，并据此来优化作物生产布局和改进生产技术都是农业生产与管理者重点关注的问题。1400多年前，北魏贾思勰在《齐民要术》中就有"顺天时，量地利，则用力少而成功多"的经典论述。它昭示人们，根据自然规律办事则事半功倍。我们把这种关系和相互作用规律进行总结，并用图的形式形象地表现出来，就形成了农业气候资源图集和作物气候资源图集。这两者的区别是前者强调气候资源要素与农业的关系，更具区域性；后者突出作物生产与气候资源要素结合的相互作用，更具操作性。

因此，继2015年和2016年按照气候资源要素与农业的关系编制出版了"中国农业气候资源图集"系列图书之后，我们深感它作为国家科技基础性工作专项"中国农业气候资源数字化图集编制"的研究成果，对作物生产的实际指导价值并没有被充分挖掘，这成为我们编制"中国主要作物气候资源图集"系列图书的初衷。于是，在已出版图集的基础上，我们以为主要作物生产提供指导为目的，系统梳理了水稻、小麦、玉米、棉花、大豆五大粮棉油作物气候适宜区和主要发育期的气候资源状况，对其主要发育期和全生育期的农业气候资源进行综合评价，并给出生产操作建议，形成了《中国主要作物气候资源图集·水稻卷》《中国主要作物气候资源图集·小麦卷》《中国主要作物气候资源图集·玉米卷》

《中国主要作物气候资源图集·棉花卷》《中国主要作物气候资源图集·大豆卷》。

本系列图集的编制出版，是农业气候资源研究的最新成果的体现，是源远流长的华夏农耕文明的延续和升华，它饱含了几代农业气象科技工作者的心血，不仅能成为农业科研教育和生产管理者的案头查阅工具书，而且能为农业生产经营和技术服务等多元主体提供生产决策依据和数据支撑。本系列图集的编制出版得到了中国农业科学院农业环境与可持续发展研究所、中国农业科学院农业资源与农业区划研究所、中国农业科学院农田灌溉研究所、中国气象科学研究院、中国农业大学、中国科学院地理科学与资源研究所等单位的大力协助，也得到了国家出版基金的资助。

在编制本系列图集的过程中，虽然我们倾尽所能，力求避免错误，但受水平所限，且我国存在主要作物种植区域广阔、长时间序列完整数据获取困难等客观情况，图集中出现遗漏和片面表述的情况在所难免，殷切希望广大同仁和读者不吝赐教，给予批评指正。我们也将不断深化农业气候资源研究和成果分享，使它们更好地为我国农业生产服务，更有力地支撑我国粮食安全和农业农村现代化建设。

2023 年 11 月

前言

光、热、水等气候资源是作物种植必要的物质和能量来源。气候资源的优劣与多寡以及气象灾害会影响作物的种植分布、生长发育、产量与品质形成等。20世纪80年代以来，以变暖为主要特征的全球气候变化已成为不争的事实。基于显著变化了的气候，明确中国主要作物种植区的农业气候资源与气象灾害时空分布，掌握不同作物气候资源的现状与演变规律，对于科学规划种植布局，合理高效利用气候资源，规避气象灾害，保障国家粮食安全和生态安全具有深远的意义。

本系列图集是在2016年出版的"中国农业气候资源图集"系列图书的基础上，由梅旭荣研究员等作者组成的团队，分别以中国小麦、玉米、水稻、大豆、棉花5种主要作物为研究对象，利用中国1981—2010年气象数据，依据作物生长期光、温、水等农业气候资源指标和主要农业气象灾害指标，采用数字化技术绘制而成。它以绘制的系统性图幅为基础，结合农作物实际种植面积和产量，增加了气候资源和气象灾害风险的综合分析和分图幅文字说明。

本卷图集编制了1981—2010年中国春玉米和夏玉米生长发育期、播种期—成熟期及关键生育期的光、热、水资源，光合生产潜力，光温生产潜力，以及关键生育期的低温、高温和干旱等农业气象灾害分布图，共计138幅图。

本卷图集可为中国玉米种植优化布局、高效利用气候资源和规避农业气象灾害风险提供科学参考，适合玉米生产者、农业资源利用与风险管理决策者以及农业、气象和保险公司等相关部门的科技人员阅读。

本卷图集编制工作由中国农业科学院农业环境与可持续发展研究所承担，由刘布春、刘园、梅旭荣、白文波、刘勤、杨晓娟、白薇、武永峰、游松财、李昊儒、毛丽丽、郑飞翔、陈迪、韩锐、白慧卿、王健、杨帆、杨凡、刘观止等编制完成。霍治国、毛飞、俄有浩、刘荣花、刘玲、于彩霞、张蕾、殷剑敏等为本图集数据质量控制等提供了帮助。中国农业科学院李少昆研究员对本卷图集进行了审阅并提出了修改意见。

在本卷图集的编制过程中，工作人员倾尽所能，难免出现不足和遗漏之处，殷切希望广大同仁和读者不吝赐教，给予批评指正，以便今后修订、完善，更好地为广大读者服务，促进农业气候资源的科学研究和成果共享。

编　者
2023 年 11 月

编制说明

一、编制的目的

中国地域辽阔，气候类型多样，农业气候资源丰富，但农业气象灾害趋频趋重。过去几十年中，由于全球气候变暖、种植结构调整、品种更换等多种因素影响，主要作物玉米生育期在空间上出现了一些变化，玉米气候资源时空分布也发生明显改变。因此，采用数字化技术，整编中国玉米生育期和气候资源数据，比较两个时期作物生育期和时空分布格局的变化，对科学评估气候变化对玉米生产的影响、提高防灾减灾能力、科学调整种植结构布局等都具有深远的意义。

围绕国家农业发展战略需求，应用现代信息技术手段，整合我国主要作物生育期数据，并基于《中国主要农作物生育期图集》和"中国农业气候资源图集"系列图书中的作物生育期资料，根据农业气候资源制图规范，编制了本卷图集，为高效利用农业气候资源、合理布局农业生产结构、趋利避害、保障农业可持续发展提供基础数据支撑。

二、资料和数据来源

1. 气象数据来源于中国气象局，涵盖全国（除香港特别行政区、澳门特别行政区、台湾省和南海诸岛外）740个气象台（站）30年（1981—2010年）逐日气象资料。其中，基础数据包括台（站）名称、站号、经度、纬度和海拔高度等，逐日气象数据包括平均气温、最低气温、最高气温、日照时数、降水量和平均相对湿度。剔除数据缺测严重的站点和部分高山站点，最终选用了684个气象台（站）的数据作为本卷图集制图的基础数据。

2. 玉米生育期资料来自全国2000多个县（市、区）的调研资料，并按照时段相对一致、测定方法一致、数据表示方法一致的原则，对春玉米和夏玉米生育期及相关数据进行了整理和完善。

3．专题地图底图资料来源于标准地图服务系统。

4．本卷图集涉及光温生产潜力、光合生产潜力均为年平均值。

三、资料整编及处理

在收集和整理玉米生育期及相关资料时，首先考虑玉米生长对环境条件的基本要求，其次考虑玉米生育期指标应能够反映种植区域内的基本状况，使之有明确的地区代表性。同时，由于种植制度不同，在整编生育期资料时，分为春玉米和夏玉米两部分。在绘制各等值线时，除了考虑气候条件，还考虑了玉米生长发育规律和农业生产的实际情况。

按照本卷图集制定的工作规范，对已有的数据资料进行分析、整理，对缺失的相关数据资料进行了补充。本卷图集涉及的光、温、水分资源和主要气象灾害指标通过系统收集相关文献中各灾害指标获得，并在比较分析的基础上，最终确定了各灾害指标的计算方法及其所需参数。

四、制图灾害指标说明

玉米生长季主要农业气象灾害有干旱、霜冻、低温冷害和高温等。具体指标见表1和表2。

表1 玉米生长季主要农业气象灾害指标

序号	灾害种类	生育期	指标	依据
1	春玉米一般延迟型冷害	5—9月	见表2	QX/T 101—2009《水稻、玉米冷害等级》
2	春玉米严重延迟型冷害		见表2	
3	春玉米霜冻	9月	日最低气温≤0℃	QX/T 88—2008《作物霜冻害等级》
4	春玉米高温烧苗	4月	日最高气温≥26℃	GB/T 21985—2008《主要农作物高温危害温度指标》
5	春玉米开花期高温（指标1）	6月20日—7月10日	日最高气温≥30℃且相对湿度≤60%	
6	春玉米开花期高温（指标2）		日最高气温≥35℃	
7	春玉米灌浆结实期高温	7月20日—8月20日	日平均气温≥25℃	
8	夏玉米开花期高温（指标1）	7月20日—8月10日	日最高气温≥30℃且相对湿度≤60%	
9	夏玉米开花期高温（指标2）		日最高气温≥35℃	

表2　东北地区春玉米延迟型冷害指标

致灾等级	致灾因子	
	5—9月平均气温之和/℃	5—9月平均气温距平/℃
一般延迟型冷害	80	-1.1
	85	-1.4
	90	-1.7
	95	-2.0
	100	-2.2
	105	-2.3
严重延迟型冷害	80	-1.7
	85	-2.4
	90	-3.1
	95	-3.7
	100	-4.1
	105	-4.4

目　录

| 概述 | 001 |

1　春玉米　005

1.1　春玉米关键生育期　006

20世纪80年代春玉米播种期　008
21世纪10年代春玉米播种期　009
20世纪80年代春玉米拔节期　010
21世纪10年代春玉米拔节期　011
20世纪80年代春玉米抽雄期　012
21世纪10年代春玉米抽雄期　013
20世纪80年代春玉米成熟期　014
21世纪10年代春玉米成熟期　015

1.2　春玉米关键生育期光温水资源　016

1.2.1　春玉米播种期—成熟期　016

20世纪80年代春玉米播种期—成熟期日数　020
21世纪10年代春玉米播种期—成熟期日数　021

春玉米播种期—成熟期太阳总辐射量	022
春玉米播种期—成熟期光合有效辐射量	023
春玉米播种期—成熟期日照时数	024
春玉米播种期—成熟期日照百分率	025
春玉米播种期—成熟期≥0℃积温	026
春玉米播种期—成熟期≥5℃积温	027
春玉米播种期—成熟期≥10℃积温	028
春玉米播种期—成熟期≥15℃积温	029
春玉米播种期—成熟期≥20℃积温	030
春玉米播种期—成熟期平均温度	031
春玉米播种期—成熟期极端最高温度	032
春玉米播种期—成熟期极端最低温度	033
春玉米播种期—成熟期降水量	034
春玉米播种期—成熟期需水量	035
春玉米播种期—成熟期降水盈亏量	036
75％降水保证率春玉米播种期—成熟期降水量	037
75％降水保证率春玉米播种期—成熟期降水盈亏量	038
春玉米播种期—成熟期光合生产潜力	039
春玉米播种期—成熟期光温生产潜力	040

1.2.2 春玉米播种期—拔节期　　　　　041

21世纪10年代春玉米播种期—拔节期日数	042
春玉米播种期—拔节期日照时数	043
春玉米播种期—拔节期日照百分率	044
春玉米播种期—拔节期≥0℃积温	045
春玉米播种期—拔节期≥5℃积温	046
春玉米播种期—拔节期≥10℃积温	047
春玉米播种期—拔节期≥15℃积温	048
春玉米播种期—拔节期≥20℃积温	049
春玉米播种期—拔节期平均温度	050
春玉米播种期—拔节期降水量	051

春玉米播种期—拔节期需水量	052
春玉米播种期—拔节期降水盈亏量	053

1.2.3　春玉米拔节期—抽雄期　　　　054

21世纪10年代春玉米拔节期—抽雄期日数	055
春玉米拔节期—抽雄期日照时数	056
春玉米拔节期—抽雄期日照百分率	057
春玉米拔节期—抽雄期≥0℃积温	058
春玉米拔节期—抽雄期≥5℃积温	059
春玉米拔节期—抽雄期≥10℃积温	060
春玉米拔节期—抽雄期≥15℃积温	061
春玉米拔节期—抽雄期≥20℃积温	062
春玉米拔节期—抽雄期平均温度	063
春玉米拔节期—抽雄期降水量	064
春玉米拔节期—抽雄期需水量	065
春玉米拔节期—抽雄期降水盈亏量	066

1.2.4　春玉米抽雄期—成熟期　　　　067

21世纪10年代春玉米抽雄期—成熟期日数	068
春玉米抽雄期—成熟期日照时数	069
春玉米抽雄期—成熟期日照百分率	070
春玉米抽雄期—成熟期≥0℃积温	071
春玉米抽雄期—成熟期≥5℃积温	072
春玉米抽雄期—成熟期≥10℃积温	073
春玉米抽雄期—成熟期≥15℃积温	074
春玉米抽雄期—成熟期≥20℃积温	075
春玉米抽雄期—成熟期平均温度	076
春玉米抽雄期—成熟期降水量	077
春玉米抽雄期—成熟期需水量	078
春玉米抽雄期—成熟期降水盈亏量	079

1.3　春玉米主要气象灾害　　080

1.3.1　春玉米低温冷害　　080

东北地区春玉米一般延迟型冷害发生频率　　082

东北地区春玉米严重延迟型冷害发生频率　　083

春玉米霜冻发生频率　　084

1.3.2　春玉米高温热害　　085

春玉米开花期高温（指标1）发生频率　　087

春玉米开花期高温（指标2）发生频率　　088

春玉米高温烧苗发生频率　　089

春玉米灌浆结实期高温发生频率　　090

2 | 夏玉米　　091

2.1　夏玉米关键生育期　　092

20世纪80年代夏玉米播种期　　093

21世纪10年代夏玉米播种期　　094

21世纪10年代夏玉米拔节期　　095

20世纪80年代夏玉米抽雄期　　096

21世纪10年代夏玉米抽雄期　　097

20世纪80年代夏玉米成熟期　　098

21世纪10年代夏玉米成熟期　　099

2.2　夏玉米关键生育期光温水资源　　100

2.2.1　夏玉米播种期—成熟期　　100

20世纪80年代夏玉米播种期—成熟期日数　　103

21世纪10年代夏玉米播种期—成熟期日数	104
夏玉米播种期—成熟期太阳总辐射量	105
夏玉米播种期—成熟期光合有效辐射量	106
夏玉米播种期—成熟期日照时数	107
夏玉米播种期—成熟期日照百分率	108
夏玉米播种期—成熟期≥0℃积温	109
夏玉米播种期—成熟期≥5℃积温	110
夏玉米播种期—成熟期≥10℃积温	111
夏玉米播种期—成熟期≥15℃积温	112
夏玉米播种期—成熟期≥20℃积温	113
夏玉米播种期—成熟期平均温度	114
夏玉米播种期—成熟期极端最高温度	115
夏玉米播种期—成熟期极端最低温度	116
夏玉米播种期—成熟期降水量	117
夏玉米播种期—成熟期需水量	118
夏玉米播种期—成熟期降水盈亏量	119
75%降水保证率夏玉米播种期—成熟期降水量	120
75%降水保证率夏玉米播种期—成熟期降水盈亏量	121
夏玉米播种期—成熟期光合生产潜力	122
夏玉米播种期—成熟期光温生产潜力	123

2.2.2 夏玉米播种期—拔节期　　124

21世纪10年代夏玉米播种期—拔节期日数	126
夏玉米播种期—拔节期日照时数	127
夏玉米播种期—拔节期日照百分率	128
夏玉米播种期—拔节期≥0℃积温	129
夏玉米播种期—拔节期≥5℃积温	130
夏玉米播种期—拔节期≥10℃积温	131
夏玉米播种期—拔节期≥15℃积温	132
夏玉米播种期—拔节期≥20℃积温	133
夏玉米播种期—拔节期平均温度	134

夏玉米播种期—拔节期降水量	135
夏玉米播种期—拔节期需水量	136
夏玉米播种期—拔节期降水盈亏量	137

2.2.3　夏玉米拔节期—抽雄期　　138

21世纪10年代夏玉米拔节期—抽雄期日数	139
夏玉米拔节期—抽雄期日照时数	140
夏玉米拔节期—抽雄期日照百分率	141
夏玉米拔节期—抽雄期≥0℃积温	142
夏玉米拔节期—抽雄期≥5℃积温	143
夏玉米拔节期—抽雄期≥10℃积温	144
夏玉米拔节期—抽雄期≥15℃积温	145
夏玉米拔节期—抽雄期≥20℃积温	146
夏玉米拔节期—抽雄期平均温度	147
夏玉米拔节期—抽雄期降水量	148
夏玉米拔节期—抽雄期需水量	149
夏玉米拔节期—抽雄期降水盈亏量	150

2.2.4　夏玉米抽雄期—成熟期　　151

21世纪10年代夏玉米抽雄期—成熟期日数	152
夏玉米抽雄期—成熟期日照时数	153
夏玉米抽雄期—成熟期日照百分率	154
夏玉米抽雄期—成熟期≥0℃积温	155
夏玉米抽雄期—成熟期≥5℃积温	156
夏玉米抽雄期—成熟期≥10℃积温	157
夏玉米抽雄期—成熟期≥15℃积温	158
夏玉米抽雄期—成熟期≥20℃积温	159
夏玉米抽雄期—成熟期平均温度	160
夏玉米抽雄期—成熟期降水量	161
夏玉米抽雄期—成熟期需水量	162

夏玉米抽雄期—成熟期降水盈亏量　　　　　　　　　　　163

2.3　夏玉米主要气象灾害　　　　　　　　　　　164

夏玉米开花期高温（指标1）发生频率　　　　　　　　　　　165
夏玉米开花期高温（指标2）发生频率　　　　　　　　　　　166

参考文献　　　　　　　　　　　167

概 述

玉米是我国重要的粮食作物之一,在我国种植范围非常广泛。1980年我国玉米种植面积为20087.40 khm^2,2010年为32500.12 khm^2,相比1980年增加了12412.72 khm^2,增幅为61.8%。玉米种植区域和面积不断扩大,种植区域由原来主要集中在东北、华北地区逐渐扩展到全国,形成了一个由东北、华北和西南地区构成的从东北到西南的玉米种植带。依据玉米播种期的不同,玉米被划分为春玉米和夏玉米两类。春玉米一般分布在高纬度或高海拔地区,以一年一熟为主,主要分布在东北地区的黑龙江、吉林、辽宁和内蒙古东部,西北地区的新疆、青海、宁夏、河北北部、陕西北部、山西、甘肃,西南地区的云南、贵州、重庆,此外湖南、湖北的西部山区也有分布。其共同特点是由于纬度、海拔高度,热量不足,难以实现多熟种植。夏玉米主要分布在黄淮海地区,包括河南、山东、河北中南部、陕西中部、山西南部、江苏北部、安徽北部地区,以及长江中下游地区和西南地区。

受气候、水土、光温等因素影响,且实际种植的玉米品种、生育期及栽培方式等不同,按照集中种植区域,我国玉米种植可划分为北方春播玉米区、黄淮海平原夏播玉米区、西南山地玉米区、南方丘陵玉米区、西北灌溉玉米区和青藏高原玉米区。

北方春播玉米区:包括东北三省、内蒙古、宁夏和山西地区,河北、陕西和甘肃部分地区,种植面积占全国的33%左右,总产量占全国的38%左右。属寒温带湿润、半湿润气候。

黄淮海平原夏播玉米区:位于北方玉米区以南,淮河、秦岭以北,包括山东、河南全部,河北中南部,山西中南部,陕西中部,江苏和安徽北部,是全国最大的玉米集中产区,种植面积占全国的39%左右,总产量占全国的39%左右。属温带半湿润气候。

西南山地玉米区:包括四川、贵州、广西和云南,湖北和湖南西部,陕西南部及甘肃的小部分地区,种植面积约占全国的16%,总产量占全国的14%左右。属温带和亚热带湿润、半湿润气候。

南方丘陵玉米区:包括广东、海南、福建、浙江、江西、台湾,江苏、安徽的南部,广西、湖南、湖北的东部,种植面积仅占全国的6%,总产量不足全国的5%。属亚热带和热带湿润气候。

西北灌溉玉米区:包括新疆,甘肃省的河西走廊和宁夏的河套灌区,种植面积约占全国的3.5%,总产量约占全国的3%。属大陆性干燥气候。

青藏高原玉米区:包括青海和西藏。由于海拔高,其种植面积及总产量都不足全国的

1%。属高原山地气候。

由于实际种植区域、玉米品种等不同,玉米生育期内对光、温、水等因素的需求不同。一般来说,要有充足的光照、适宜的温度和丰富的降水,玉米才能实现高产优质的目标。

光照条件:玉米是一种喜光、短日照作物。玉米的整个生长阶段都需要有充足的光照。8~12 h的光照条件有助于玉米生长发育,促进产量形成。玉米因品种不同,对光照反应也不一样,一般早熟品种对光照不敏感,晚熟品种较敏感。

温度条件:玉米起源于热带,具有喜温特性。温度在10~25℃时,玉米的种子就可以正常地发芽。外界温度＜10℃或者＞25℃时不适宜玉米的生长。玉米生长发育起点温度为10℃,对≥10℃活动积温的需求是1800~2800℃·d。春玉米按照熟性可分为:早熟品种,需≥10℃活动积温2000~2300℃·d;中熟品种,需≥10℃活动积温2300~2800℃·d;晚熟品种,需≥10℃活动积温2800~3200℃·d。只要达到这个指标,玉米就能够正常结籽和成熟。

水分条件:玉米生育期内需水较多,任何一个生长阶段都需要满足其水分需求,才能保证其产量。缺水和干旱,玉米会生长发育不良,严重时完全绝收。年降水量为400~650 mm的地方比较适宜玉米的种植。玉米对水分的消耗量会随着产量的提高而有所增加,即产量越高,其水分的需求量也就越大。因此为了提高玉米的产量,要适当提高玉米种植过程中的水分供给。

影响玉米产量和品质的气象灾害:在玉米的生产过程中,农业气象灾害对玉米的产量影响很大。玉米生长季主要农业气象灾害有霜冻、低温冷害和高温等。

春玉米

1

春玉米关键生育期分为播种期、拔节期、抽雄期和成熟期，各关键生育期从南向北随纬度增加而逐渐推迟。

1.1 春玉米关键生育期

  20世纪80年代,春玉米播种期持续90 d左右(2月上旬至5月中旬)。西北灌溉玉米区播种期在4月中下旬,北方春播玉米区播种期一般为4月中下旬至5月上旬。21世纪10年代以来,长江以南地区春玉米播种期普遍推迟10 d左右,西南山地玉米区春玉米播种期提前10 d左右,长江以北地区春玉米播种期变化不大。由于气候变暖及地膜覆盖等原因,虽然长江以北地区春玉米适宜播种期在理论上可以提前。然而,考虑到北方春玉米种植区春季少雨,第一场透雨的时间存在较大的不确定性,实际上为适墒播种,因此长江以北地区春玉米播种期变化不大。

  20世纪80年代,春玉米拔节期从西南山地玉米区的4月上旬到北方春播玉米区的6月中下旬陆续推迟。21世纪10年代,长江以北地区春玉米拔节期普遍推迟7~10 d;西南山地玉米区延后20 d左右;华南丘陵玉米区略有提前,福建提前10 d左右;新疆地区拔节期未发生明显变化。由于春玉米出苗的时间会受到品种、播种时间、天气、土壤湿度、土壤肥力等因素的影响,若天气干旱且水分不足,有可能会延长玉米出苗的时间;而若天气适宜且土壤水分充足,可促使春玉米出苗提前。因此,春玉米进入拔节期的时间与出苗时间由实际的天气和土壤条件而定。

  20世纪80年代,春玉米抽雄期从华南地区的5月上旬陆续推迟到北方地区的8月中下旬,南方大部分地区在6月上中旬,西南山地玉米区在5月上中旬。21世纪10年代,南方地区春玉米抽雄期略有提前,华北和东北地区变化不大。抽雄期是春玉米由营养生长向生殖生长的转变期,是产量形成的关键期。东北地区如遭遇低温灾害,可导致春玉米抽雄期延迟,最终导致减产。因此,这一时期应注意防范春玉米的延迟性冷害和障碍性冷害。

20世纪80年代，春玉米成熟期由华南地区的6月上旬到华北北部的9月中旬陆续推迟，西南山地玉米区、华北南部地区均在9月上旬和中旬。21世纪10年代，全国春玉米成熟期普遍延迟，北方春播玉米区，南方丘陵玉米区的成熟期推迟20 d左右，华北、西北大部分地区延后7～10 d，新疆北部地区延后10 d左右。在全球气候变暖背景下，由于积温增加，相对晚熟品种代替早熟品种是全国春玉米成熟期普遍延后的主要原因。由于气候变化的不确定性，玉米晚熟品种成熟期应关注初霜冻的出现时间，霜冻出现早，会直接导致玉米灌浆终止，籽粒含水率高，不能充分成熟，从而影响玉米的产量和品质。另外，只考虑气温条件而盲目选种晚熟品种，如成熟期遭遇持续秋雨，玉米不能及时收晒，也会造成产量损失和品质下降。

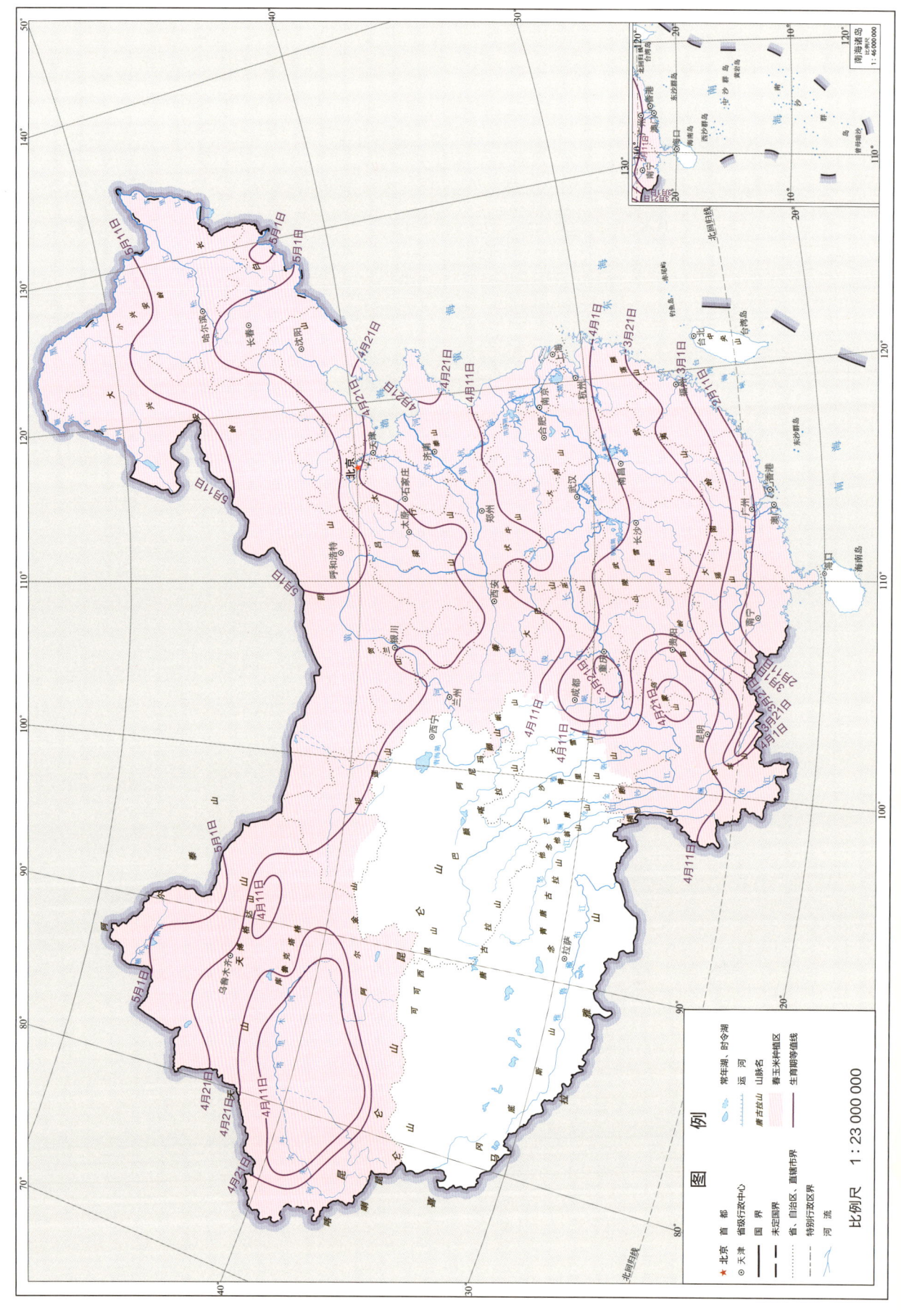

20世纪80年代春玉米播种期

21世纪10年代春玉米播种期

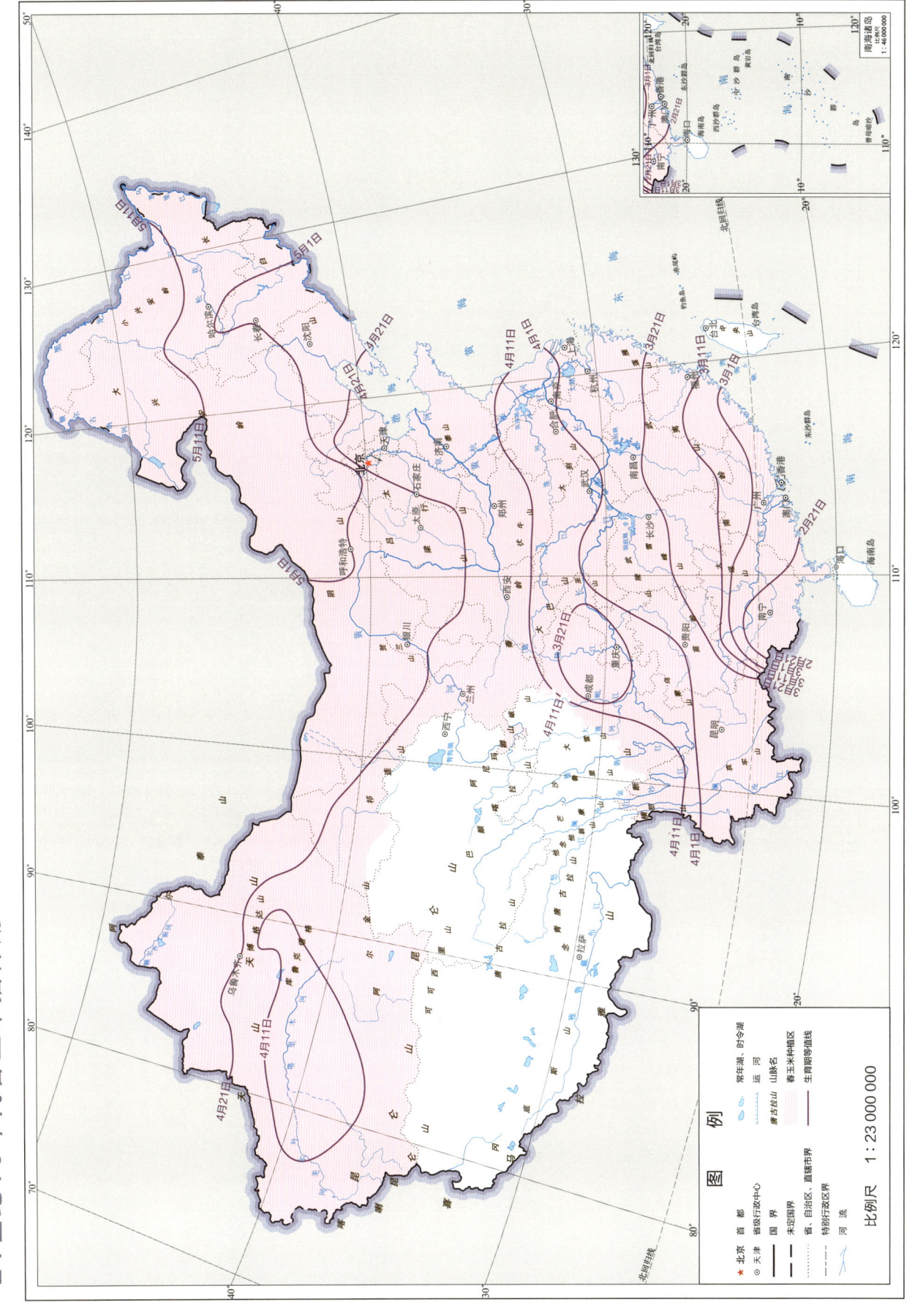

20世纪80年代春玉米拔节期

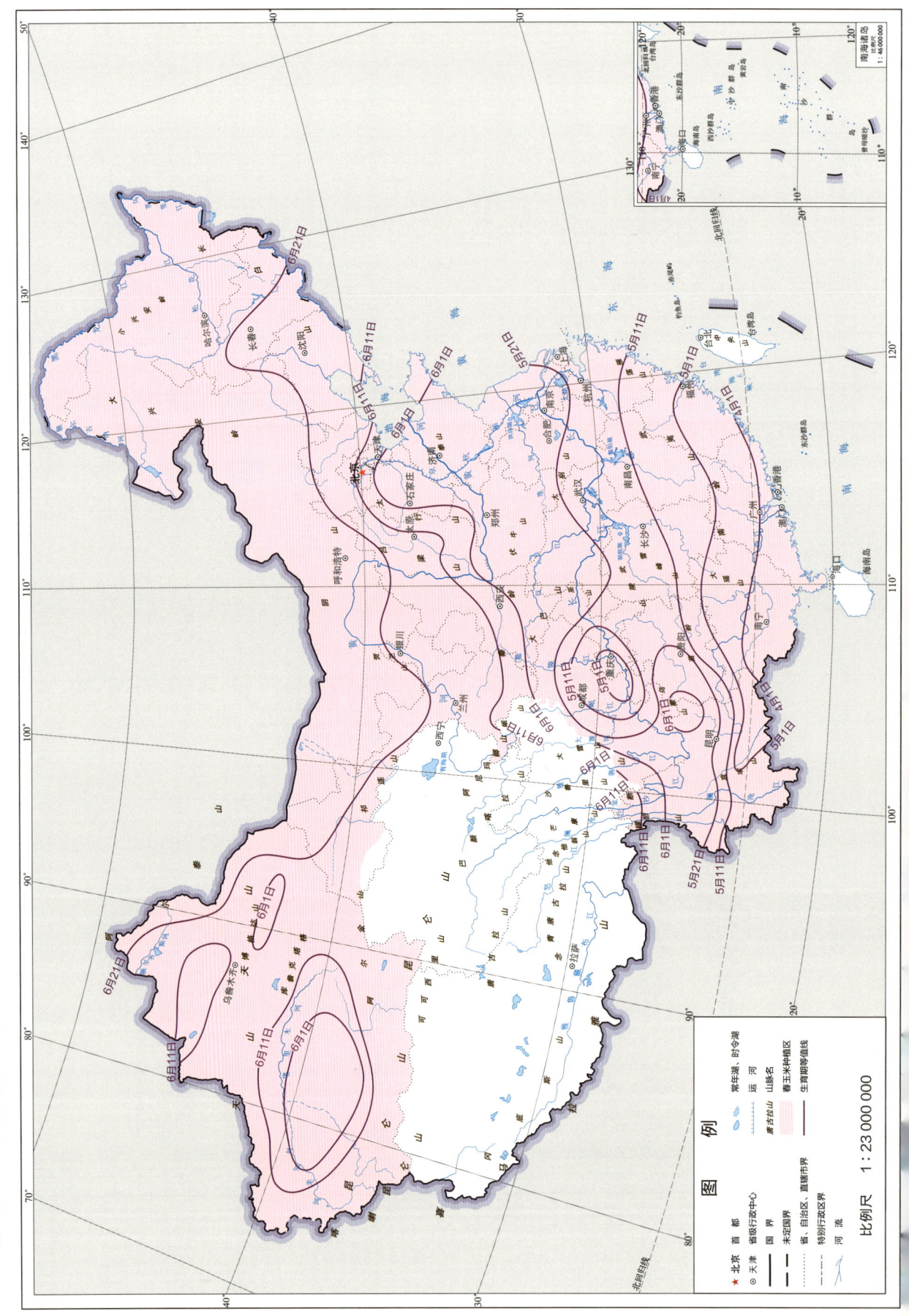

21世纪10年代春玉米拔节期

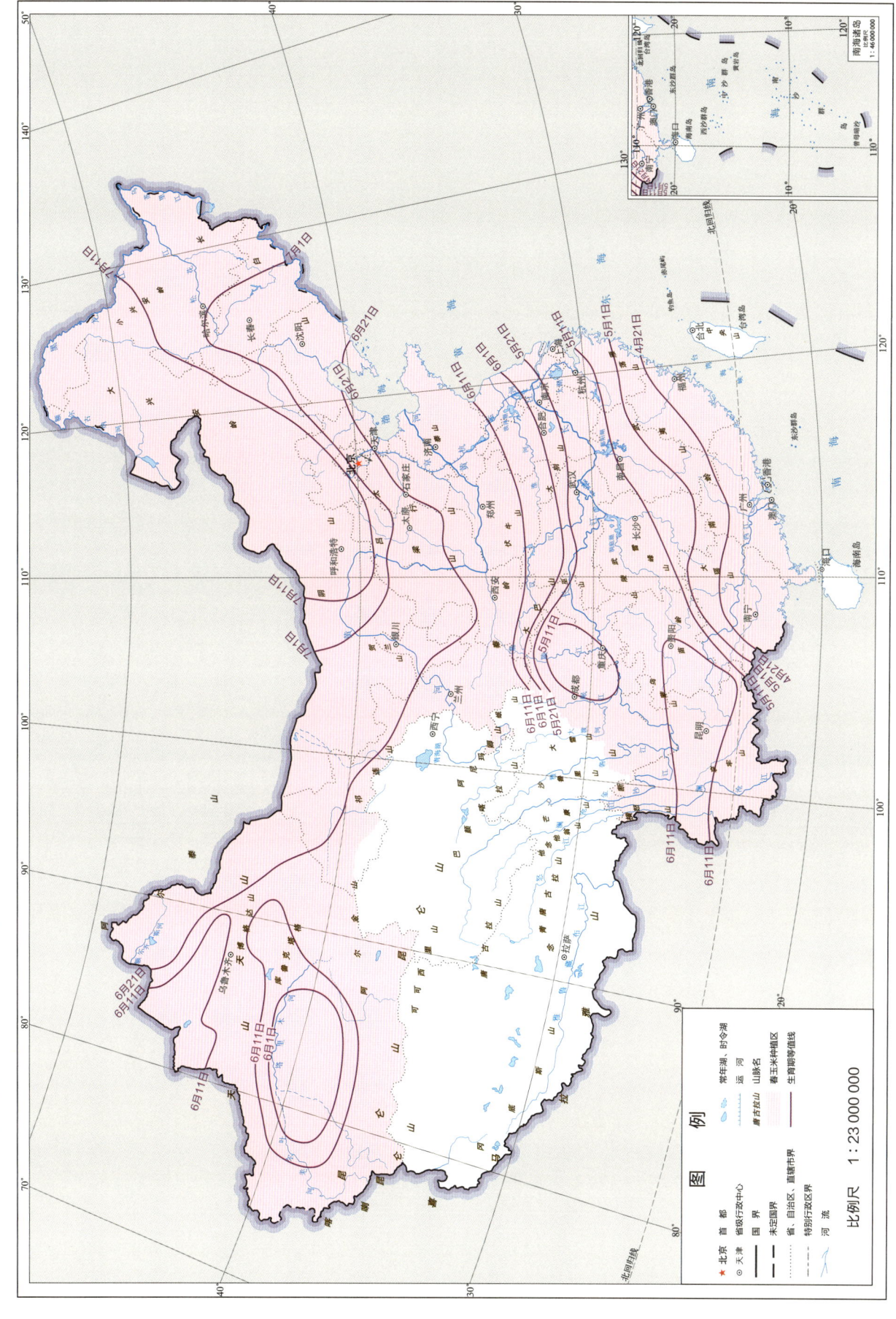

1 春玉米

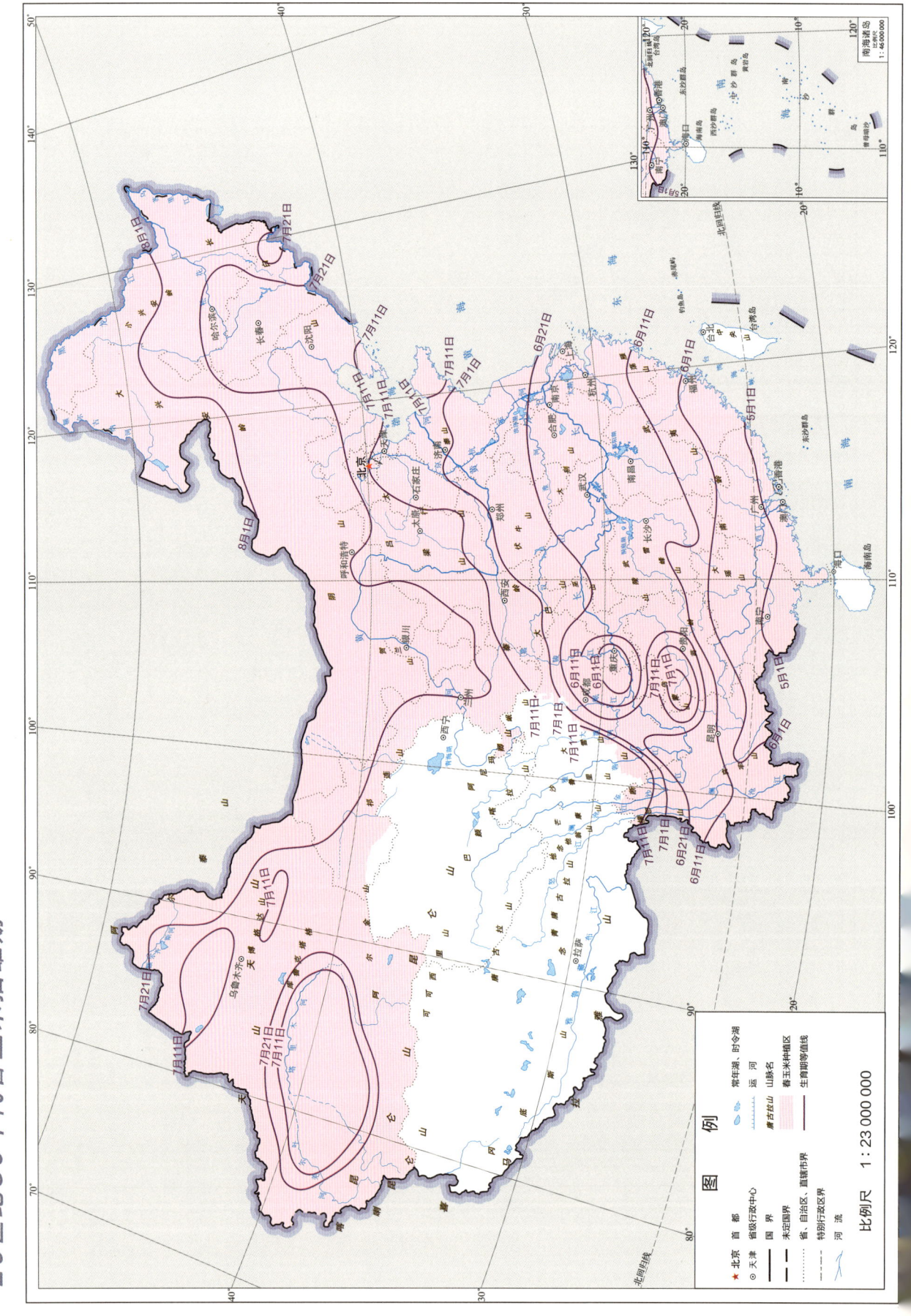
20世纪80年代春玉米抽雄期

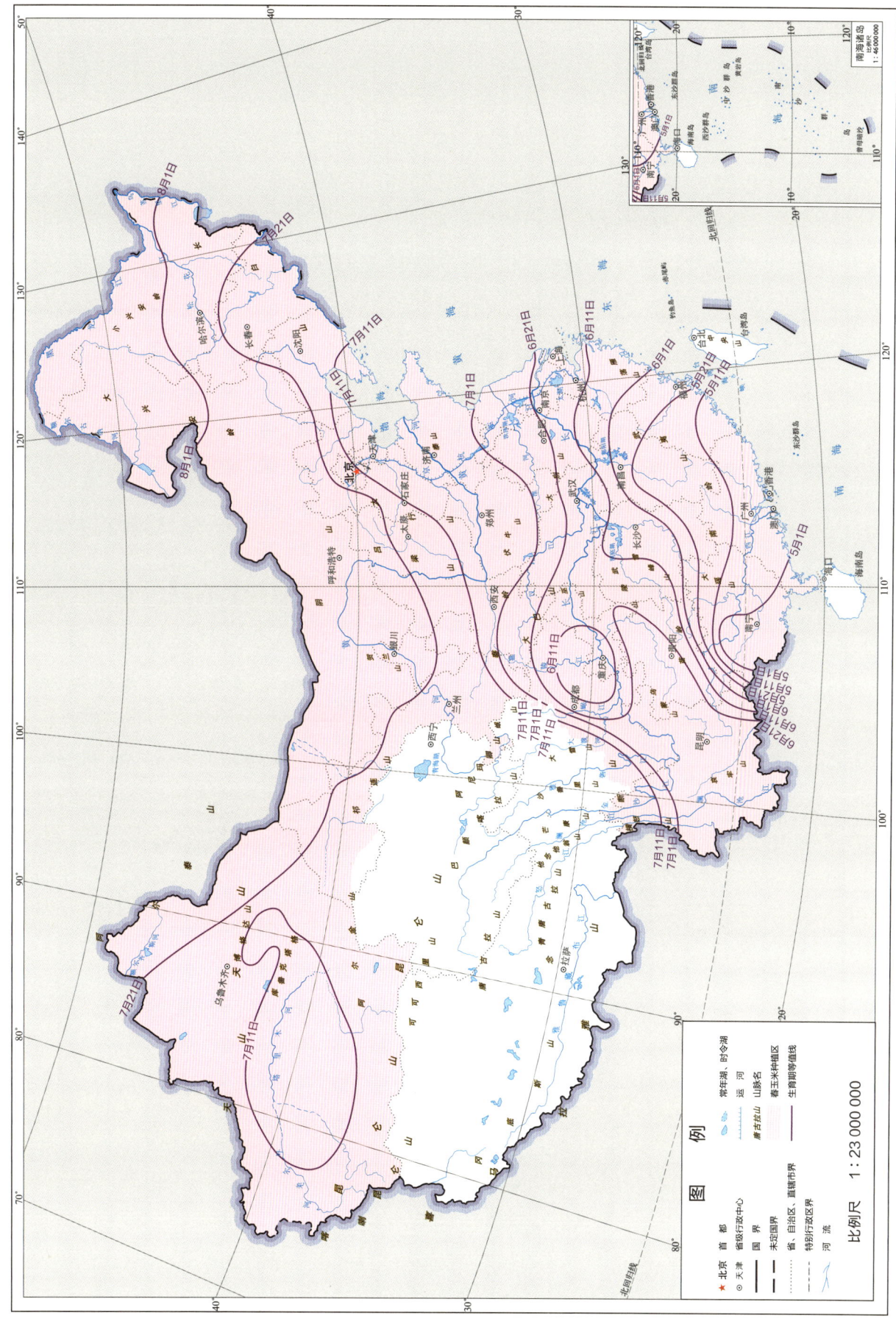

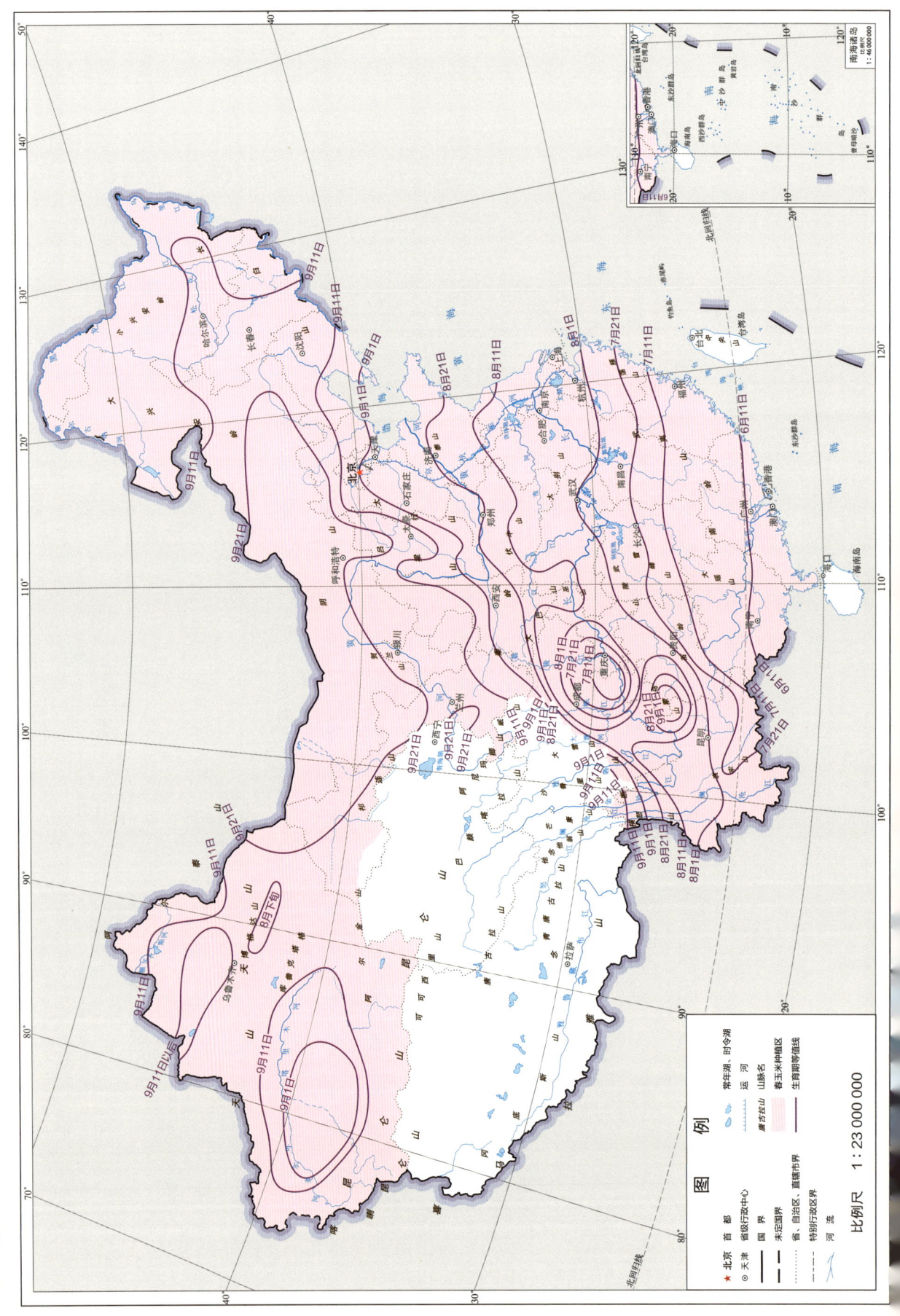

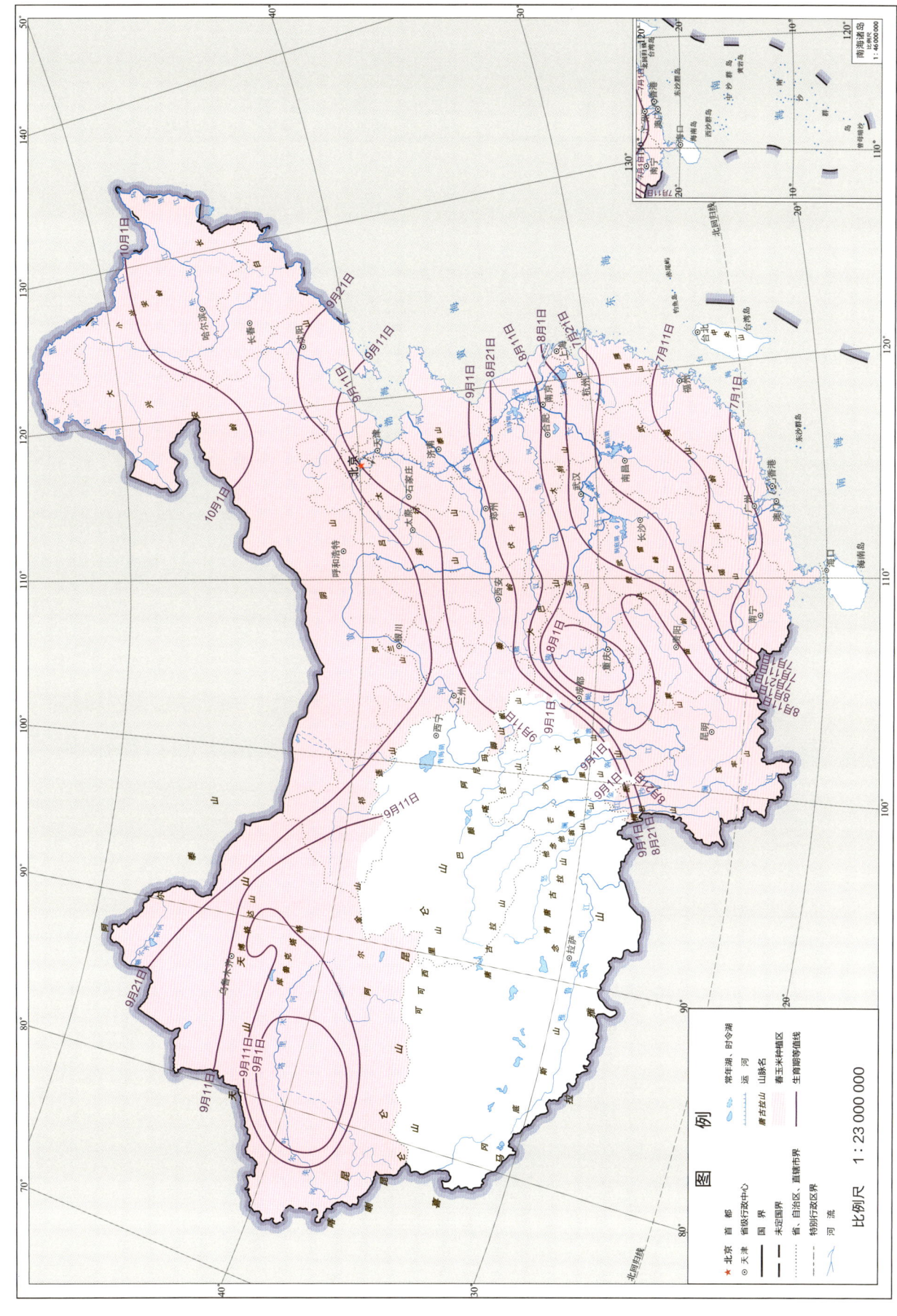
21世纪10年代春玉米成熟期

1.2 春玉米关键生育期光温水资源

1.2.1 春玉米播种期—成熟期

20世纪80年代，春玉米播种期—成熟期日数为110～150 d，具有明显的区域差异性。北方春播玉米区播种期—成熟期日数为130～140 d，西北灌溉玉米区播种期—成熟期日数为140～150 d，长江流域以南地区玉米区播种期—成熟期日数为110～130 d。21世纪10年代，全国大部分地区春玉米播种期—成熟期日数延长了10～15 d。春玉米播种期—成熟期普遍延长，为种植生育期较长、相对高产的春玉米晚熟品种提供了热量条件。但仍需结合水分、光照等气候条件，以规避干旱、收获期降雨过多等灾害导致的产量损失风险。

作物生育期内太阳总辐射量、日照时数等指标是评价区域农业光照资源的重要指标，也是影响作物开花、块根与块茎形成、叶脱落和芽休眠的主要因素之一。春玉米播种期—成熟期太阳总辐射量、光合有效辐射量、日照时数及日照百分率分别是春玉米播种期—成熟期内逐日太阳总辐射量、逐日光合有效辐射量和逐日日照时数的累计值及逐日日照百分率的平均值。1981—2010年，春玉米播种期—成熟期太阳总辐射量、光合有效辐射量、日照时数以及日照百分率的变化特点类似，均由西北向东北、东南呈现逐渐减少的变化趋势，高值区分布在西北灌溉玉米区，低值区分布在长江流域以南的南方丘陵玉米区。春玉米属短日照作物，种植区内的日照条件均能满足春玉米生长发育所需。

作物生育期积温是作物种植界限与作物布局的主要依据。春玉米播种期—成熟期积温是春玉米播种期—成熟期内逐日平均气温高于某一气温的累积值。1981—2010

年，春玉米播种期—成熟期≥0℃、≥5℃、≥10℃、≥15℃和≥20℃积温的空间分布特点类似，变化范围分别为2200～3400℃·d、2200～3400℃·d、2000～3400℃·d、1600～3200℃·d和400～2800℃·d。新疆种植区积温从东北向南呈现逐渐增加的变化趋势，东南部的且末地区积温是春玉米整个种植区的高值区。甘肃西南部和宁夏南部地区积温是相对低值区。它们均满足春玉米生长所需的热量条件。随着积温的增加，春玉米可种植区北界可能北移。

作物生育期内平均气温是制定作物种植制度的主要参考依据之一，春玉米播种期—成熟期平均温度是春玉米播种期—成熟期内日平均气温的平均值。1981—2010年，春玉米播种期—成熟期平均温度呈现从东北往南逐渐升高的变化趋势，在16～22℃范围内变化。新疆春玉米播种期—成熟期平均温度呈现从北往南逐渐升高的变化趋势，若羌地区平均温度＞22℃，是春玉米种植区平均温度的高值区之一。东北三省和内蒙古东部四个盟（市）平均温度呈现从北往南逐渐升高的变化趋势。甘肃西南部和宁夏南部地区平均温度＜18℃，靠近青海的甘肃合作地区平均温度＜14℃。黄淮海平原、长江中下游地区和珠江流域春玉米播种期—成熟期平均温度＞22℃，为春玉米种植区平均温度的另一高值区。四川南部和云南地区平均温度在20℃左右，云南南部地区平均温度＞22℃。以上地区均满足春玉米生长对平均温度的需求。

1981—2010年，春玉米播种期—成熟期极端最高温度总体呈现从东北往南逐渐升高的变化趋势，在18～30℃范围内变化。新疆玉米区东南部且末和若羌地区极端最高温度＞27℃。北方春播玉米区极端最高温度在21～27℃范围内变化。西北灌溉玉米区极端最高温度＜18℃，甘肃合作附近＜14℃。黄淮海平原春播玉米区播种期—成熟期极端最高温度＞27℃，西南山地玉米区极端最高温度＞30℃，是春玉米种植区极端最高温度的高值区。南方丘陵玉米区极端最高温度为21℃左右，香格里拉地区极端最高温度＜18℃。北方春玉米需关注极端高温出现的时间和持续时间，谨防高温热害发生。

1981—2010年，春玉米播种期—成熟期极端最低温度无明显空间规律，变化范围为6～21℃。黑龙江漠河和内蒙古呼伦贝尔、额尔古纳、根河地区极端最低温度＜6℃，云南普洱和景洪地区极端最低温度＞21℃，为春玉米种植区极端最低温度的高值区。东北和云南春玉米种植区需多加关注极端最低温度，谨防低温冻害的发生。

水分在植物的生命活动中起着重要的作用。植物缺水会加速体内活性氧的积累，会加快叶片衰老，导致光合面积减少，光合速率降低等，从而抑制植物的正常生长发育。过多的水分会造成植物根部缺氧，而根系无氧呼吸会产生乙醇、乳酸等有害物质。同时，根系周围的缺氧环境也会导致厌氧微生物产生有毒的物质，阻碍植物的生长。1981—2010年，春玉米播种期—成熟期降水量呈南多北少、东部多于西部的格局。长江流域以南地区降水量最多，＞800 mm。黄淮海平原、东北三省降水量为400 mm左右。西北地区春玉米播种期—成熟期降水量稀少，新疆南部只有50 mm。春玉米播种期—成熟期需水量从西北向东北、东南逐渐减少，变化范围为240～720 mm。西北灌溉玉米区春玉米需水量最高。长江流域以南玉米区需水量最低，＜240 mm。黄淮海平原春播玉米区需水量为400～480 mm，北方春播玉米区需水量＜480 mm。黑龙江漠河地区需水量较低，＜320 mm。

降水盈亏量是降水量与需水量的差值。1981—2010年，春玉米播种期—成熟期降水盈亏量呈现从西北向东北、东南逐渐增加的变化趋势，变化范围为－600～600 mm。内蒙古根河—黑龙江明水—黑龙江绥化—吉林长春—辽宁阜新—河北遵化—山东高唐—河南兰考—河南平顶山—陕西汉中—甘肃合作一线为春玉米播种期—成熟期降水盈亏量0 mm等值线，水分供需基本平衡。0 mm等值线西北降水亏缺量增加，西北灌溉玉米区降水亏缺量＞600 mm，水分严重不足。0 mm等值线东南，北方春播玉米区降水盈余量＞200 mm，可以满足春玉米生长的水分需求。长江流域以南地区降水盈余量＞200 mm，南方丘陵玉米区降水盈余量＞600 mm。

1981—2010年，75％降水保证率春玉米播种期—成熟期降水量总体分布与春玉米播种期—成熟期降水量类似，从西北向东北、东南逐渐增加，变化范围为50～350 mm。75％降水保证率春玉米播种期—成熟期降水量高值区分布在南方丘陵玉米区，＞350 mm。北方春播玉米区为100～200 mm。西北灌溉玉米区75％降水保证率春玉米播种期—成熟期降水量稀少，新疆地区为50 mm左右。1981—2010年，75％降水保证率春玉米播种期—成熟期降水盈亏量与春玉米播种期—成熟期降水盈亏量类似，从西北向东北、东南逐渐减少，变化范围为－80～40 mm。黑龙江塔河—内蒙古鄂伦春—黑龙江齐齐哈尔—黑龙江大庆—吉林双辽—辽宁庄河（北线）—四川广元—陕西安康—湖北十堰—河南信阳—江苏淮安（南线）一线为75％降水保证率春玉米播种期—成熟期降水盈亏量0 mm等值线，水分供需基本平衡。降水盈亏量0 mm等值线（北线）以西地区、0 mm等值线（南线）以北地区降水亏缺量增加，内蒙古西北和新疆克拉玛依地区为降水亏缺最严重地区，水分严重不足。西南山地玉米区降水盈余量最多，水分条件较好。

作物在水、肥、热等因素均处于最佳状态时，由太阳辐射多寡所决定的产量水平是光合生产潜力，由光照和温度条件所决定的产量水平是光温生产潜力。光温生产潜力是水肥投入最高水平下一个地区可能达到的产量上限。1981—2010年，春玉米光合生产潜力、光温生产潜力与光合有效辐射变化特点类似，总体呈现由西北往东北、东南逐渐减少的变化趋势，变化范围分别为32000～60000 kg/hm^{2}和15000～30000 kg/hm^2。光合生产潜力、光温生产潜力最高处分布在甘肃西北和新疆地区，分别为56000 kg/hm^{2}左右和27000 kg/hm^{2}左右。光合生产潜力、光温生产潜力最低处分布在南方玉米区，分别为＜36000 kg/hm^{2}和＜15000 kg/hm^2。东北春玉米区光合生产潜力、光温生产潜力分别为48000 kg/hm^{2}左右和21000 kg/hm^{2}左右，黄淮海春玉米区光合生产潜力、光温生产潜力分别为44000～48000 kg/hm^{2}和24000 kg/hm^{2}左右，云南西南玉溪、普洱地区光合生产潜力、光温生产潜力分别为＜36000 kg/hm^{2}和18000 kg/hm^{2}左右。

20世纪80年代春玉米播种期—成熟期日数

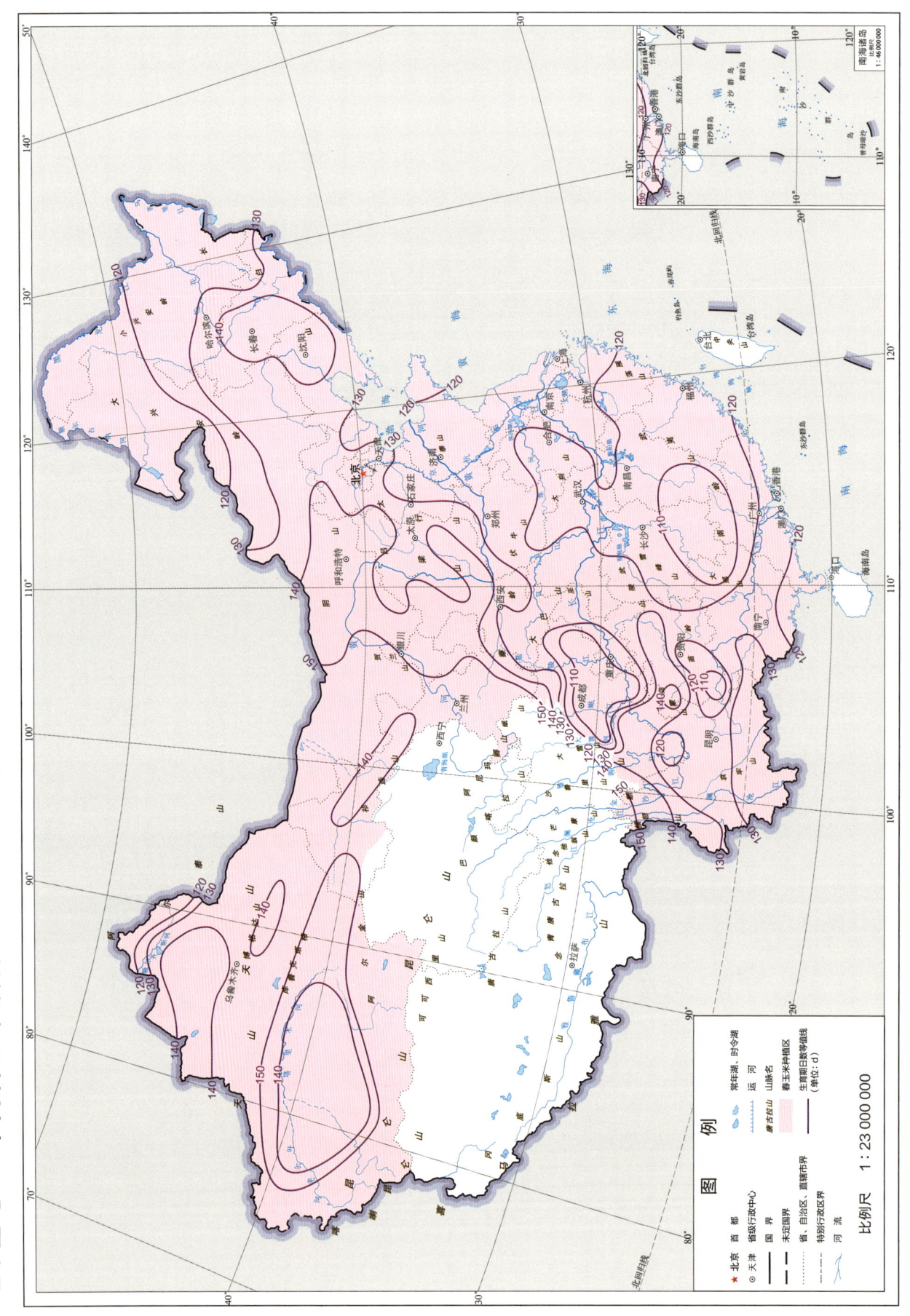

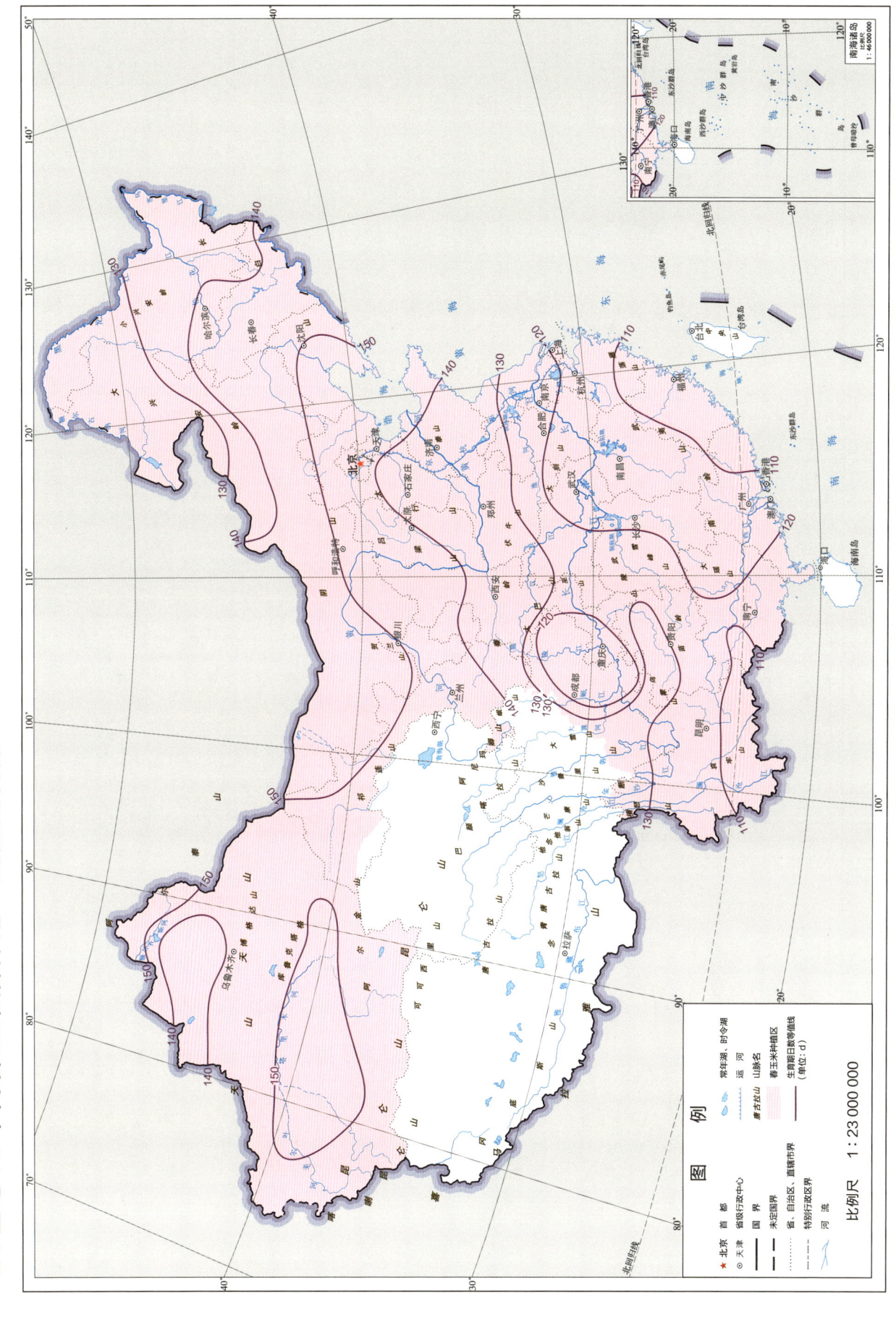

21世纪10年代春玉米播种期—成熟期日数

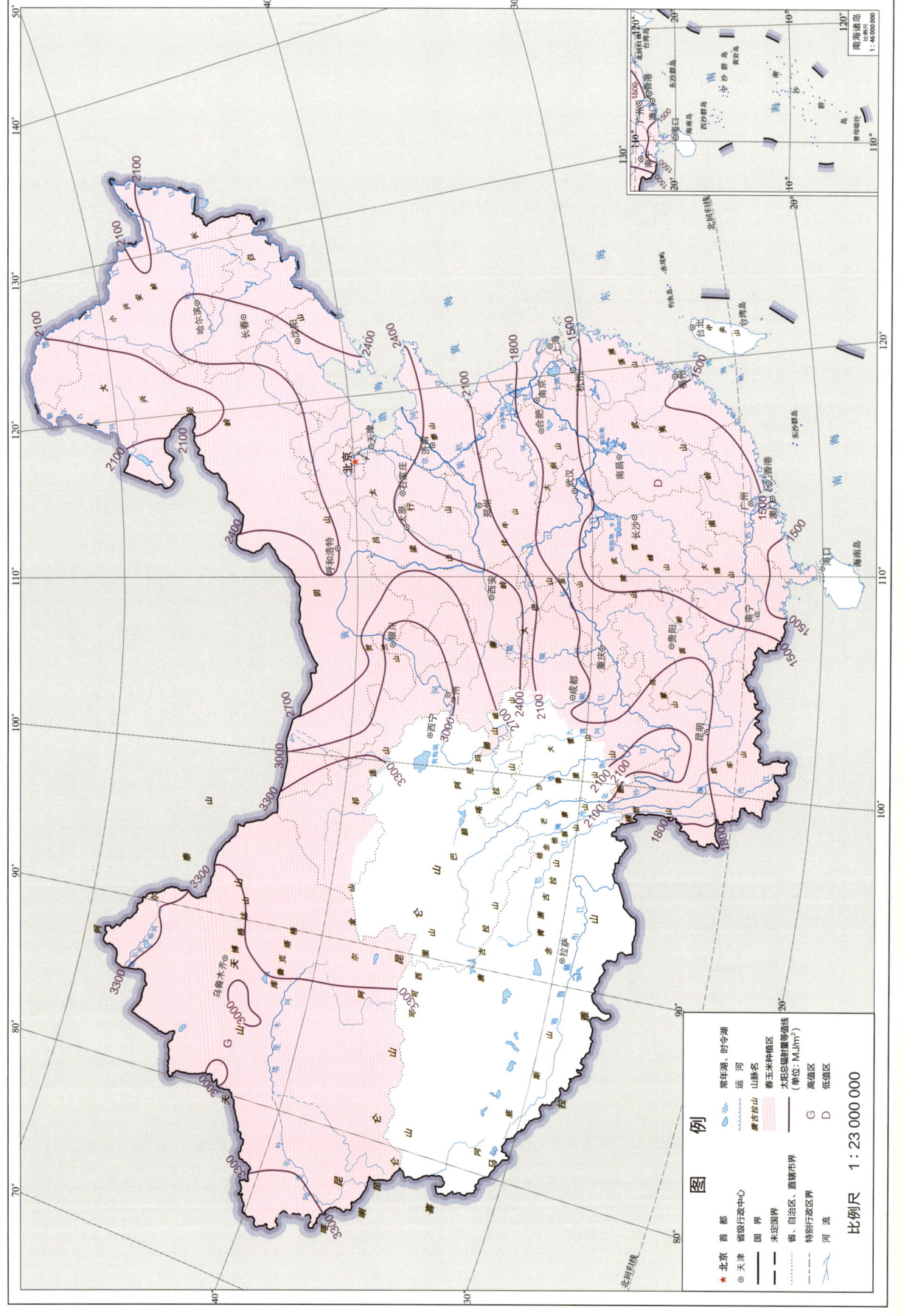

春玉米播种期—成熟期太阳总辐射量

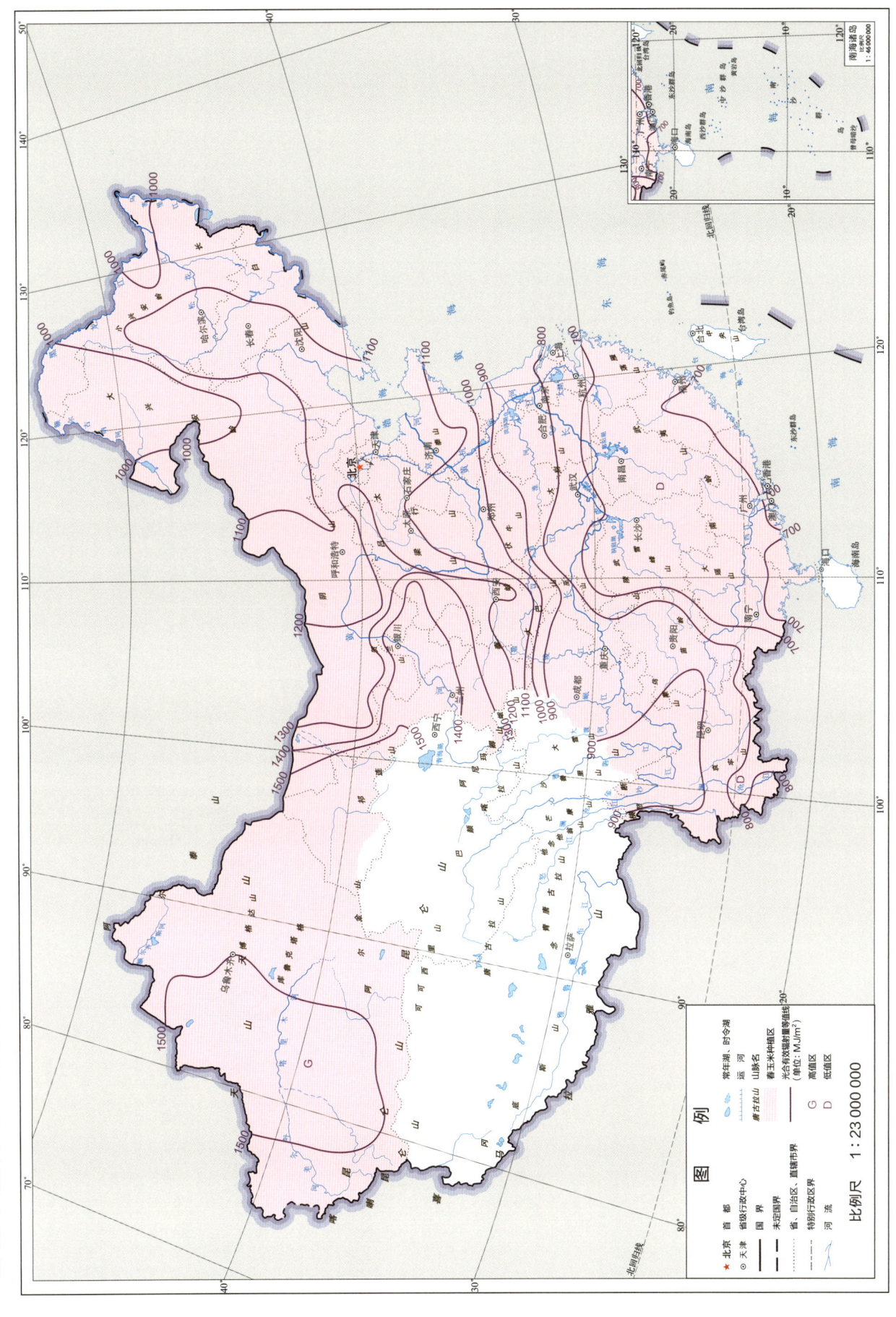
春玉米播种期—成熟期光合有效辐射量

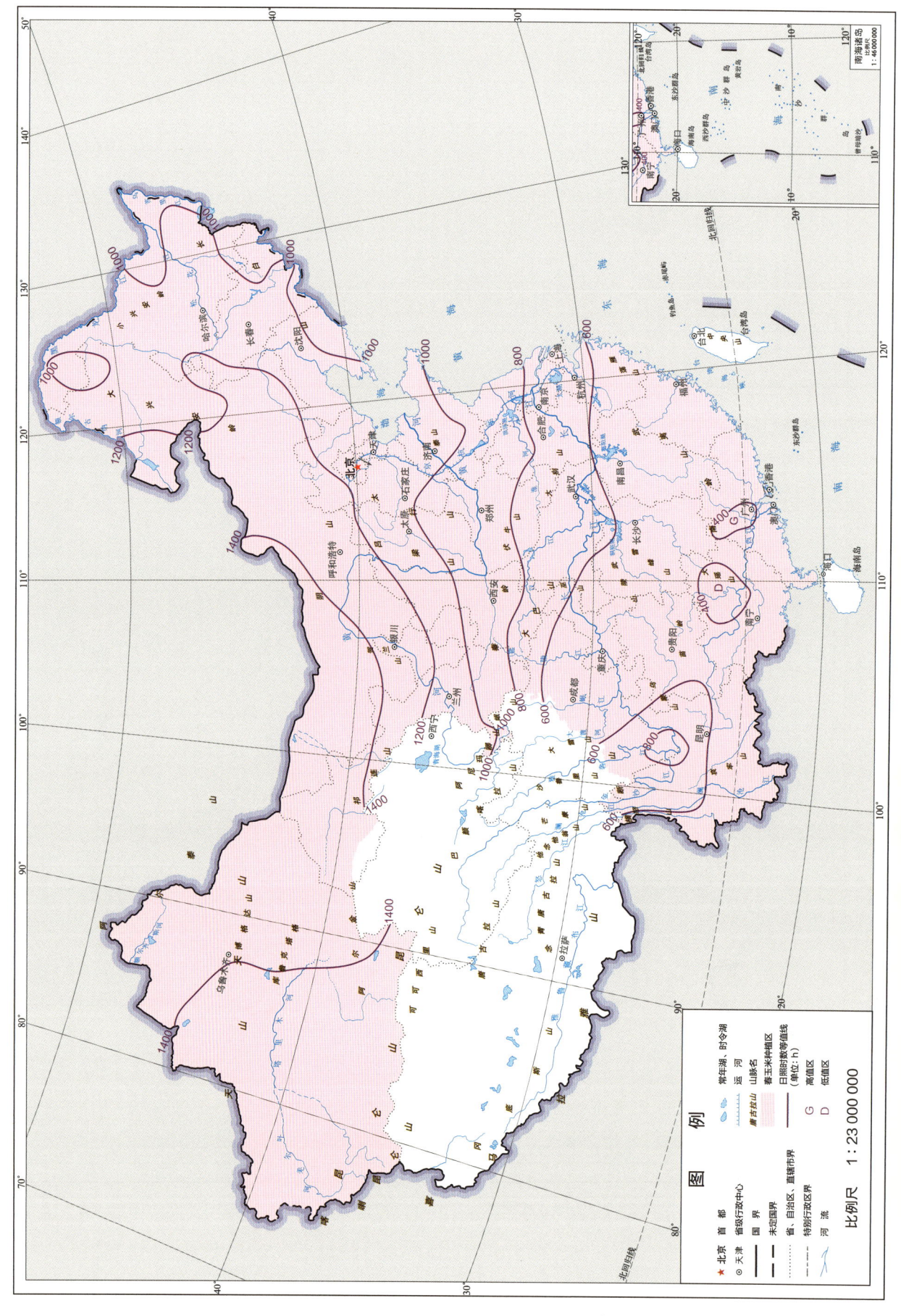

春玉米播种期—成熟期日照时数

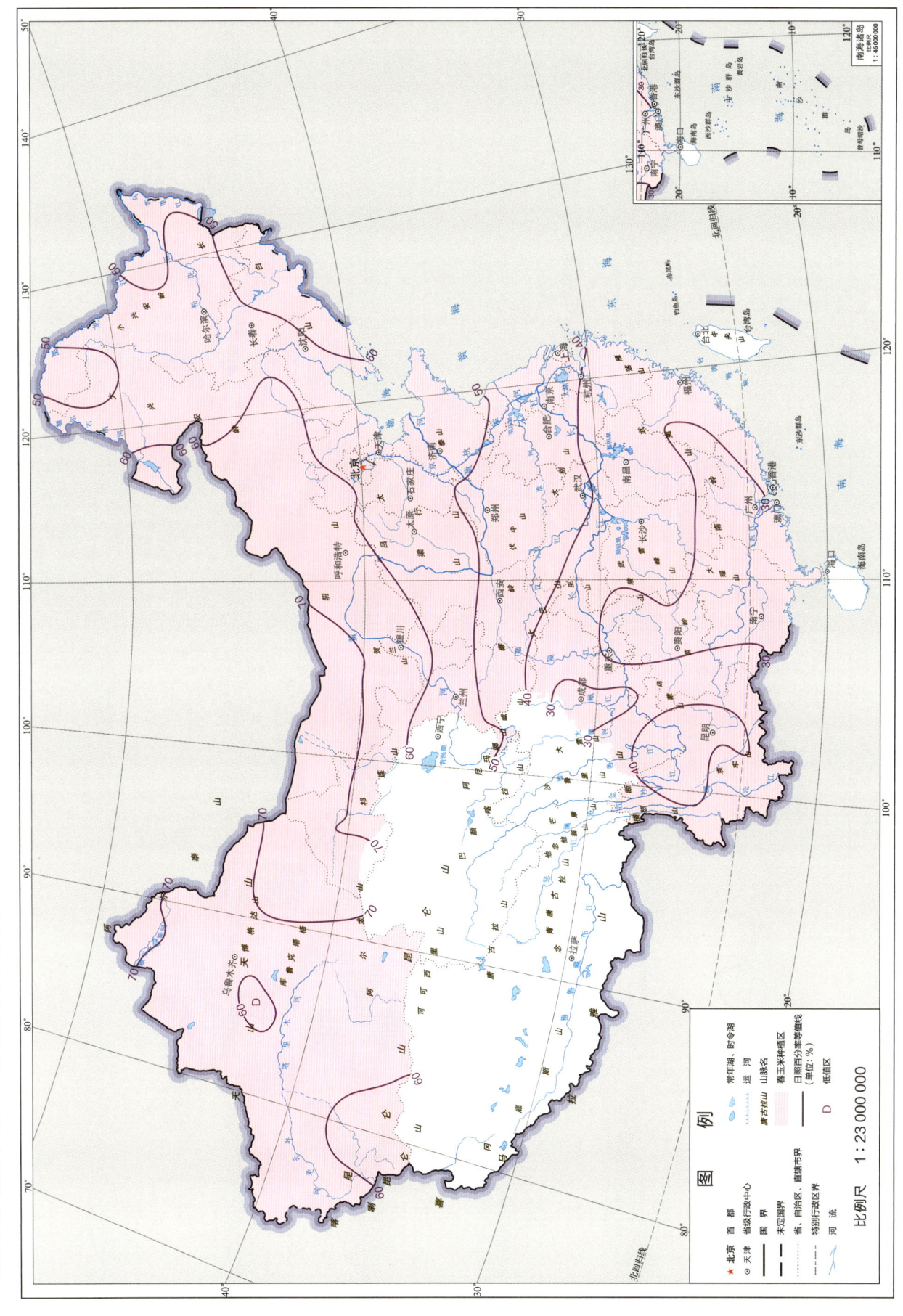

春玉米播种期—成熟期日照百分率

春玉米播种期—成熟期≥0℃积温

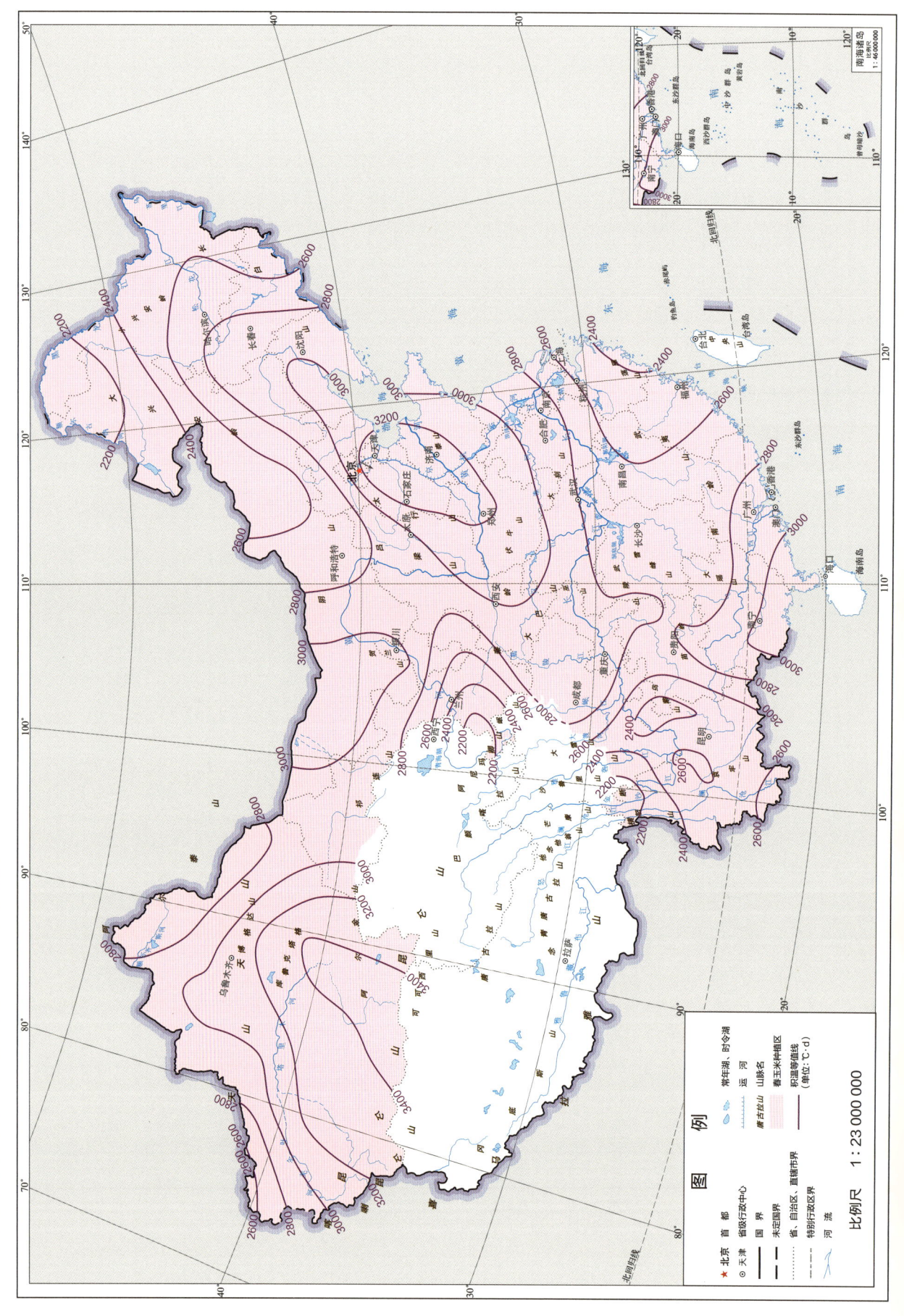

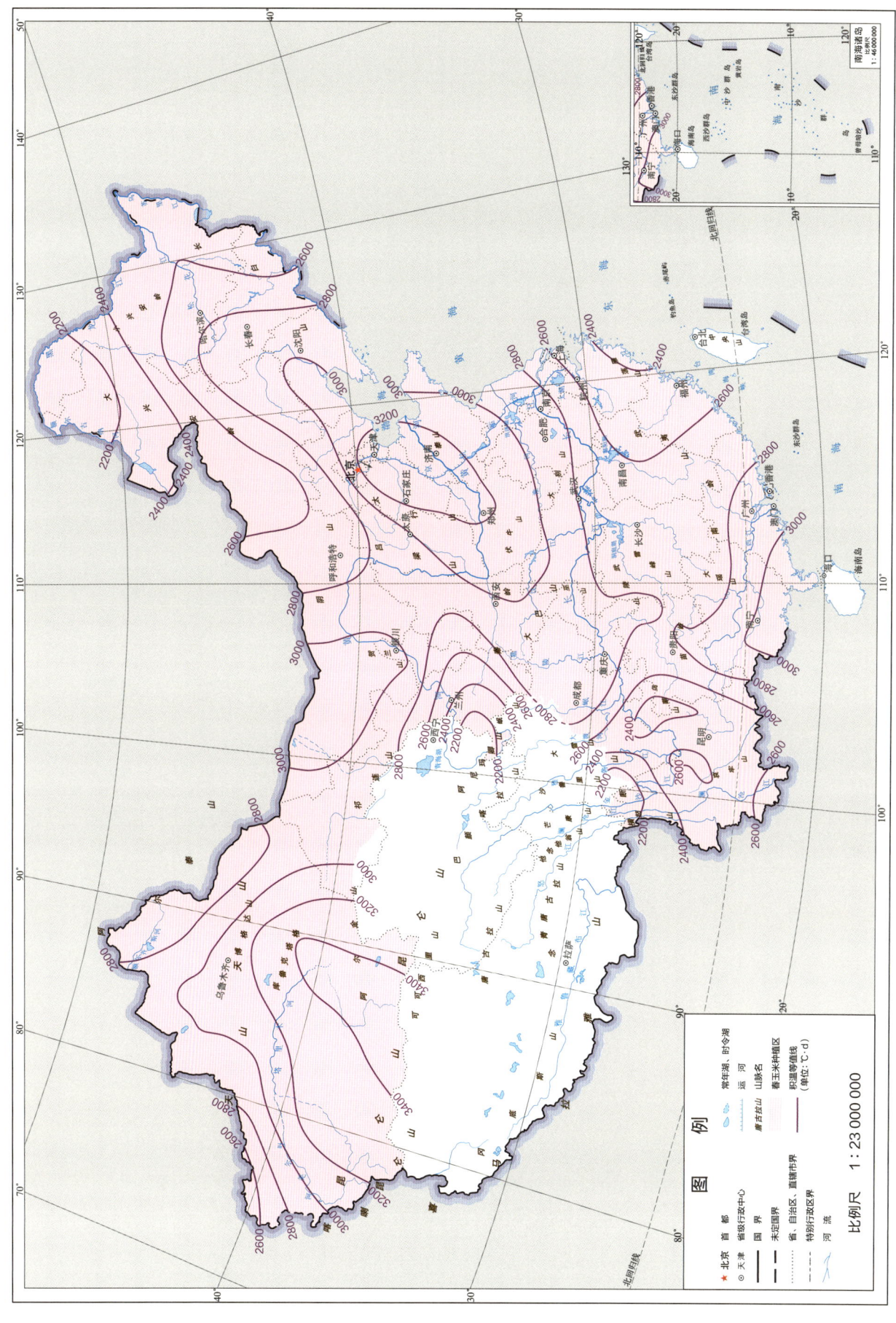

春玉米播种期—成熟期≥5℃积温

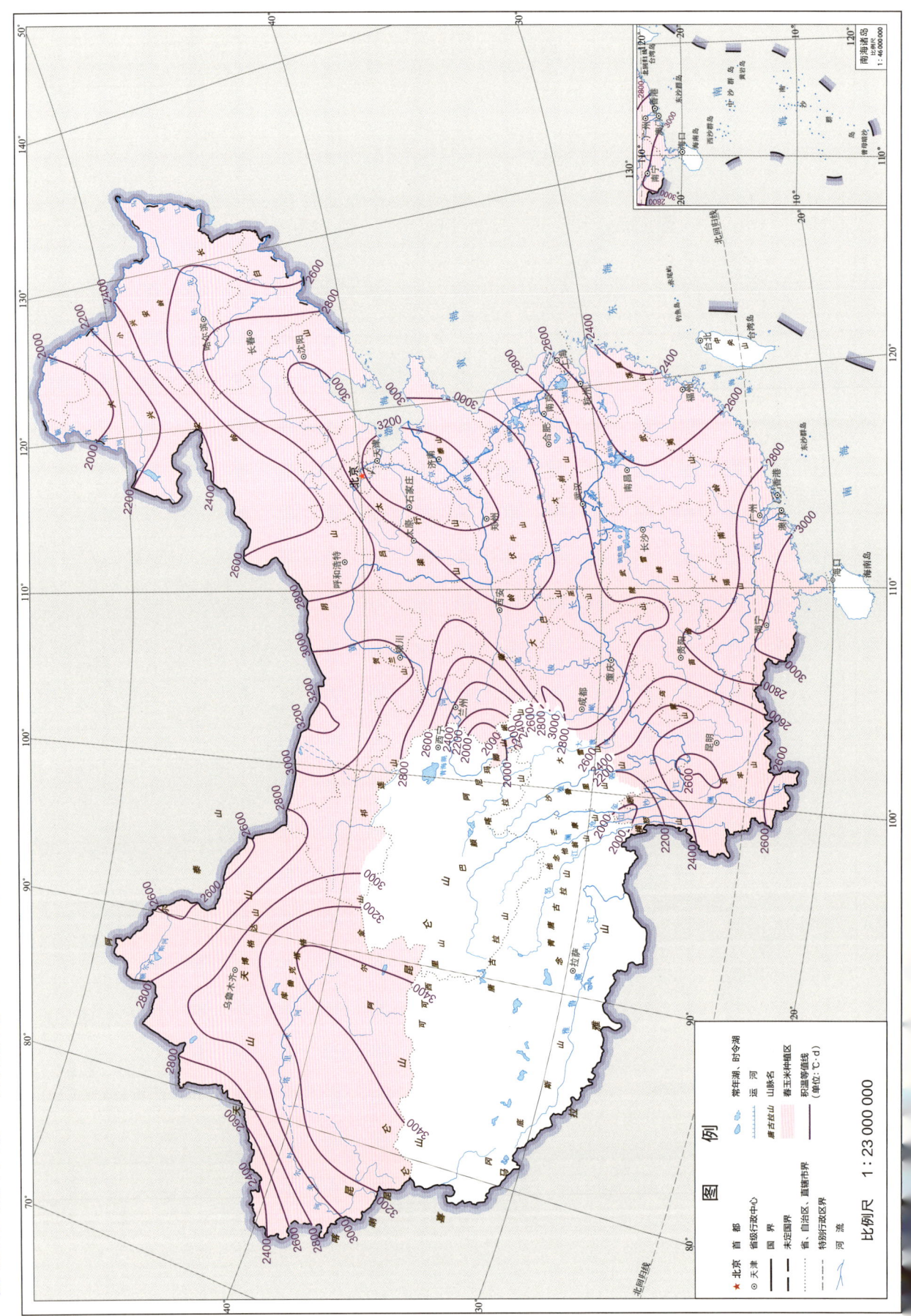

春玉米播种期—成熟期 ≥10℃ 积温

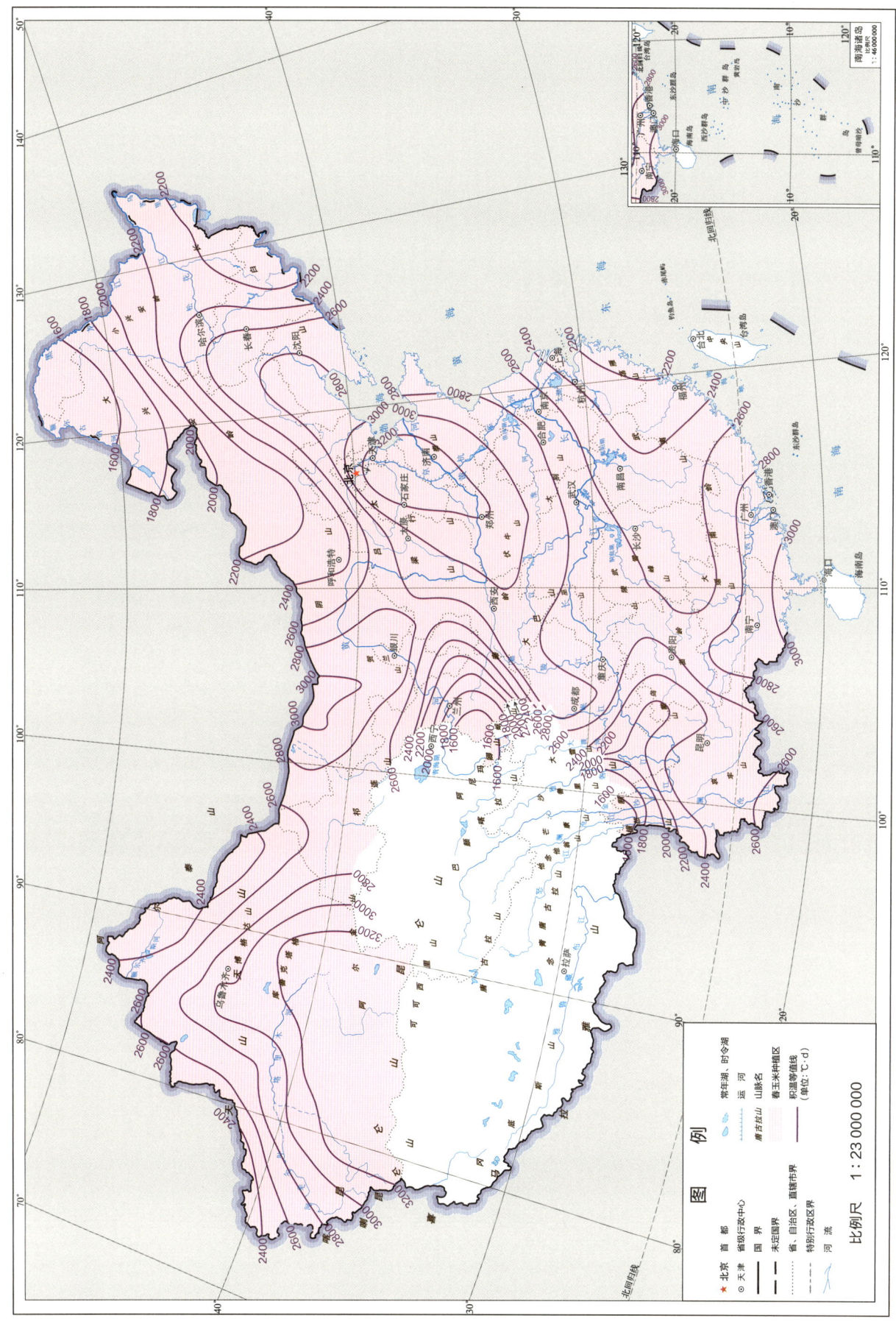

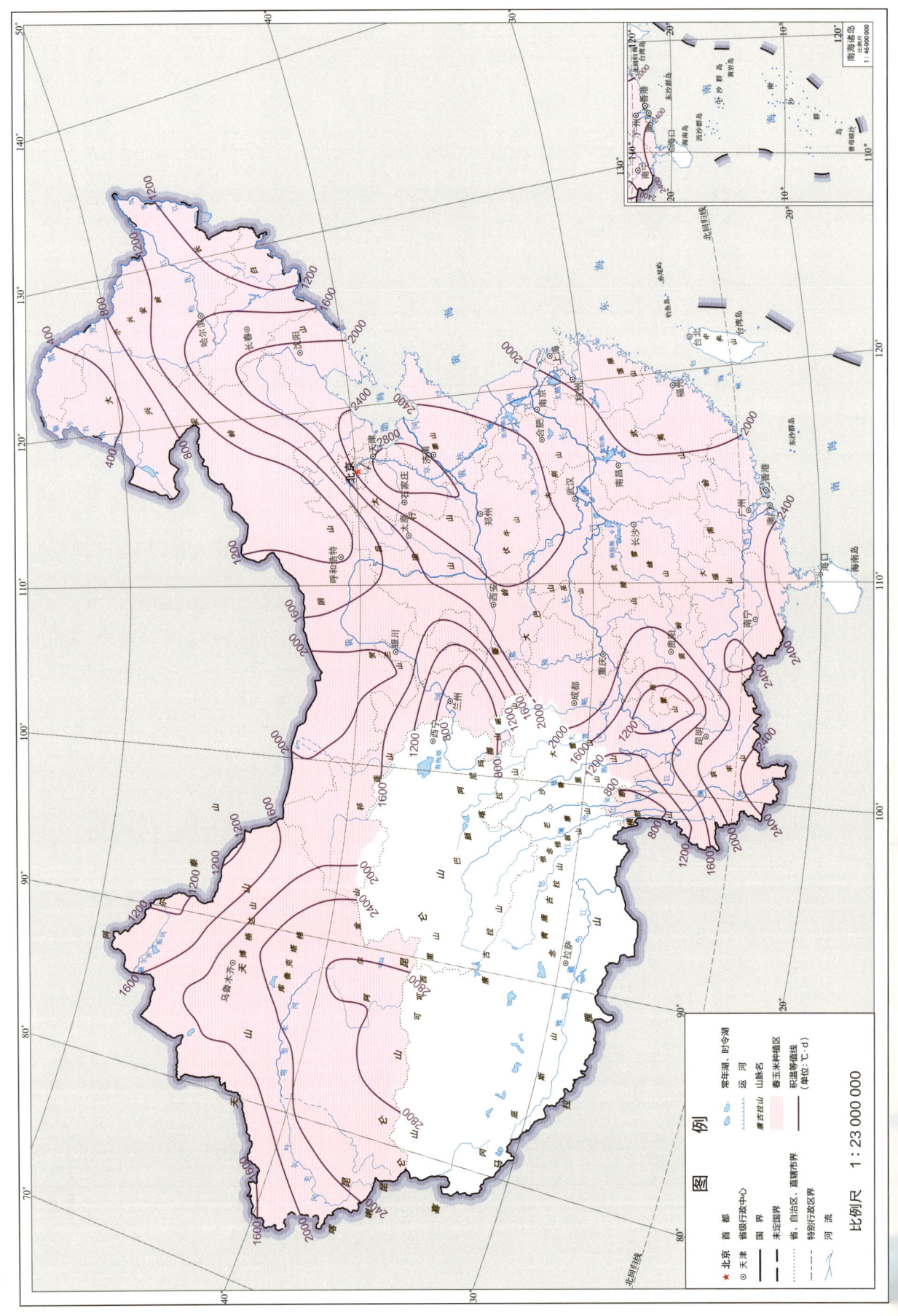

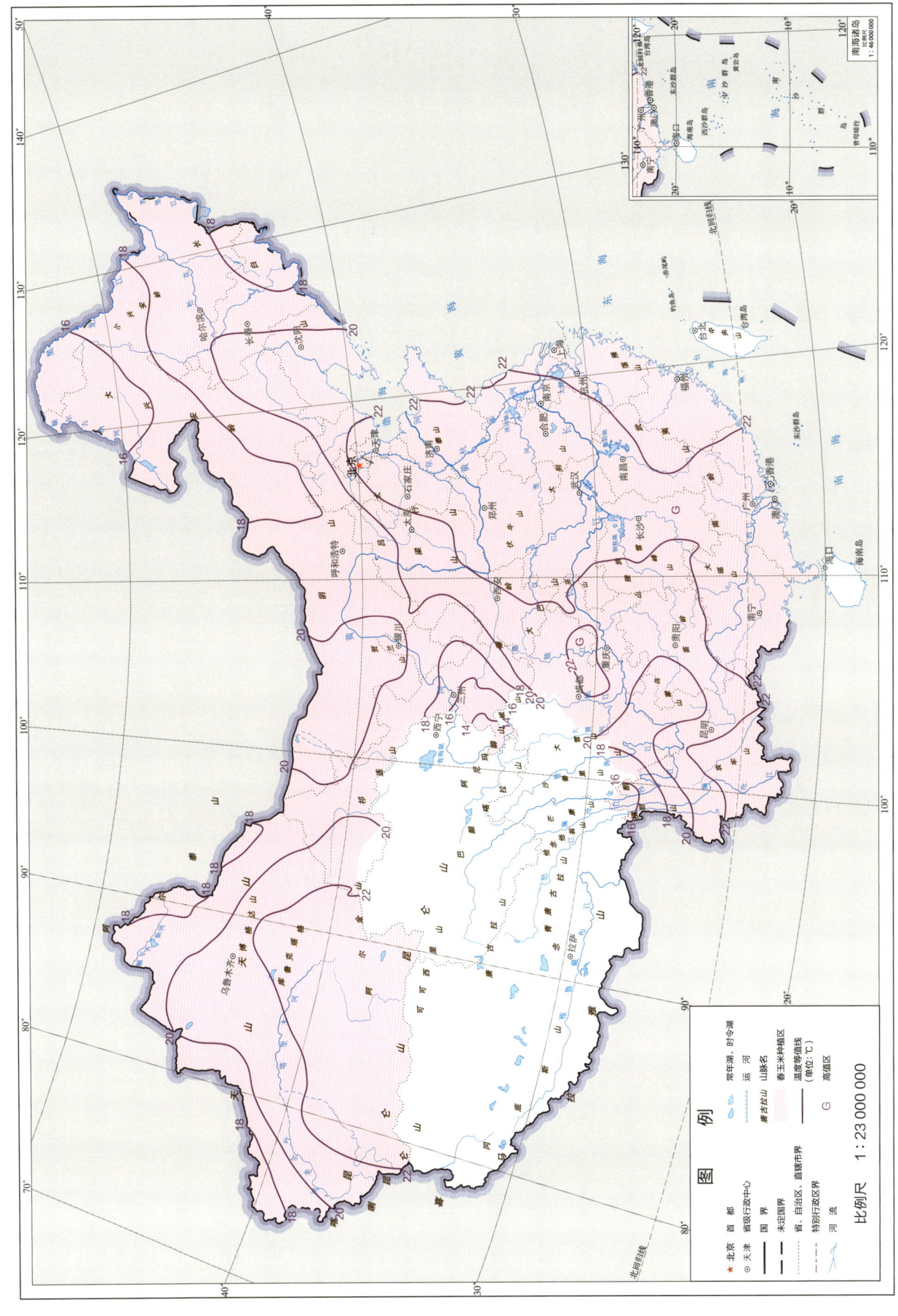
春玉米播种期—成熟期平均温度

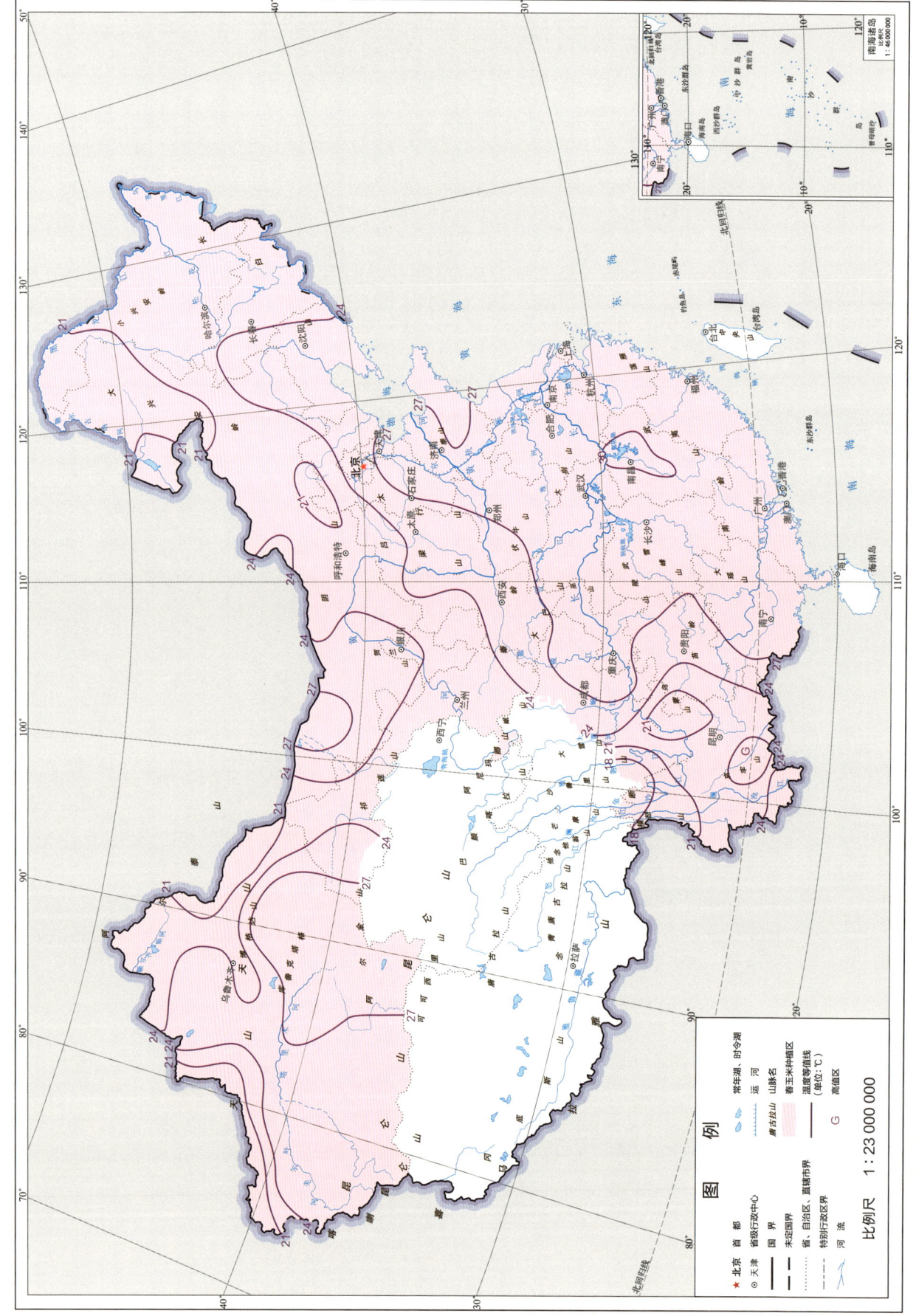
春玉米播种期—成熟期极端最高温度

春玉米播种期—成熟期极端最低温度

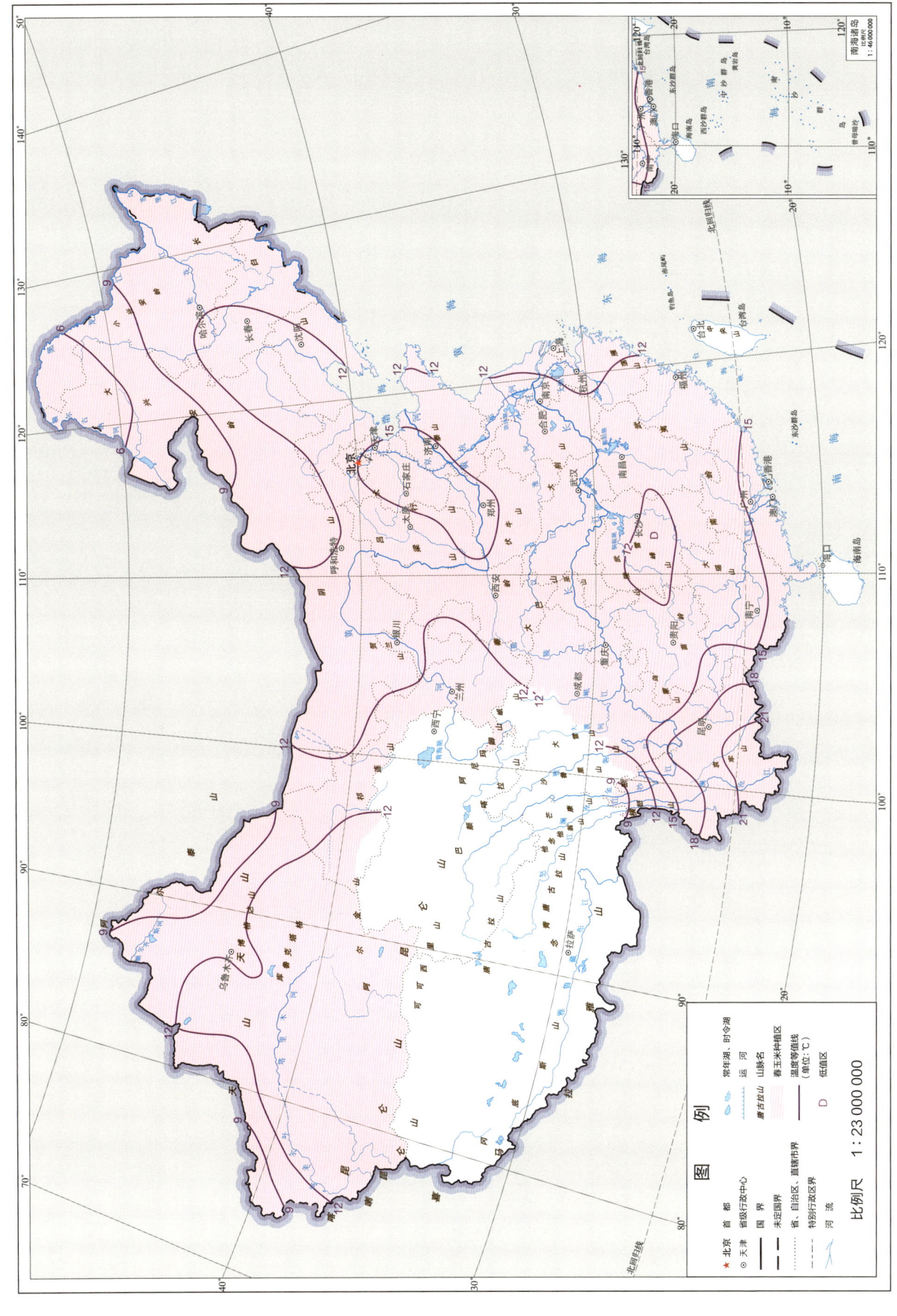

1 春玉米

春玉米播种期—成熟期降水量

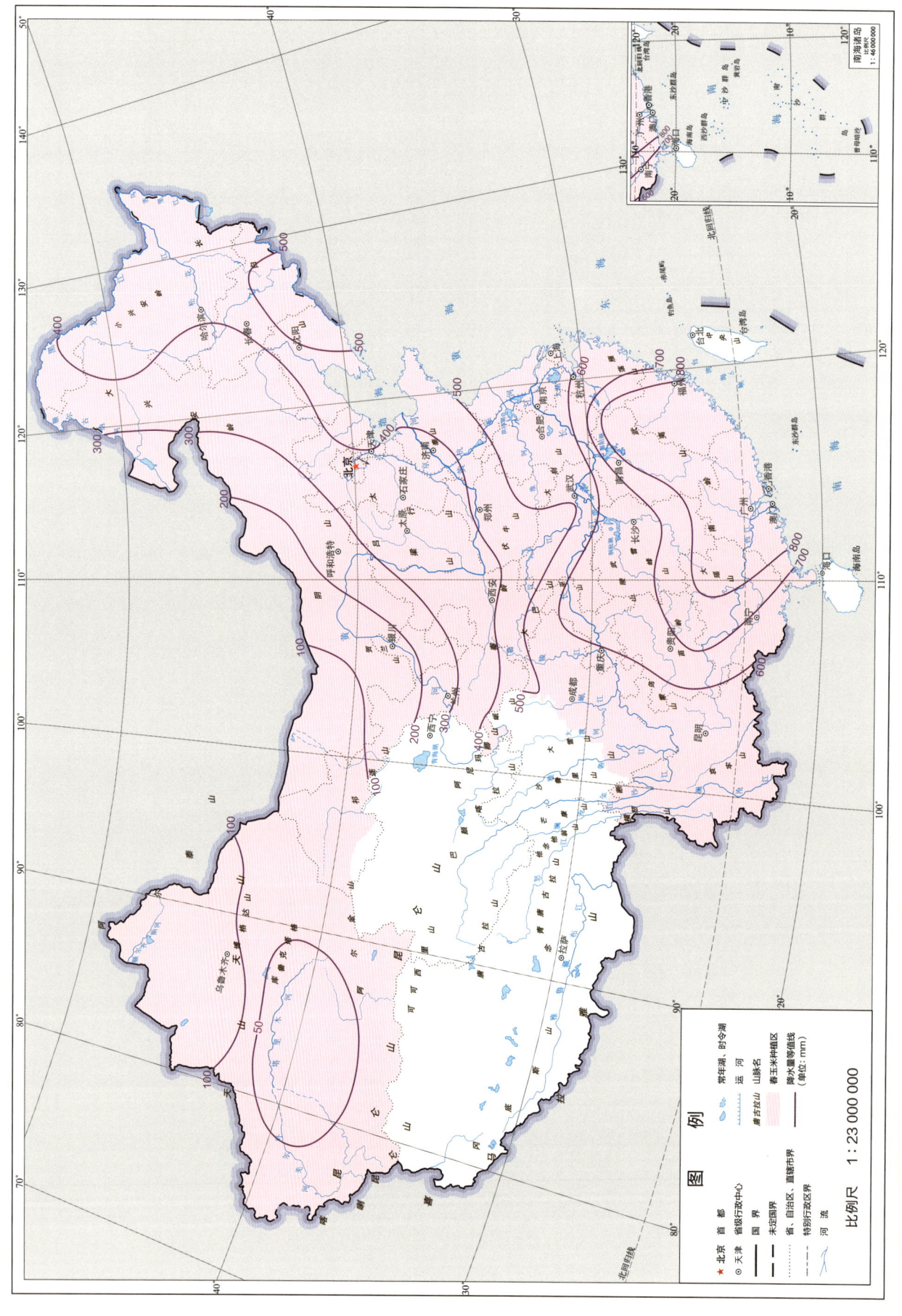

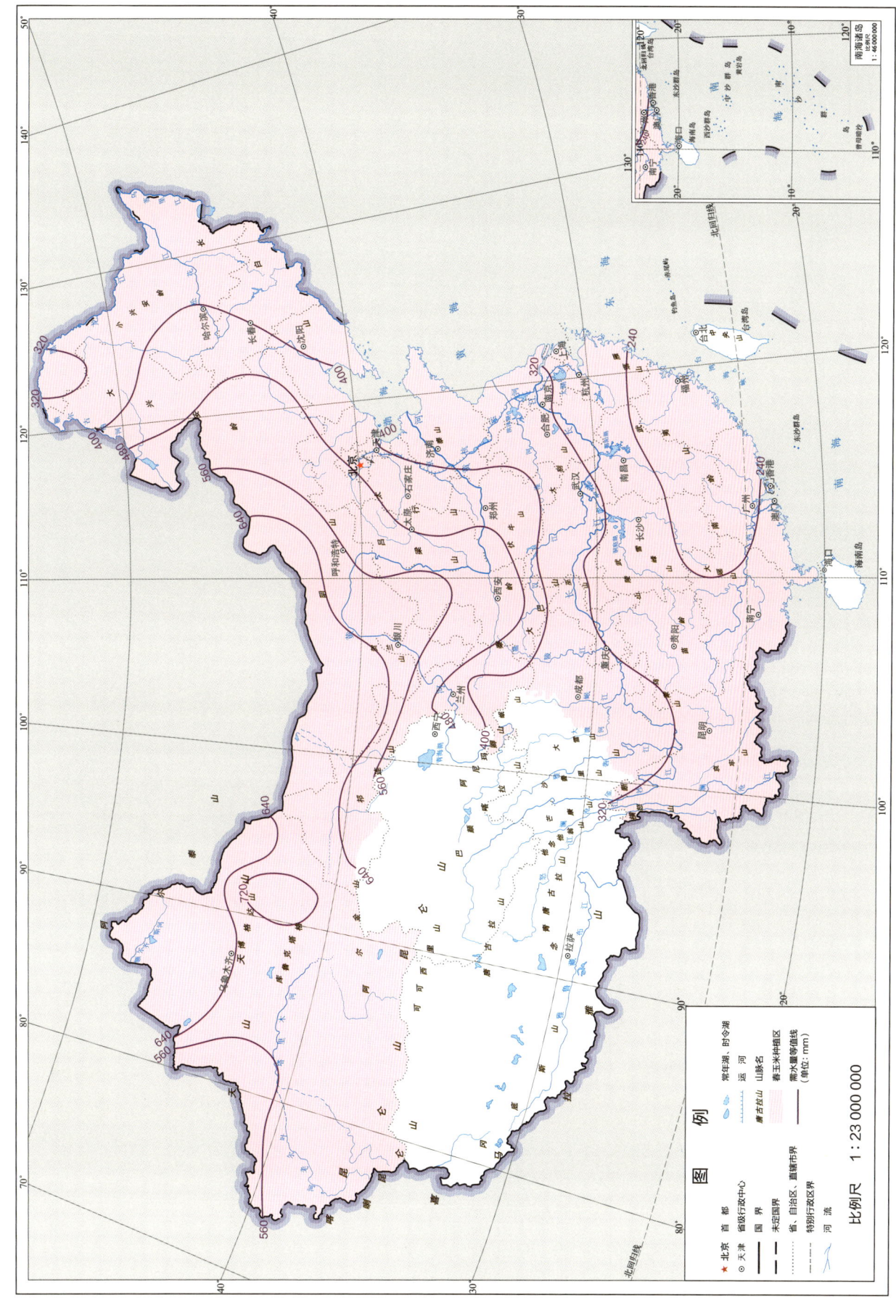

春玉米播种期—成熟期需水量

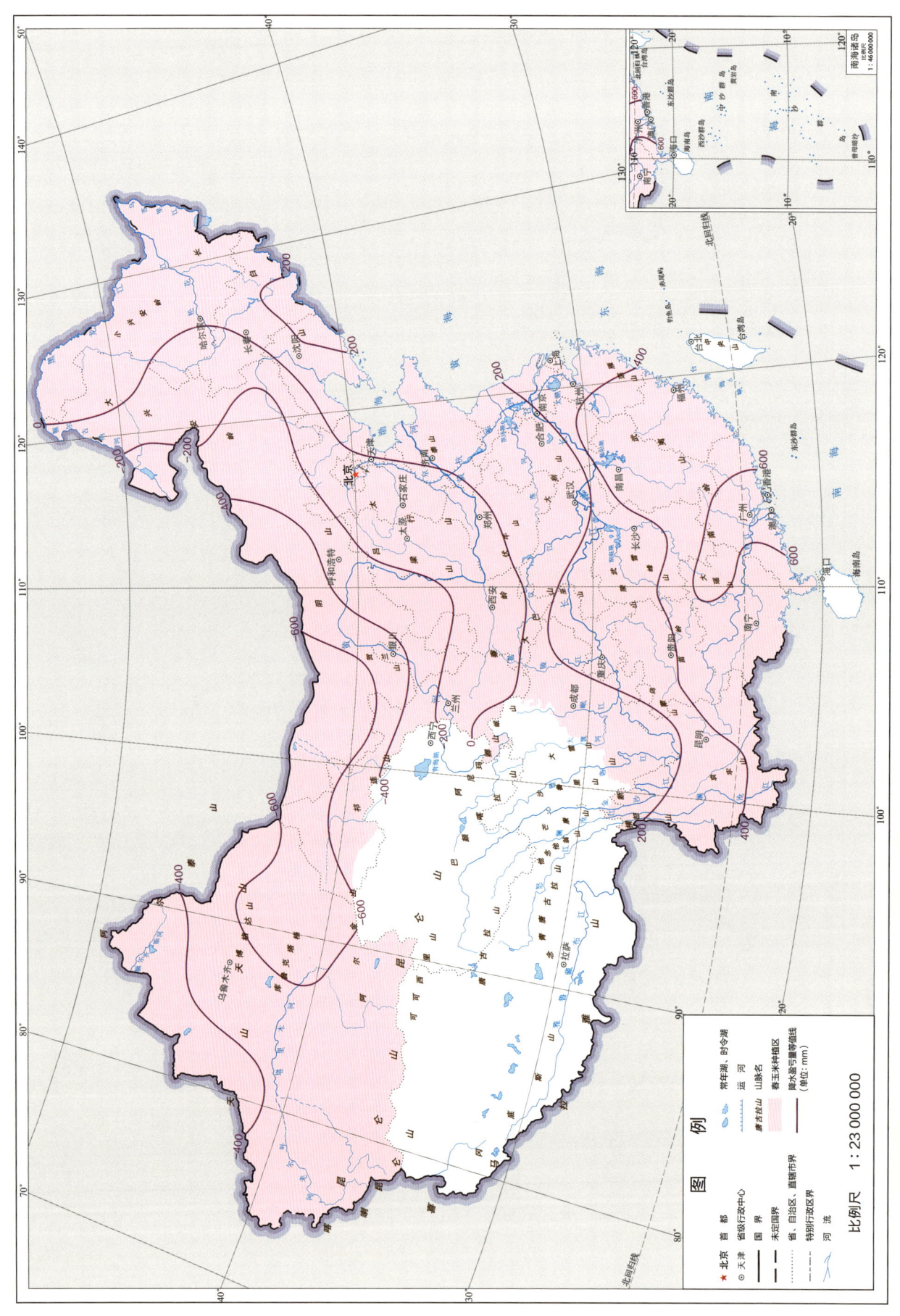

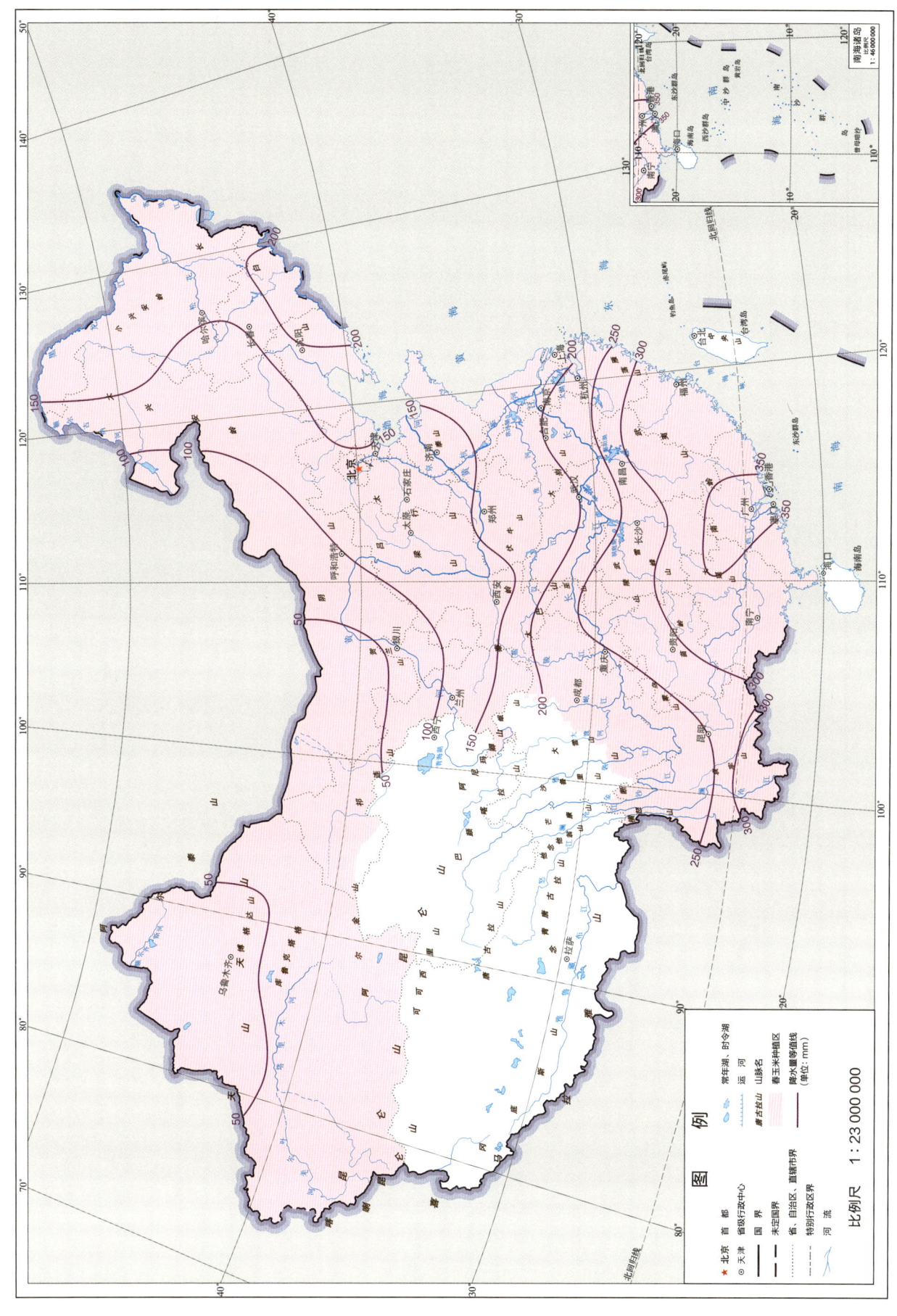

75%降水保证率春玉米播种期—成熟期降水盈亏量

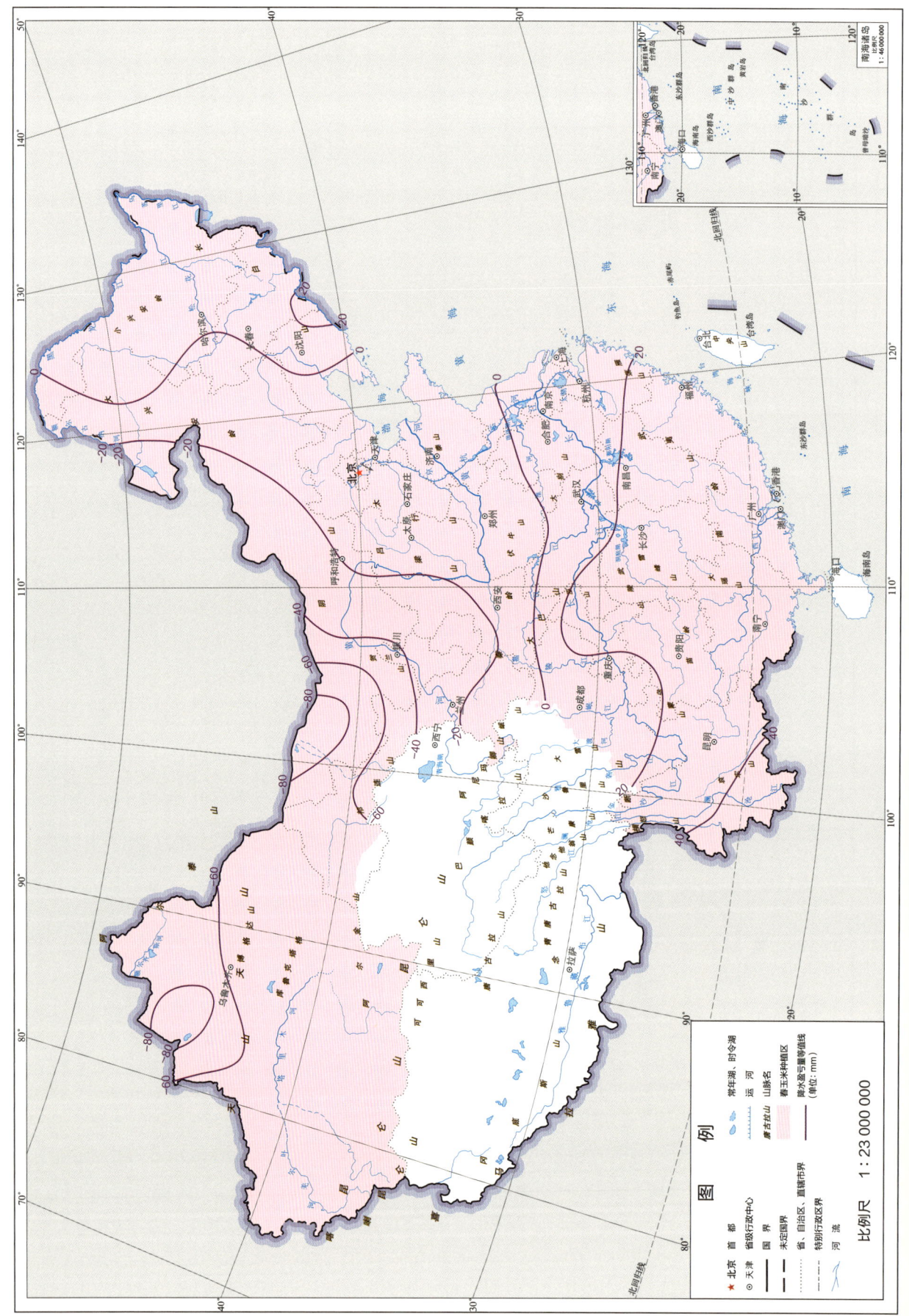

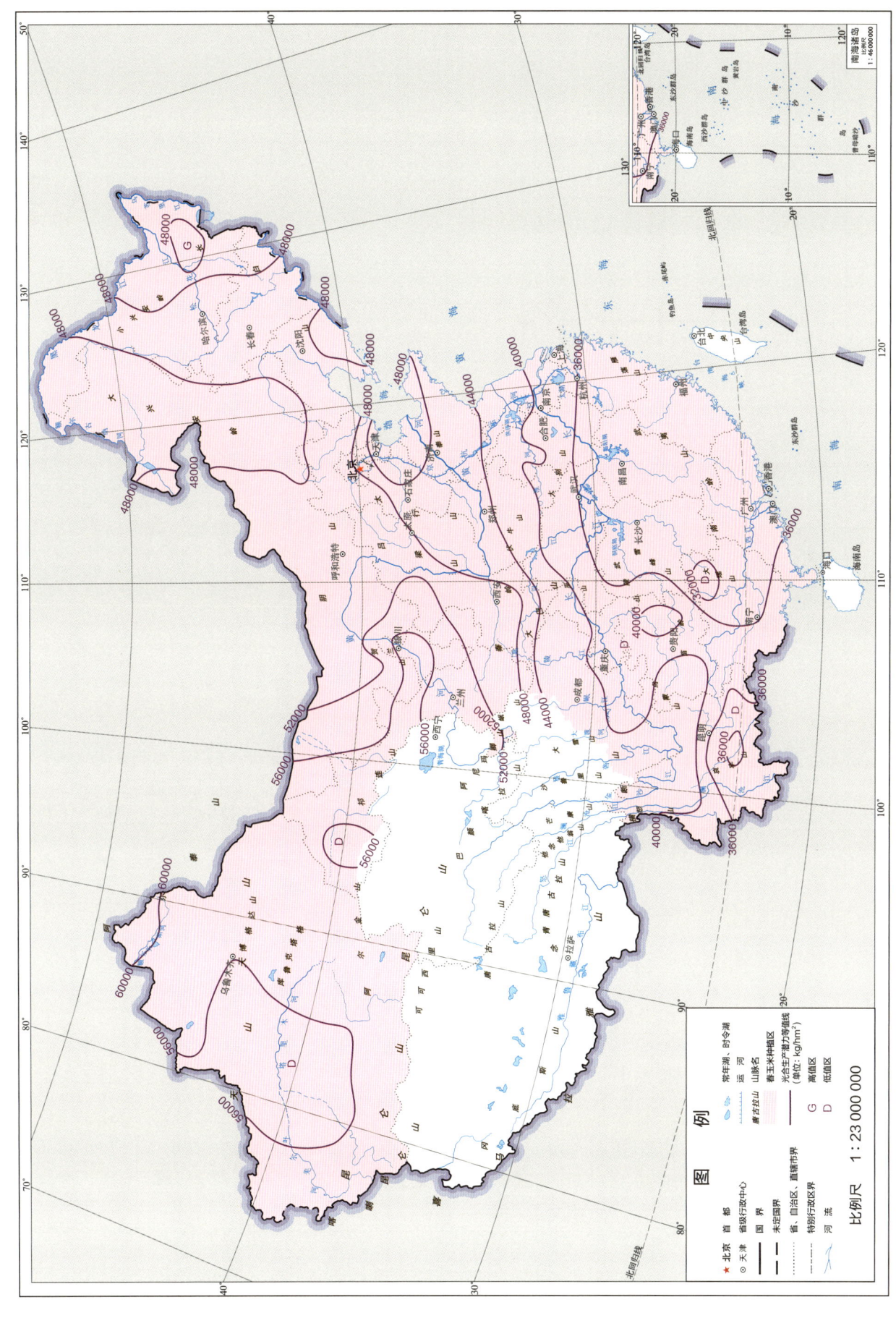

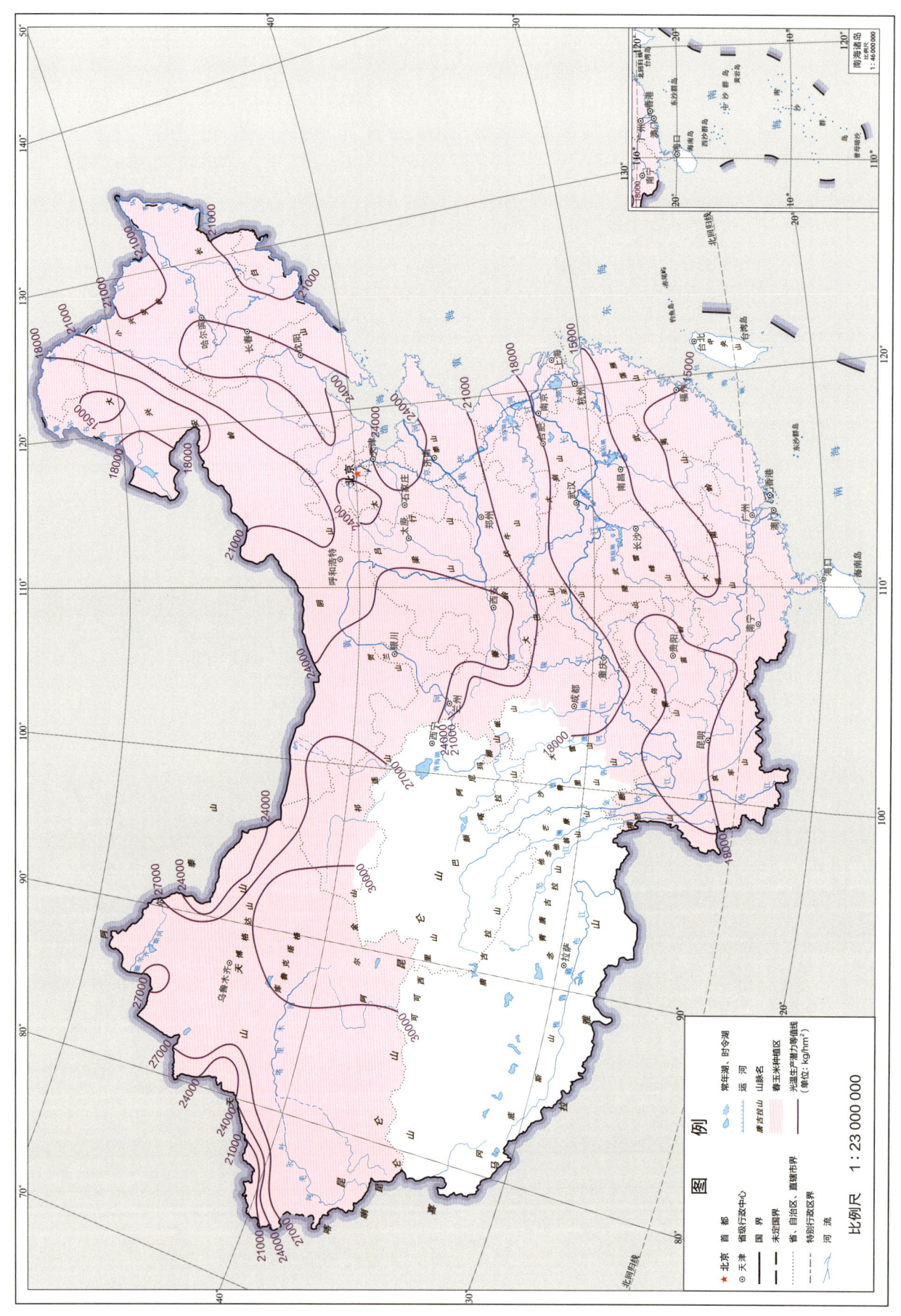

春玉米播种期—成熟期光温生产潜力

1.2.2 春玉米播种期—拔节期

21世纪10年代,全国春玉米播种期—拔节期日数为45~70 d,南方丘陵方玉米区为45~50 d,西南山地玉米区和黄淮海平原春玉米区>70 d。

玉米从出苗到拔节阶段为苗期,玉米苗期需要适当的温度条件和充足的水分及氧气。玉米苗期生长发育的好坏对器官的形成和后期的营养生长、生殖生长都有直接影响,所以需要加强田间管理,合理密植,保持良好的通风条件,以培育壮苗。1981—2010年,春玉米播种期—拔节期日照时数、日照百分率空间分布特征类似,均由西北向东北、西南减少,变化范围分别为200~700 h和20%~70%。高值区分布在新疆玉米区,低值区分布在南方丘陵玉米区。春玉米播种期—拔节期≥0℃、≥5℃、≥10℃、≥15℃和≥20℃积温空间分布类似,总体呈现从中部向西部、东北部逐渐递减的变化趋势,变化范围分别为600~1200℃·d、600~1200℃·d、600~1200℃·d、400~1200℃·d和200~1000℃·d。黄淮海平原和西南山地玉米区是积温高值区,新疆、西北灌溉玉米区是积温低值区。该时期平均温度呈现从东北往南逐渐升高的变化趋势,为12~20℃,利于春播玉米拔节。新疆玉米区、黄淮海春玉米区是平均温度高值区,西南山地玉米区平均温度>20℃。

玉米种子的萌发对水分的要求相对比较严格,由于我国北方地区春季大多比较干旱,所以,在播种后需要补充灌溉,但不可大水漫灌,大水漫灌容易引起地温下降,影响种子出苗。春玉米播种期—拔节期降水量从西北向东北、东南呈现逐渐增加的变化趋势,为30~270 mm,约占播种期—成熟期降水量的1/3。需水量空间变化与降水量相反,从西北向东北、东南呈现逐渐减少的变化趋势,变化范围为100~400 mm。该阶段降水盈亏量总体呈现从西北向东北、东南逐渐增加的趋势,变化范围为-300~200 mm。江苏泰州—安徽合肥—河南信阳—湖北十堰—四川成都一线为春玉米播种期—拔节期降水盈亏量0 mm等值线,水分供需基本平衡。播种期—拔节期降水盈亏量0 mm等值线西北地区降水亏缺量增加,内蒙古二连浩特—巴彦淖尔—阿拉善右旗—甘肃瓜州县—新疆尉犁县—且末县一线为降水盈亏量-300 mm等值线,降水亏缺量最多,水分严重不足,需灌溉补充。新疆玉米区降水亏缺量<200 mm。长江流域以南玉米区播种期—拔节期降水盈余量>100 mm;南方丘陵玉米区降水盈余量最多,>200 mm。

21世纪10年代春玉米播种期—拔节期日数

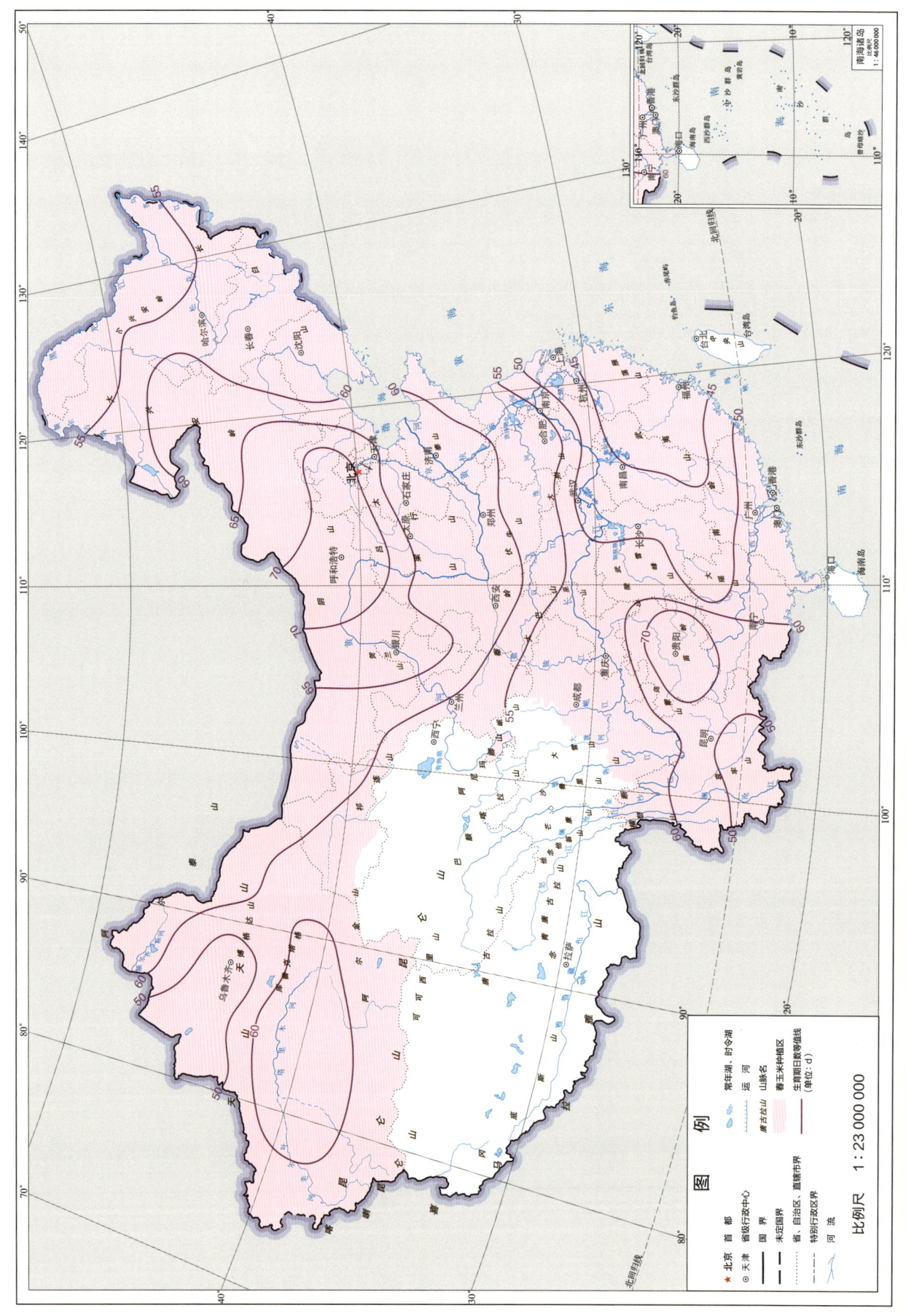

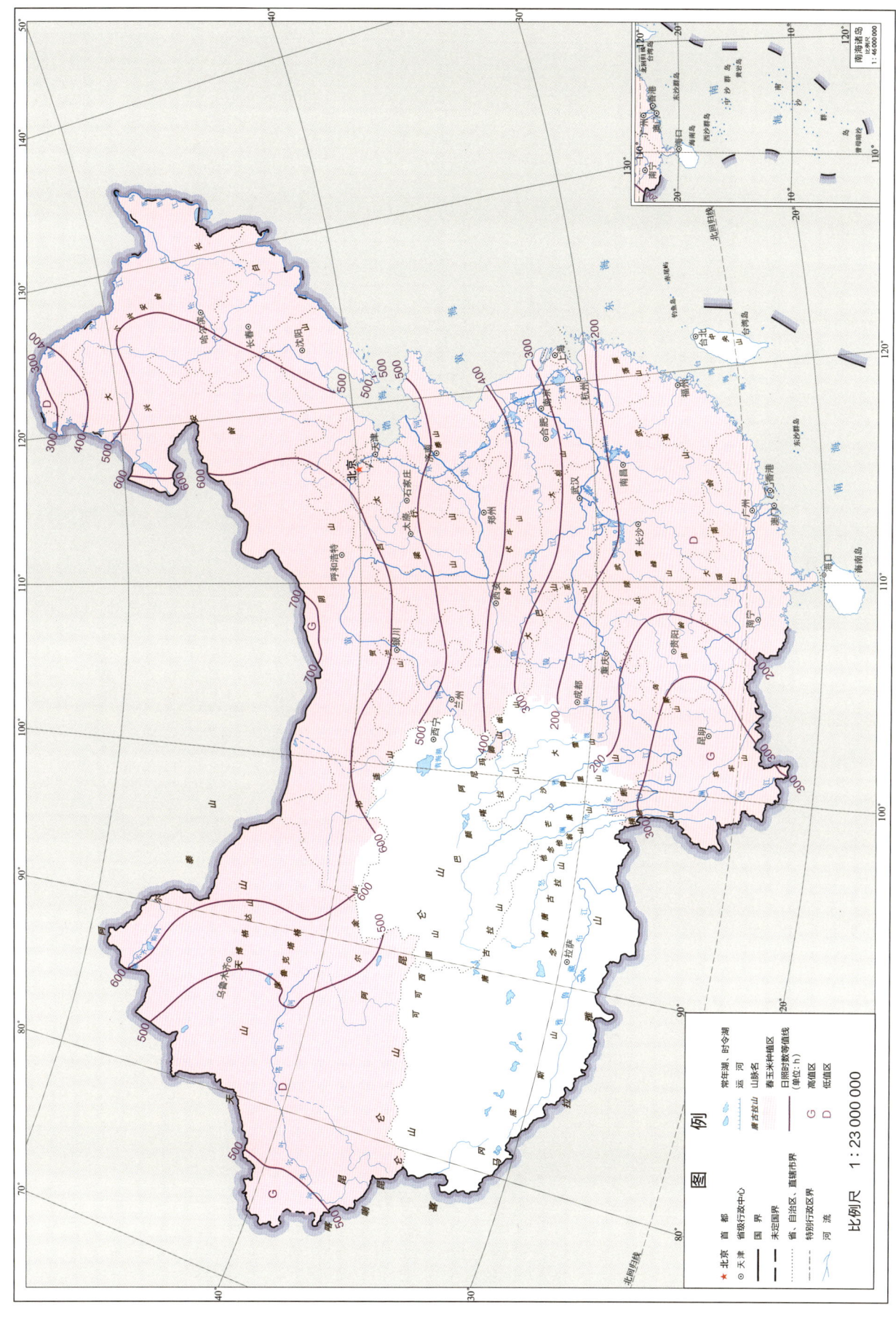

春玉米播种期—拔节期日照百分率

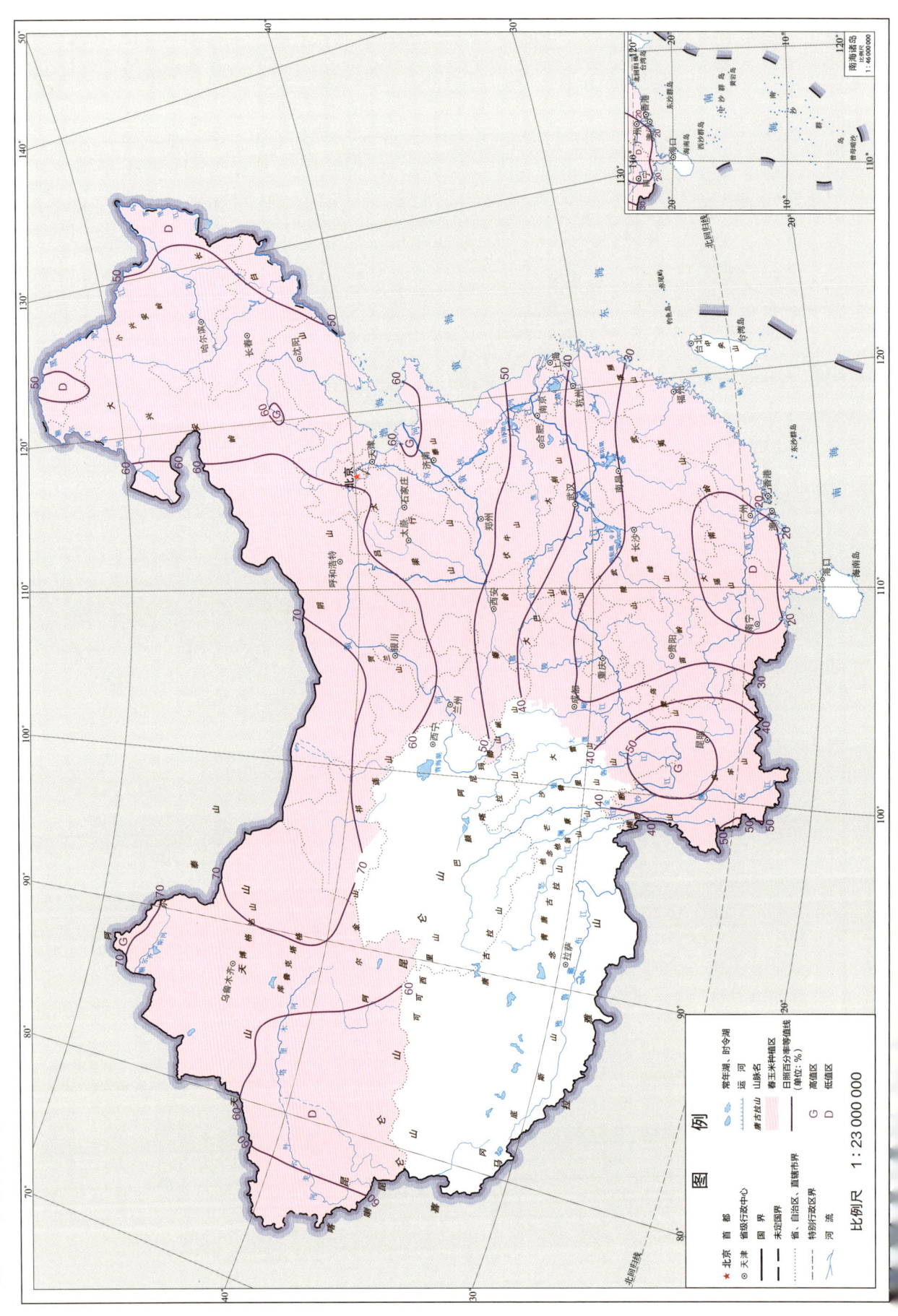

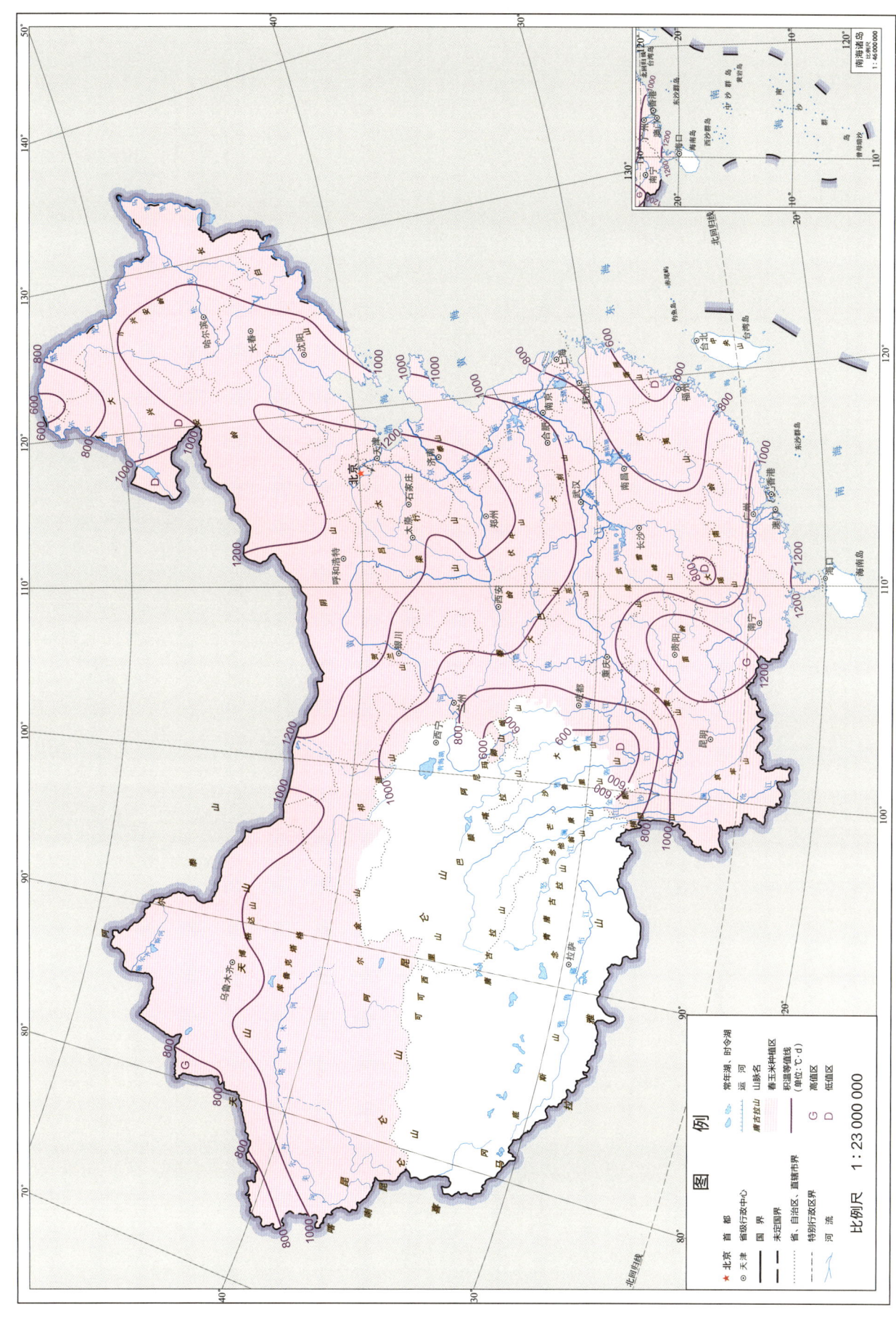

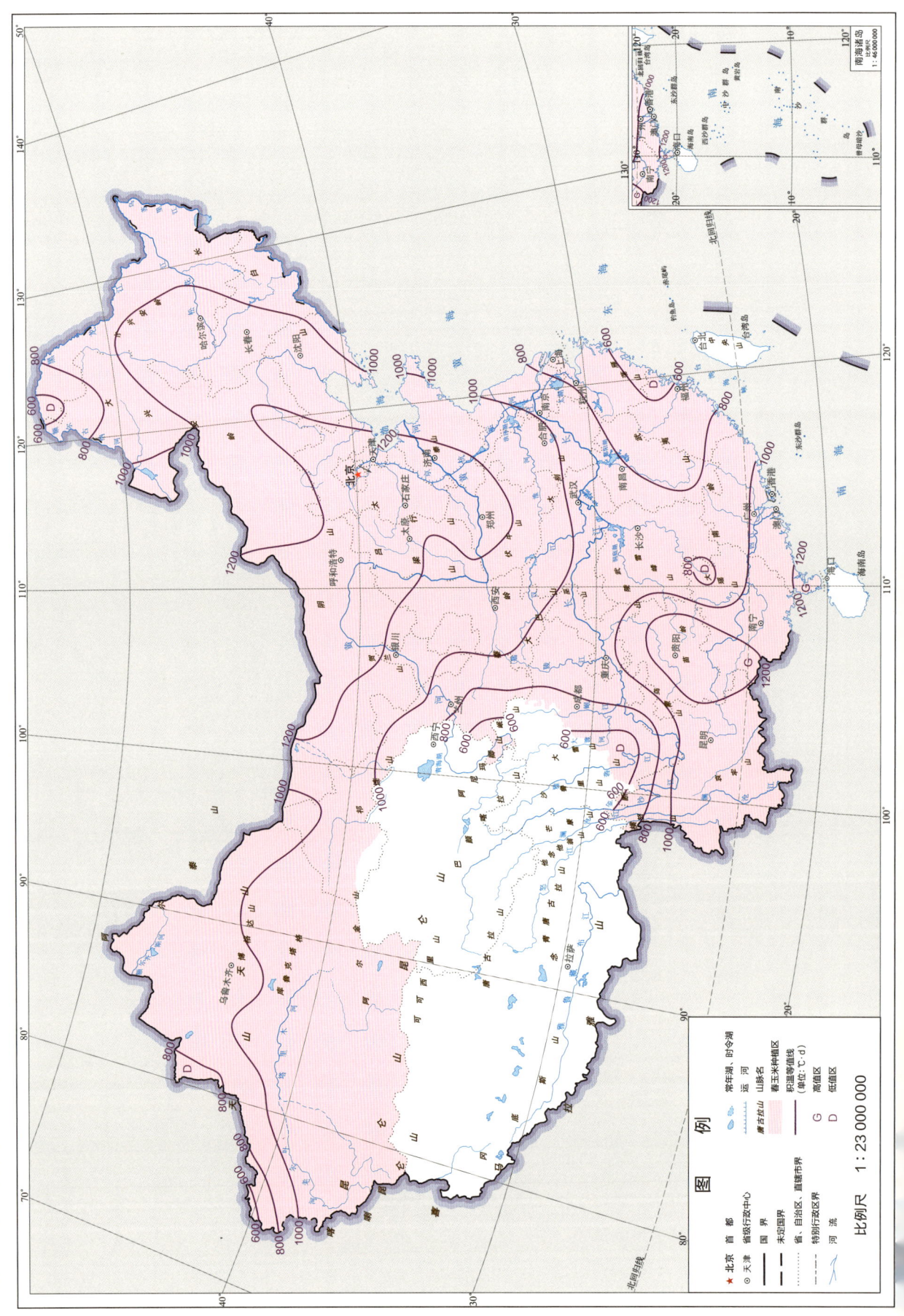

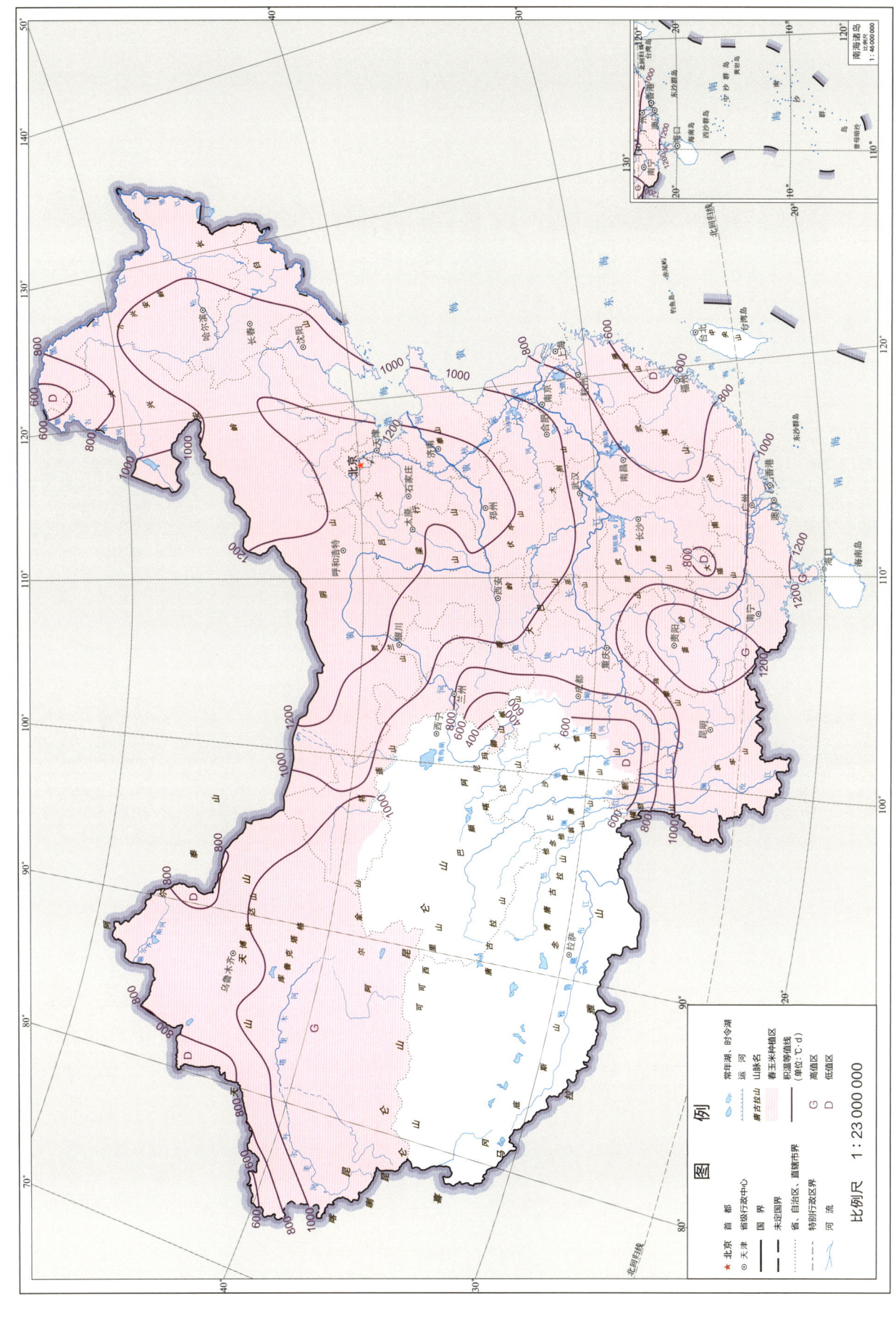

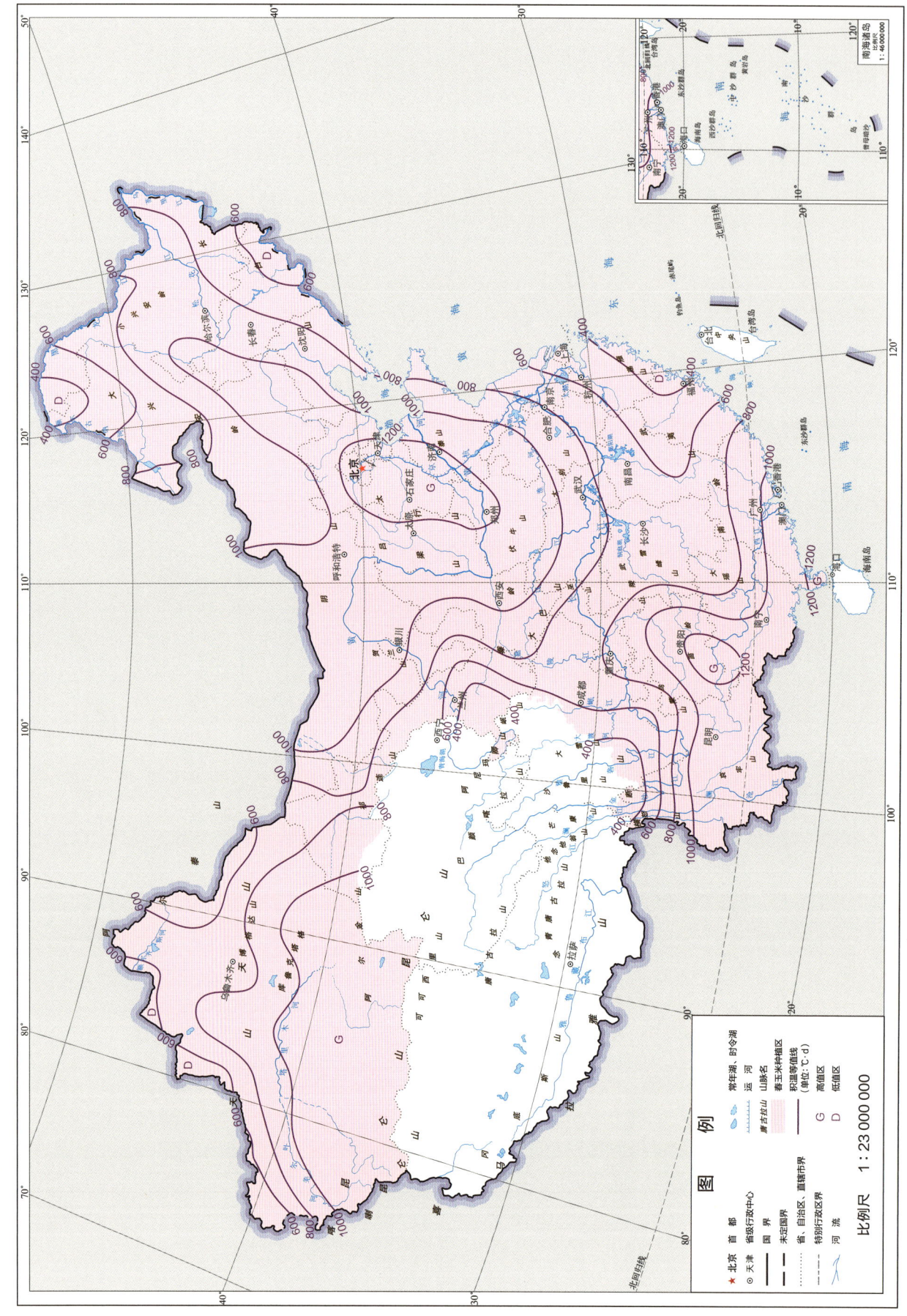

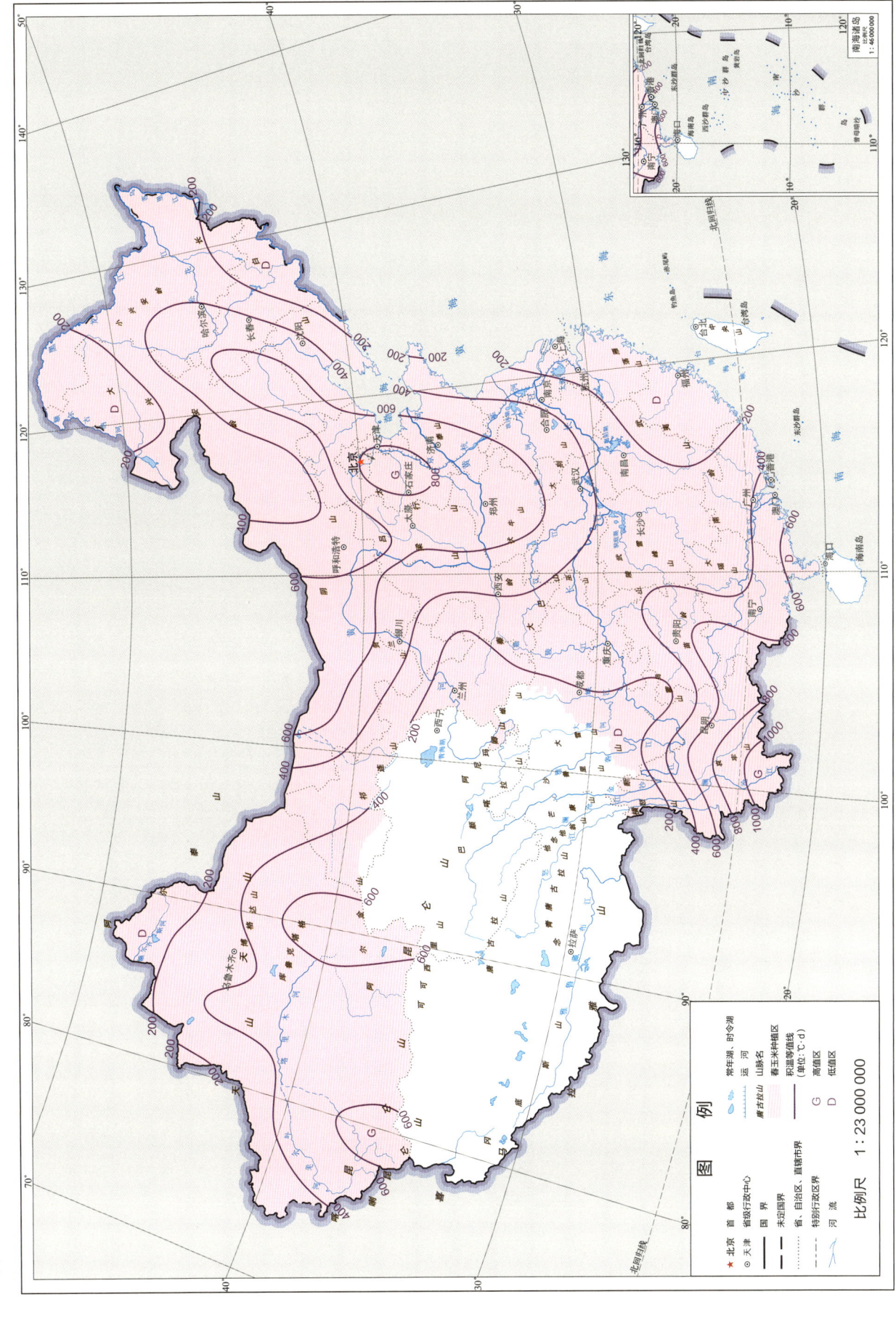

春玉米播种期—拔节期平均温度

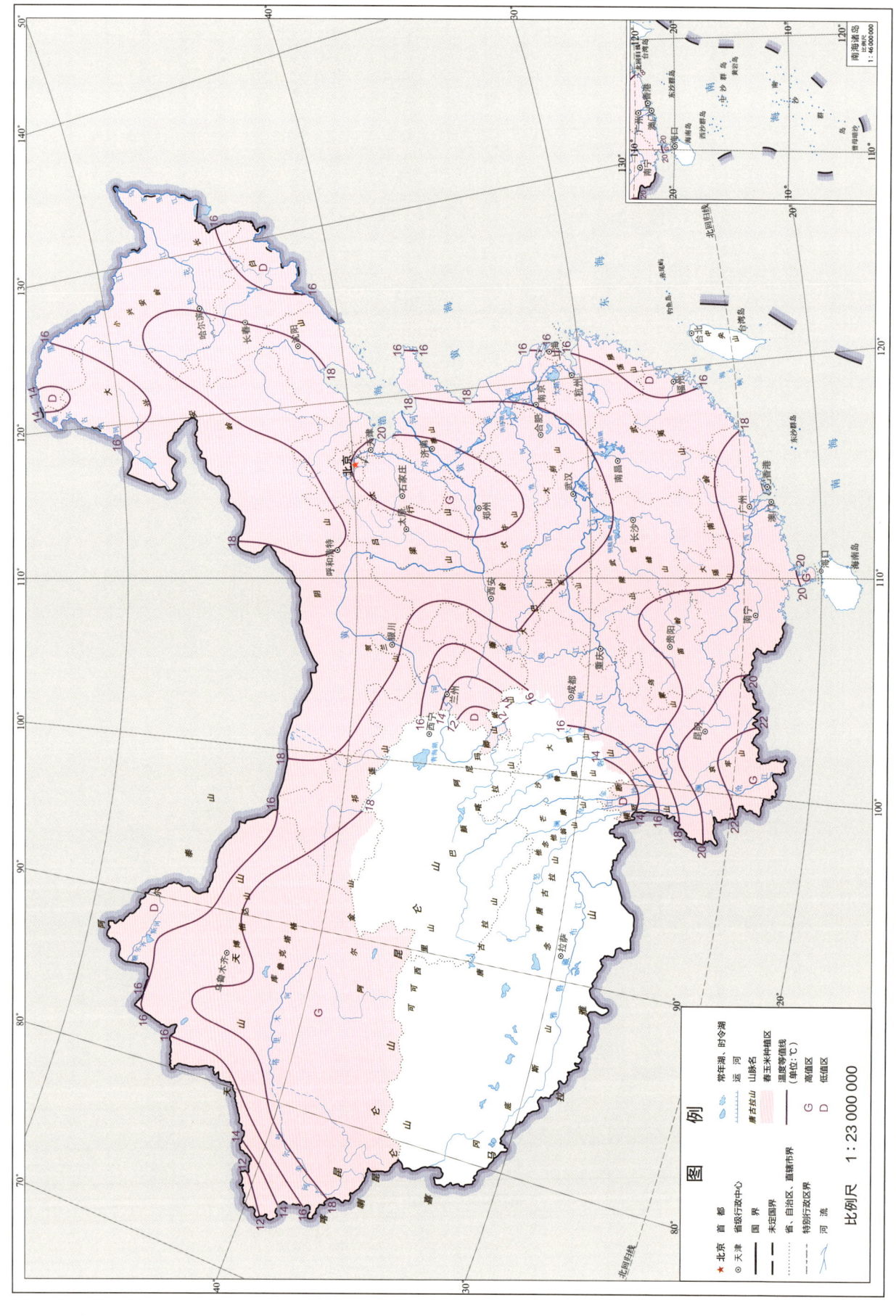

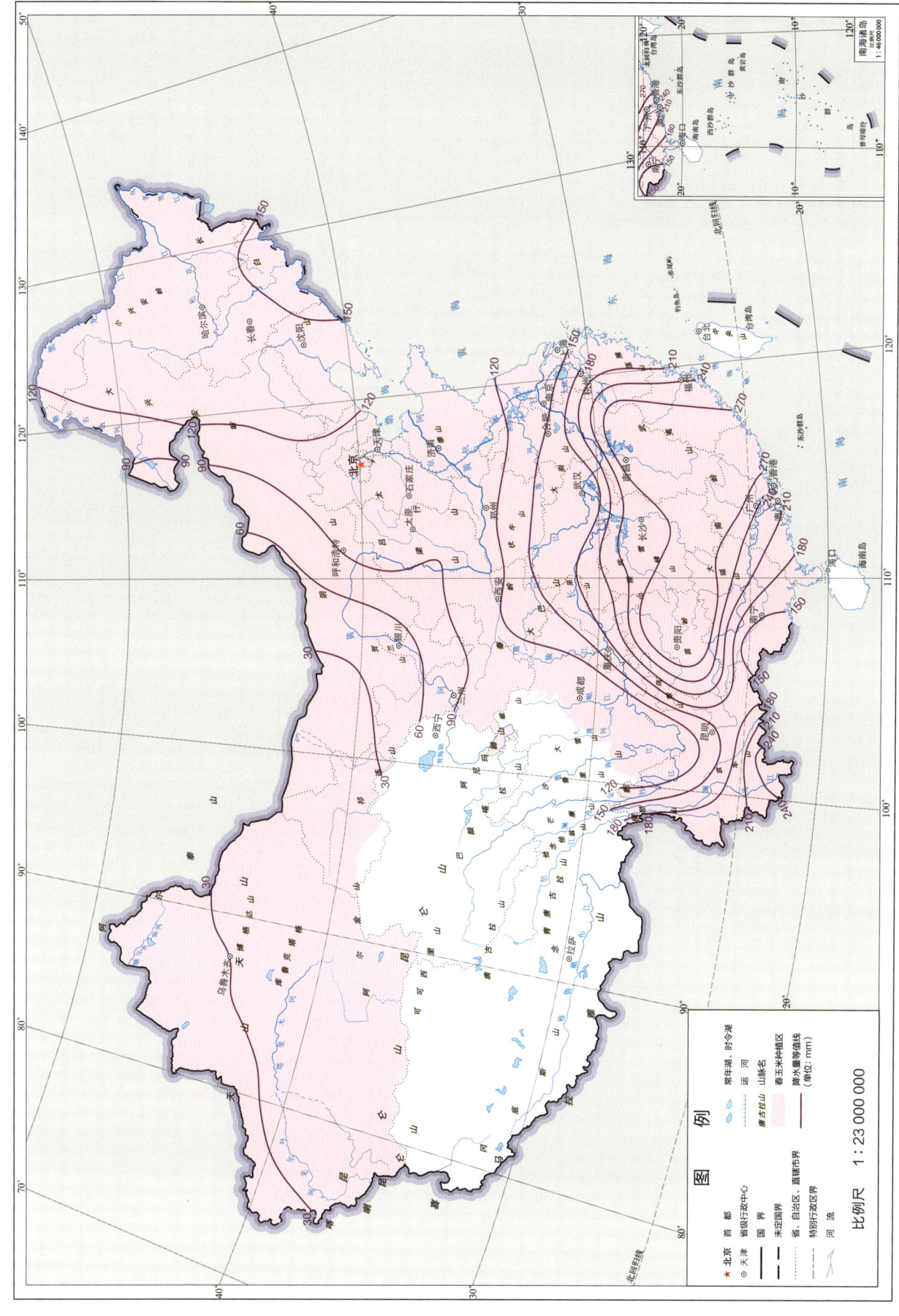

春玉米播种期—拔节期需水量

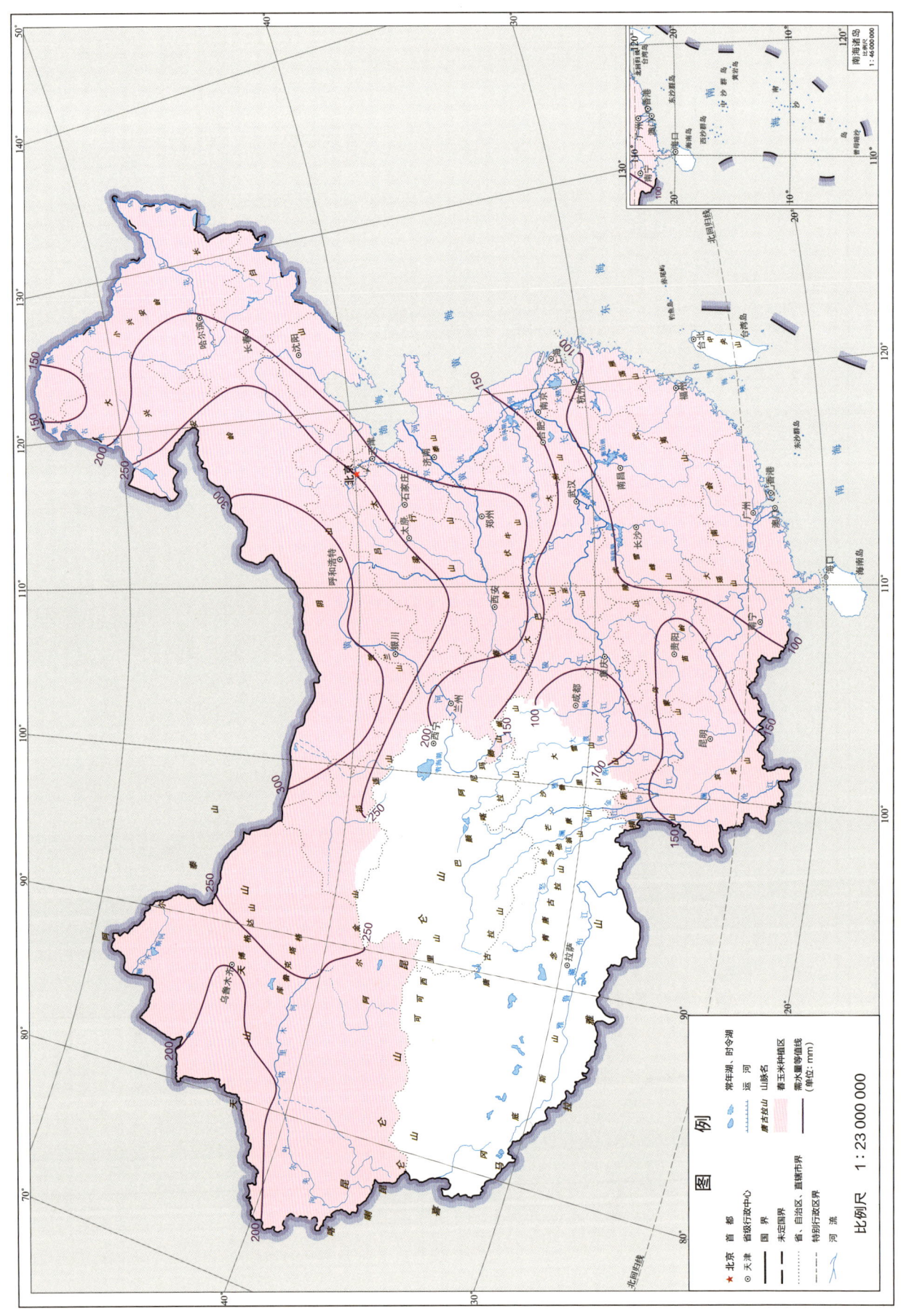

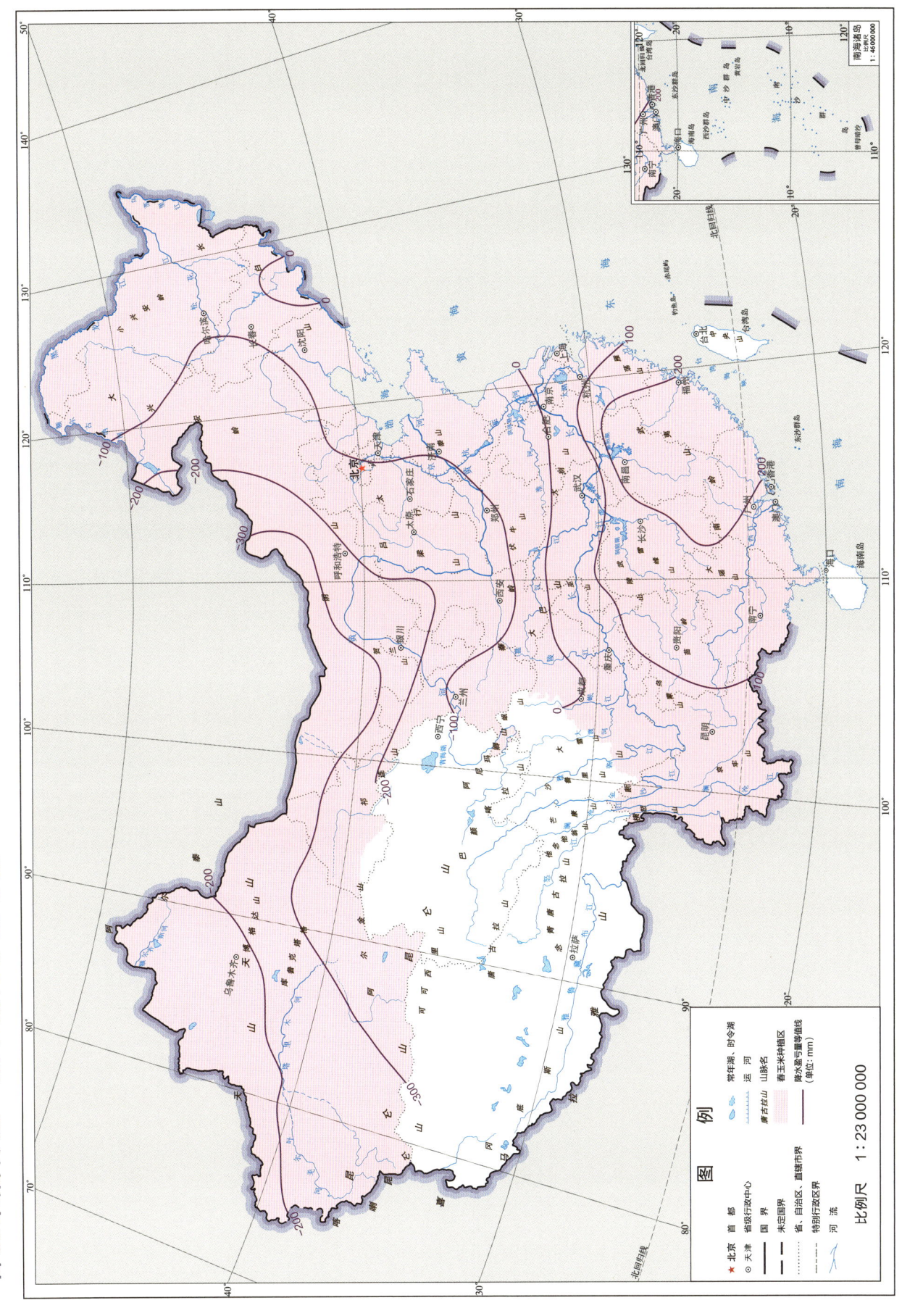

1.2.3 春玉米拔节期—抽雄期

21世纪10年代,全国春玉米拔节期—抽雄期日数为15～35 d,新疆北部地区为35 d左右;沿祁连山东麓、大巴山、黄山一线为30 d左右,以此为界向东北、向南方地区逐渐缩短。

拔节期—抽雄期是玉米生长期中最旺盛的时期,也是重要的发育阶段。在营养生长方面,根茎叶增长量最大;在生殖生长方面,是决定雌穗花数的重要时期,所以,一定要重视这一时间段的管理工作。1981—2010年,春玉米拔节期—抽雄期日照时数、日照百分率空间分布类似,总体呈现由西北向南逐渐递减的变化趋势,变化范围分别为100～300 h和40%～70%。高值区分布在新疆地区、北方春播玉米区,低值区分布于南方丘陵玉米区。

该阶段内≥0℃、≥5℃、≥10℃、≥15℃和≥20℃积温的空间分布类似,呈现从西北部至东南部逐渐递减的变化趋势。长江流域以南地区是春玉米积温高值区;新疆玉米区、西北灌溉玉米区和北方春播区是积温相对低值区。拔节期—抽雄期平均温度总体呈现从东北往南逐渐升高的变化趋势,处于18～26℃范围内变化。新疆西部地区、四川西部地区是平均温度的低值区。新疆南部、黄淮海平原春玉米拔节期—抽雄期平均温度＞22℃,为春玉米种植区平均温度的高值区。四川南部和云南地区平均温度为20℃左右,云南南部地区平均温度＞24℃。

1981—2010年,春玉米拔节期—抽雄期降水量总体呈现从西北向东北、东南逐渐增加的变化趋势,变化范围为30～180 mm;需水量总体呈现从西北向东北、东南逐渐减少的变化趋势,变化范围为40～180 mm。春玉米拔节期—抽雄期降水盈亏量呈现从西北向东北、东南逐渐增加的变化趋势,变化范围为－180～120 mm。内蒙古呼伦贝尔—通辽—赤峰—河北保定—山东济南—河南周口—陕西安康—汉中—甘肃合作一线为春玉米拔节期—抽雄期降水盈亏量0 mm等值线,水分供需基本平衡。春玉米拔节期—抽雄期降水盈亏量0 mm等值线往西北降水亏缺量增加,内蒙古西北和新疆北部附近地区降水亏缺量为150 mm左右,是降水亏缺最严重地区。辽宁西部、吉林西部和黑龙江地区春玉米拔节期—抽雄期降水盈余量＞30 mm,水分条件相对较好。长江流域以南地区降水盈余量＞60 mm,湖南衡阳—广东韶关—肇庆—广西梧州—融安县为降水盈余量高值区,＞90 mm。南方丘陵玉米区降水盈余量为30 mm左右。

21世纪10年代春玉米拔节期—抽雄期日数

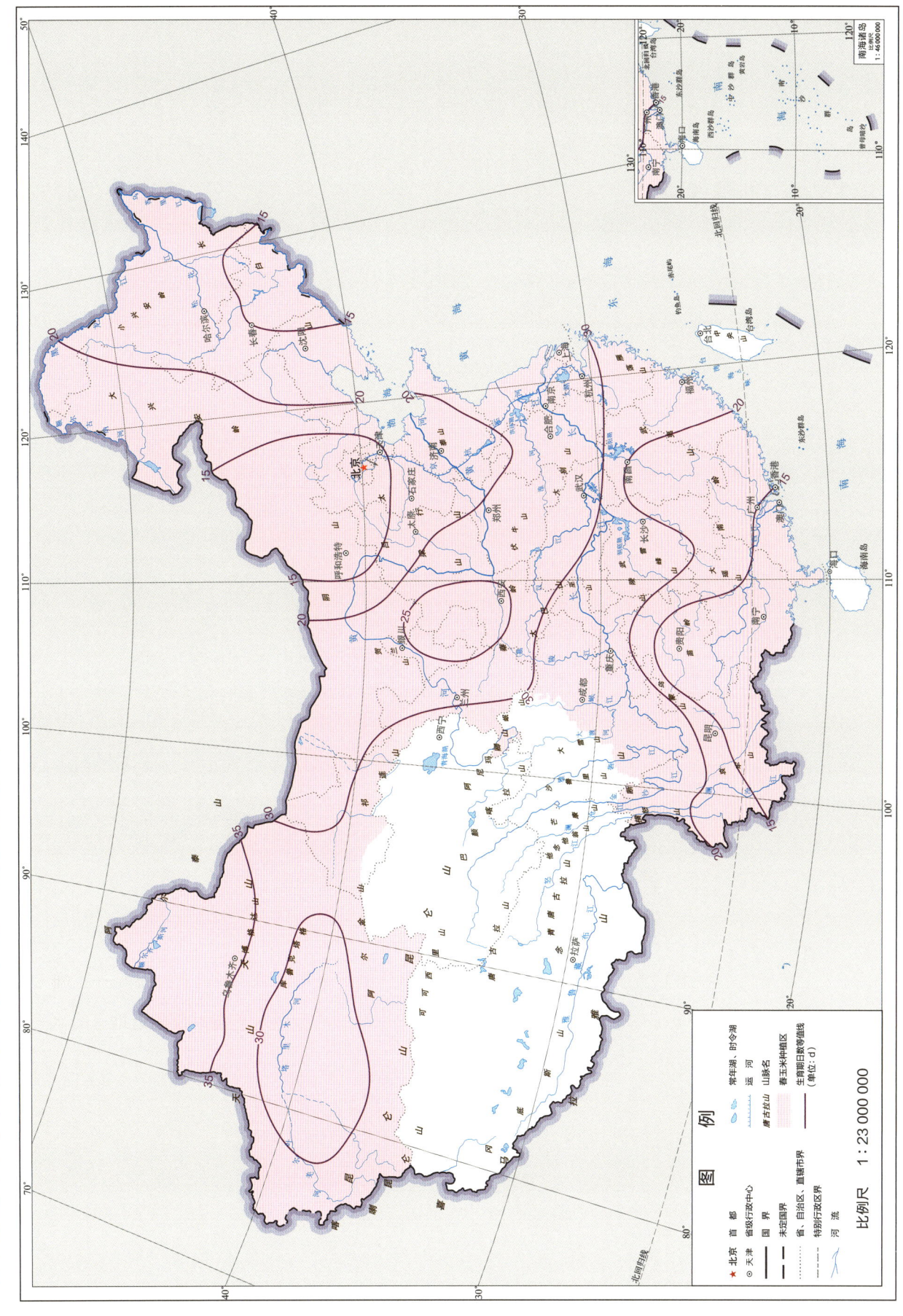

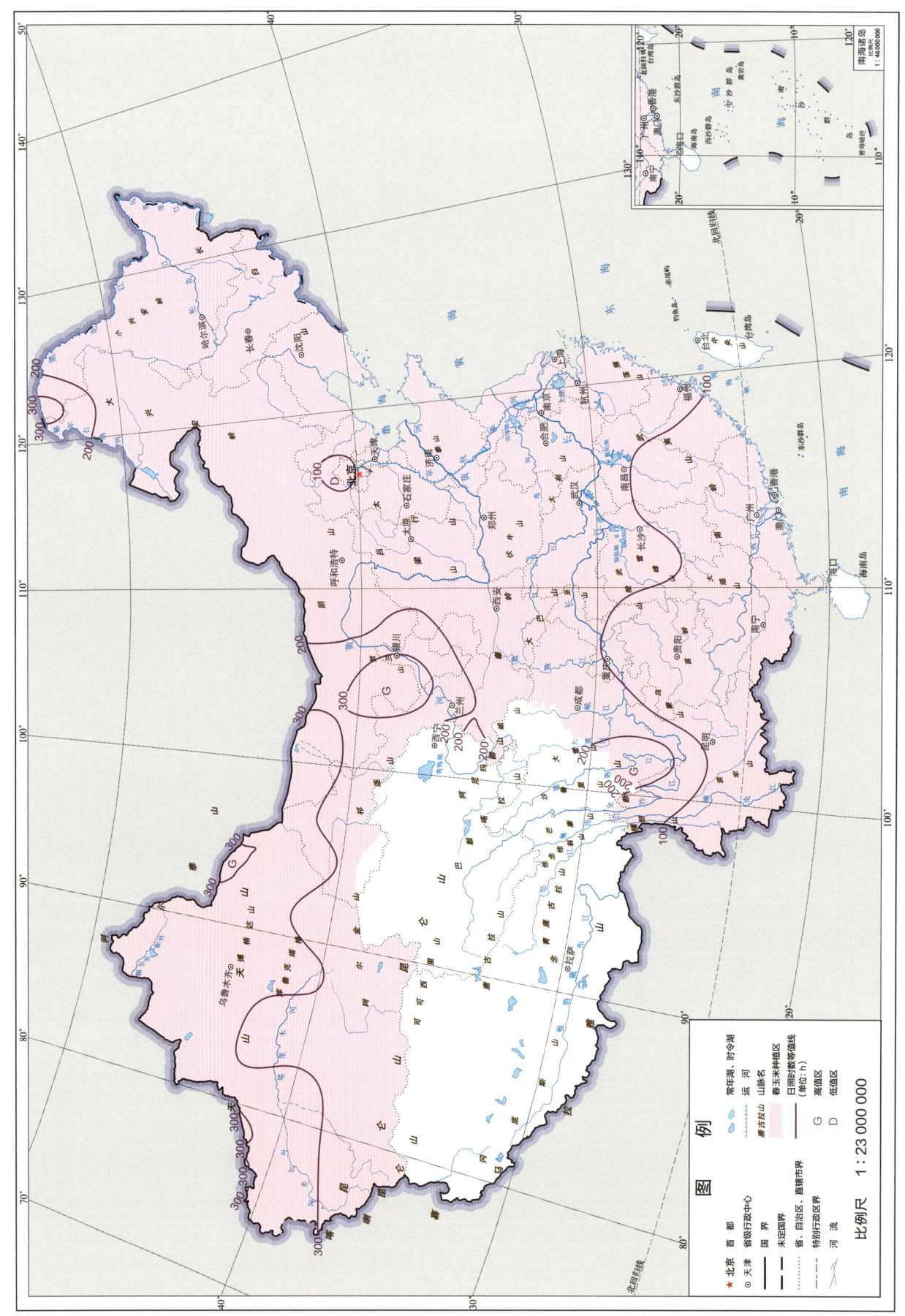

春玉米拔节期—抽雄期日照时数

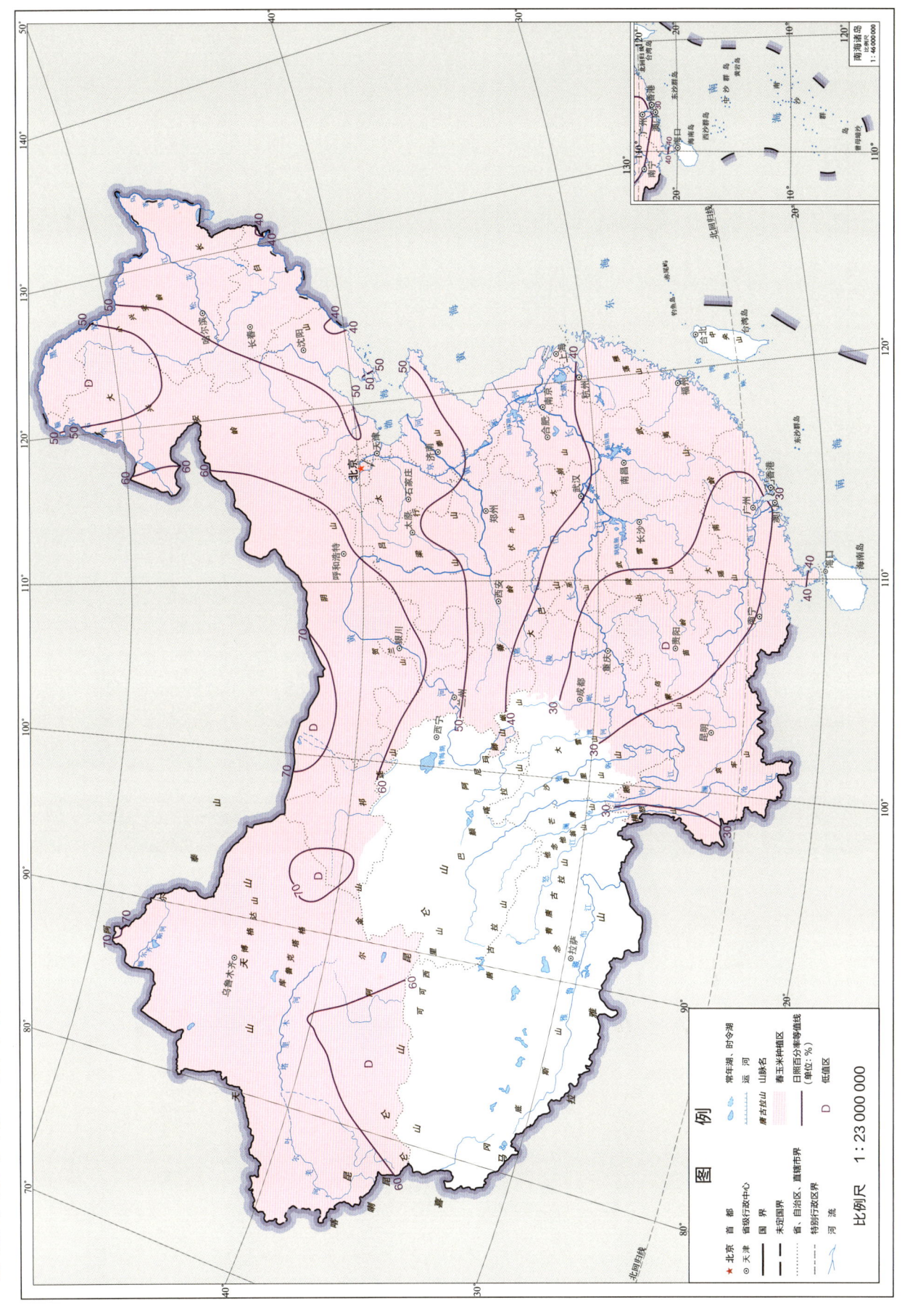

春玉米拔节期—抽雄期日照百分率

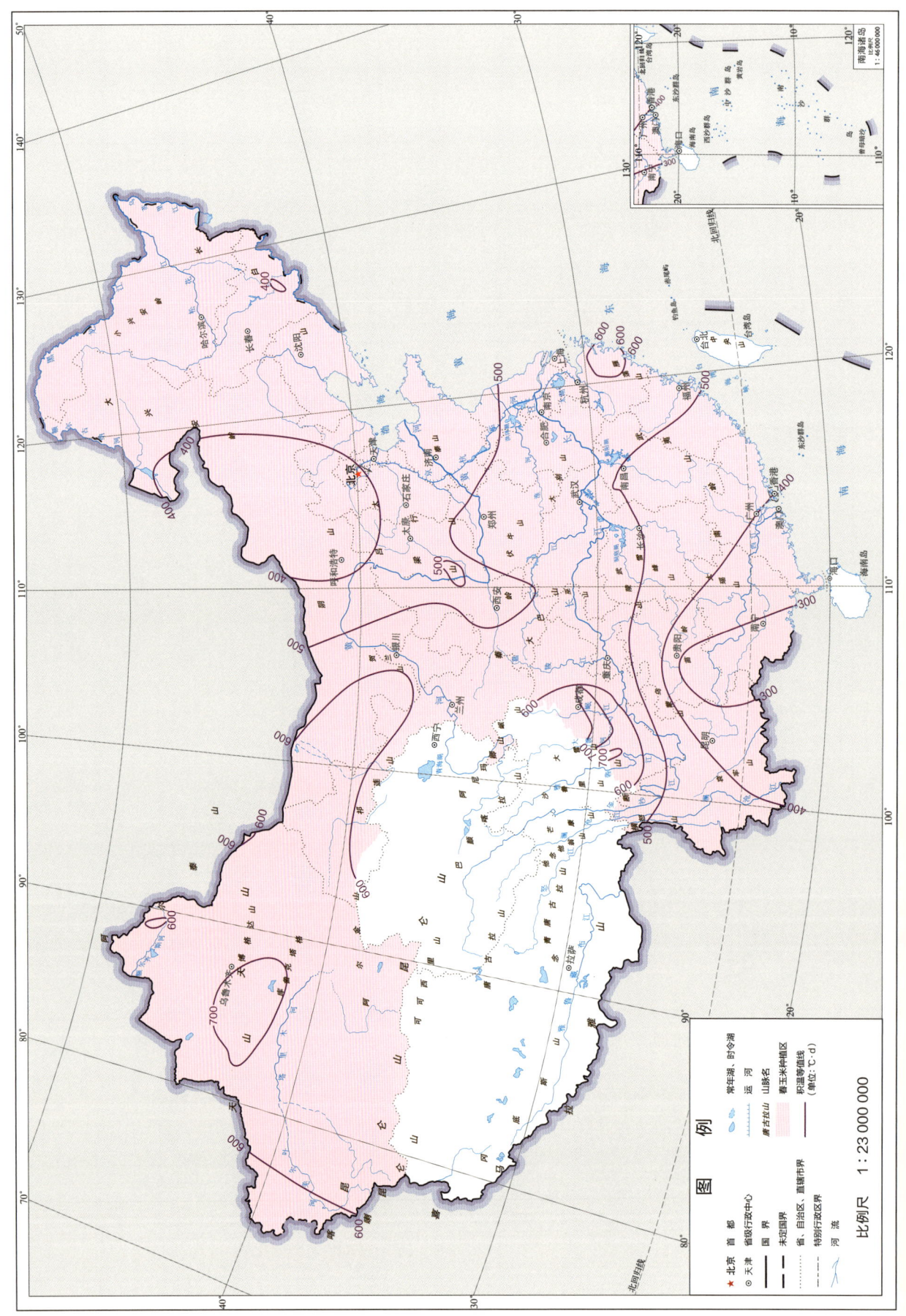

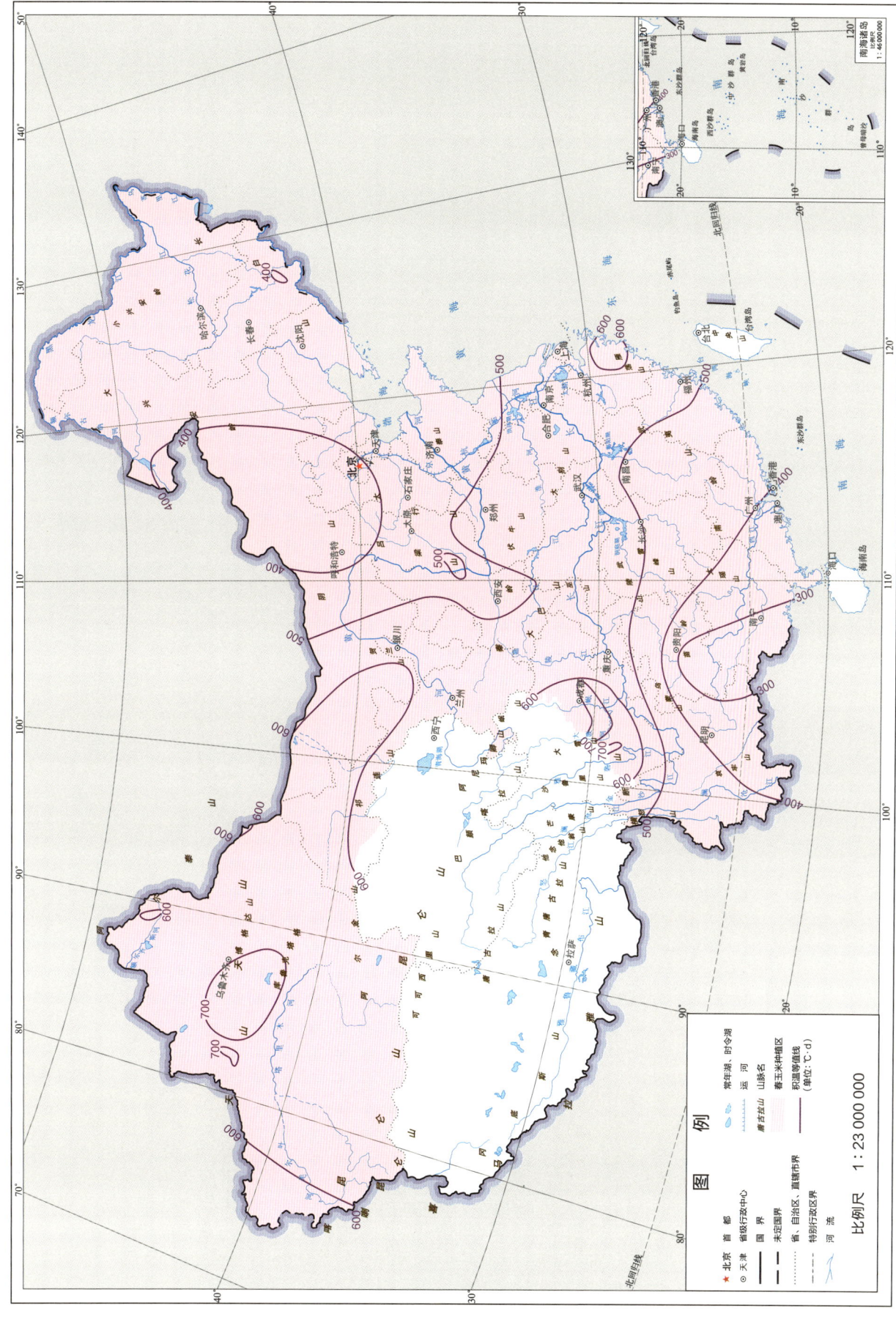

春玉米拔节期—抽雄期≥10℃积温

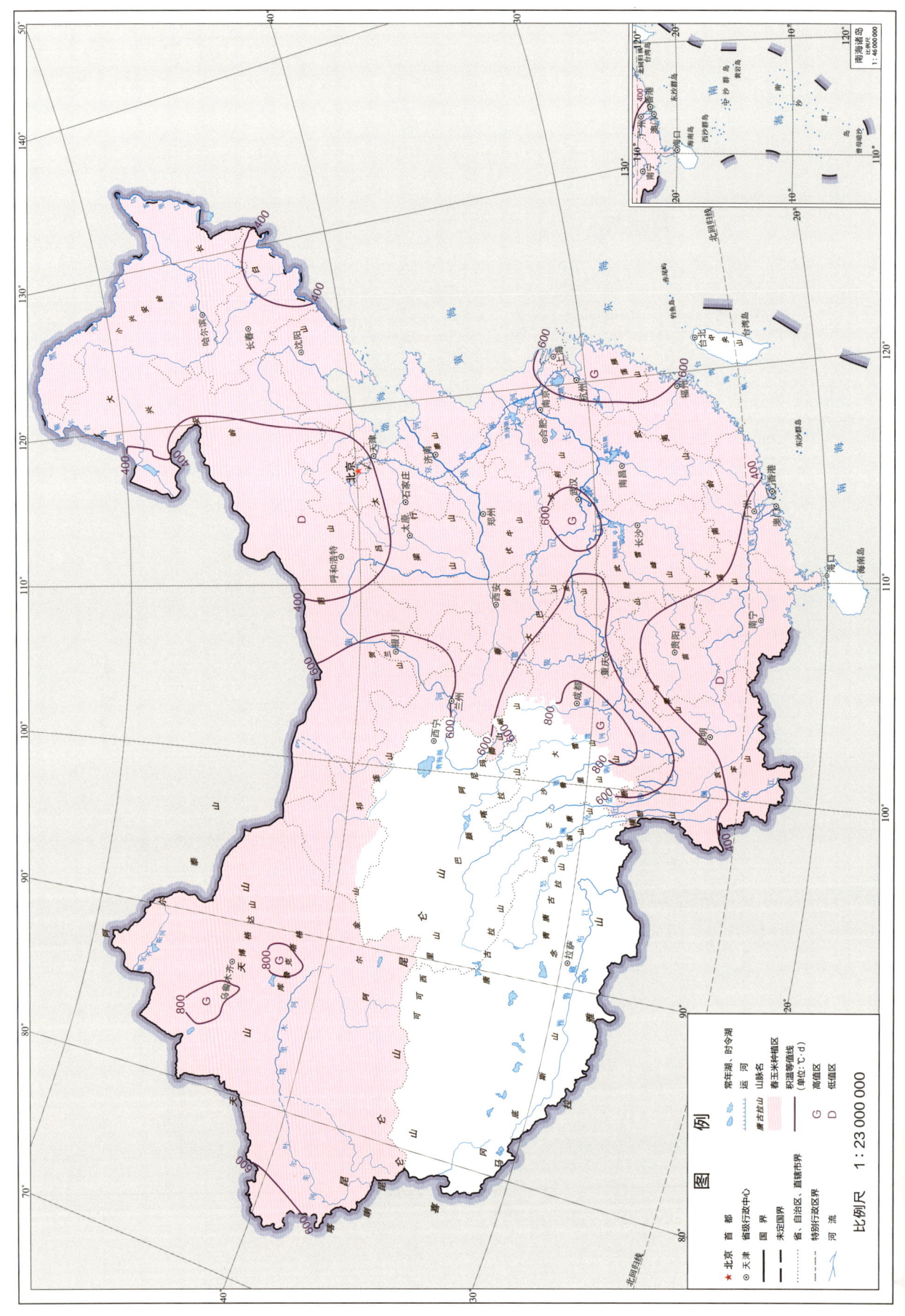

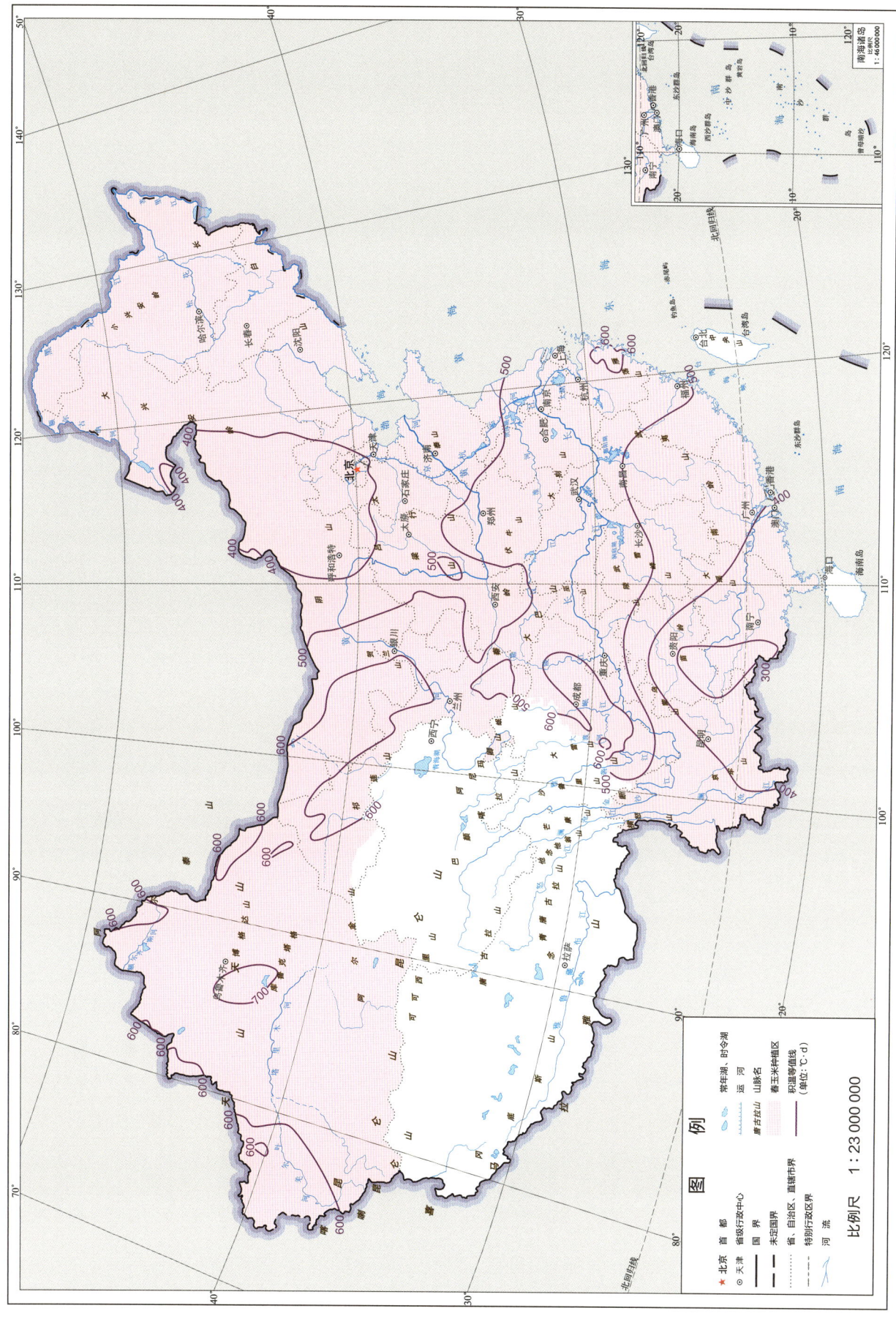

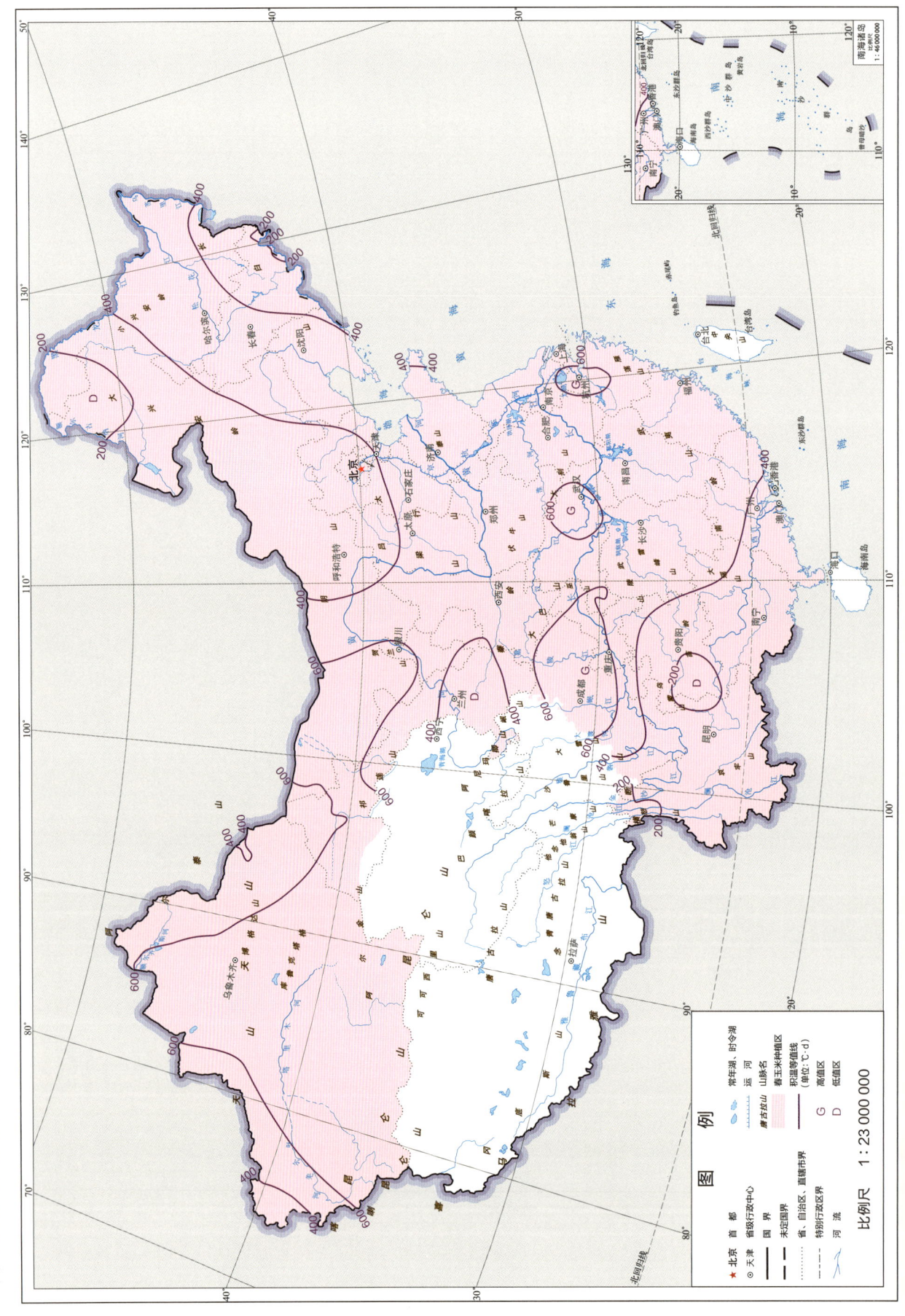

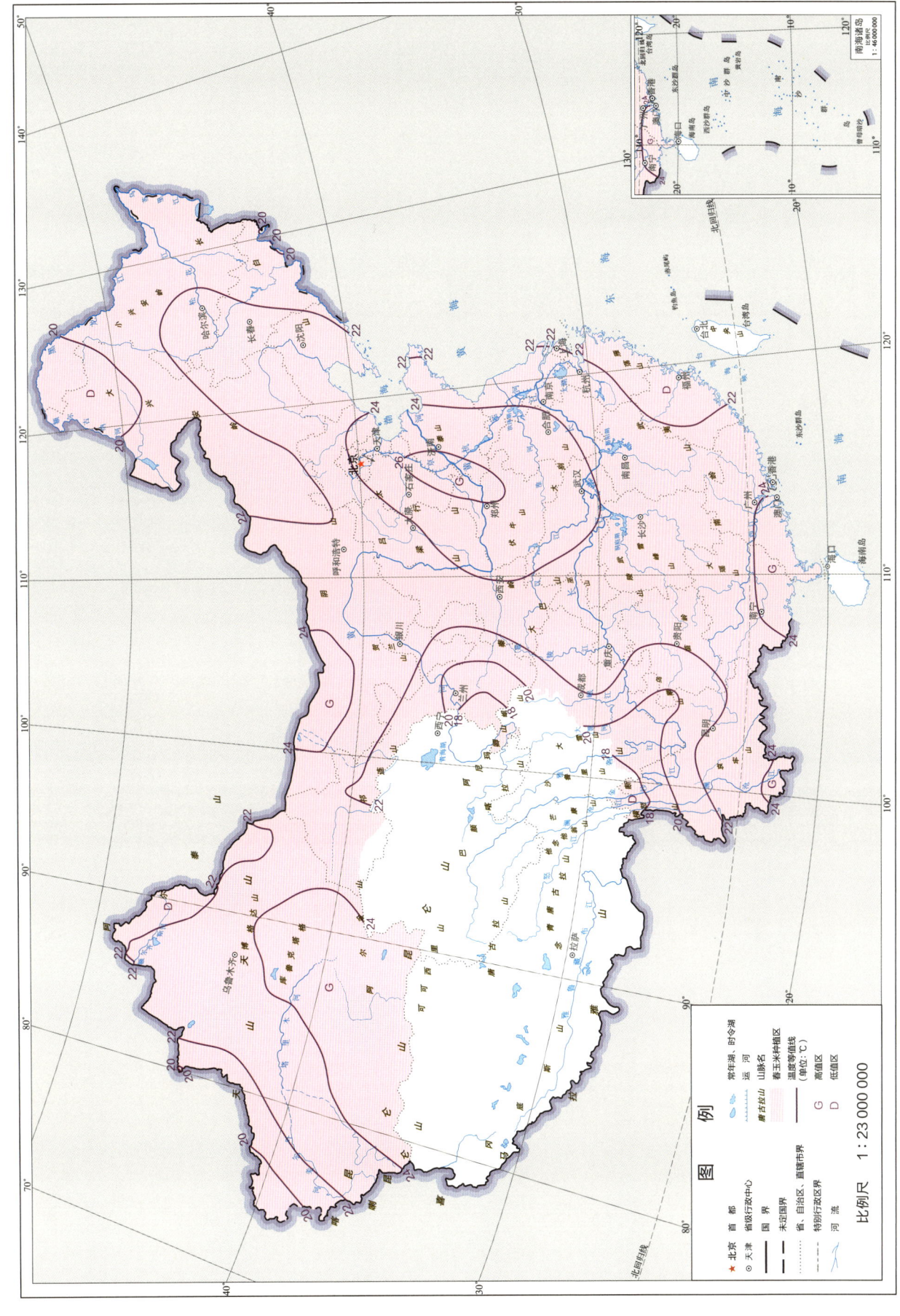

春玉米拔节期—抽雄期平均温度

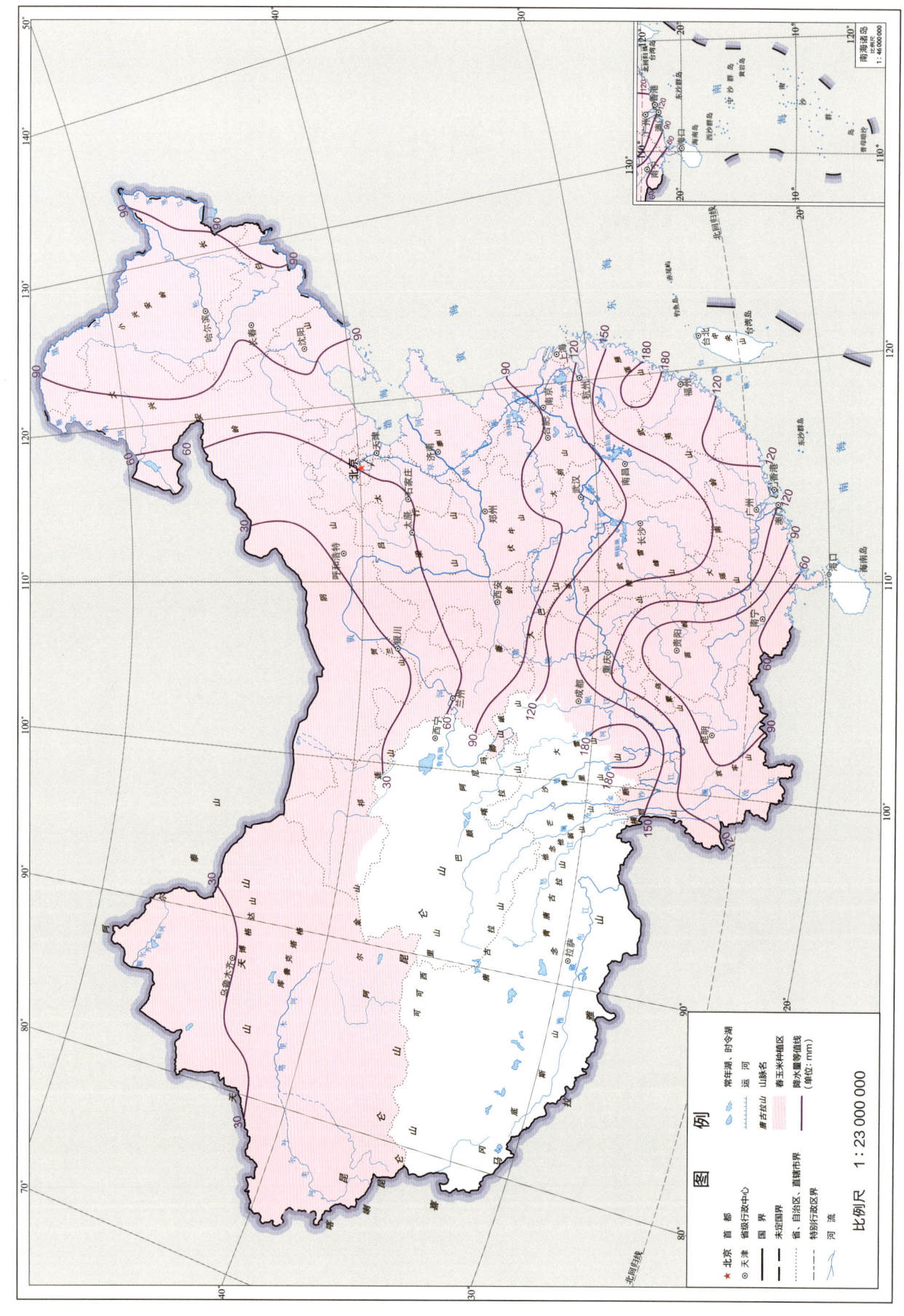

春玉米拔节期—抽雄期降水量

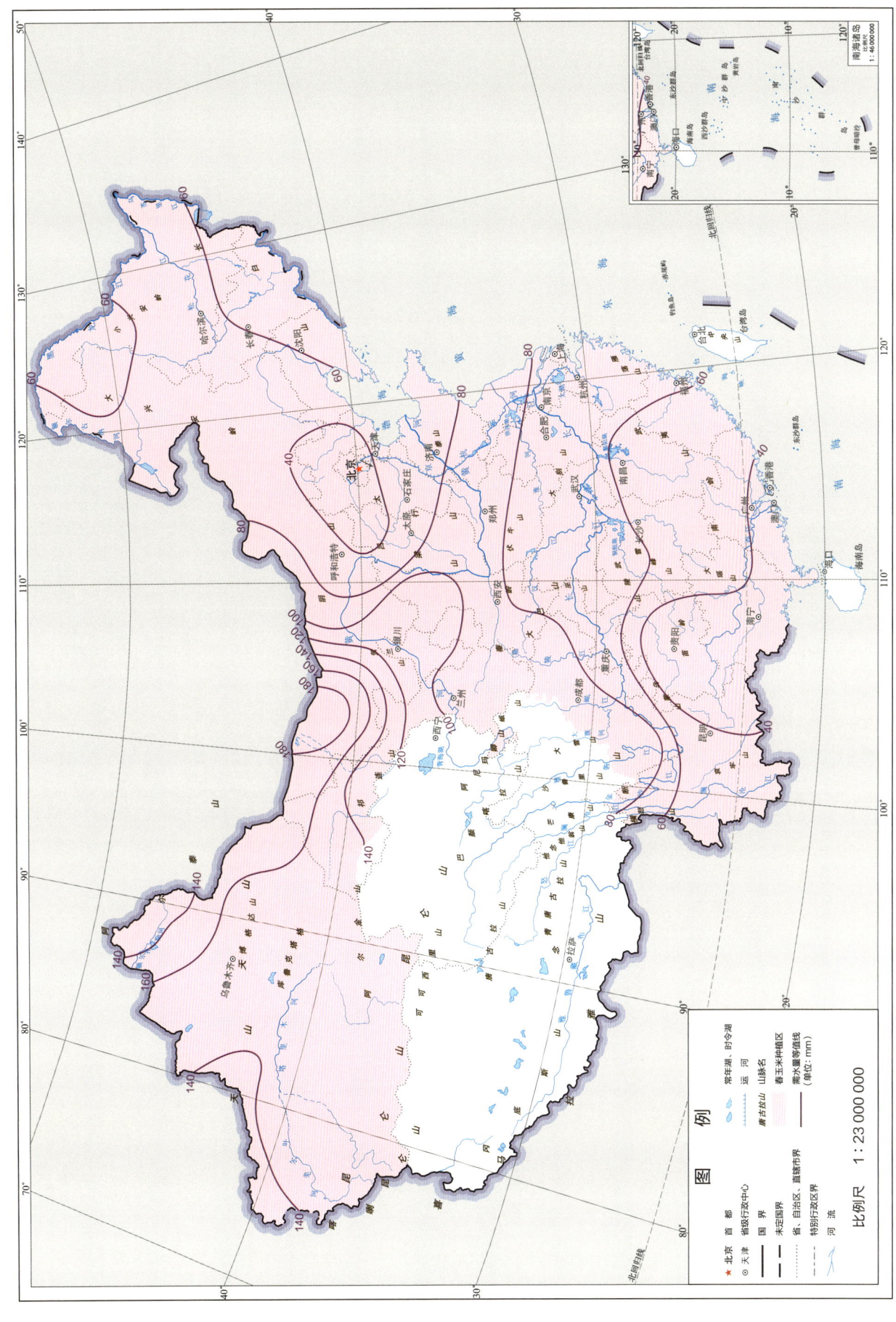

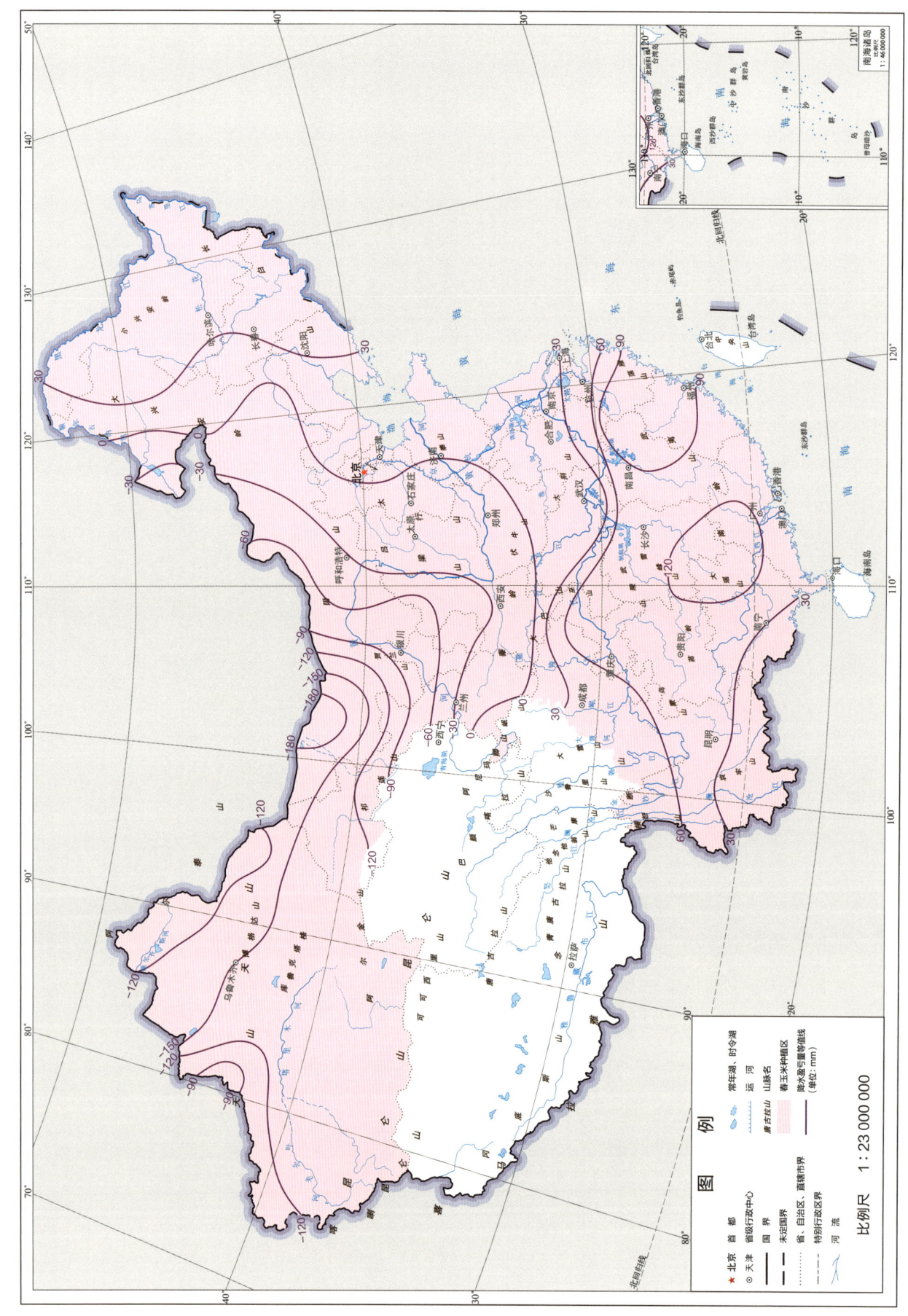

1.2.4　春玉米抽雄期—成熟期

21世纪10年代，全国春玉米抽雄期—成熟期日数为40～65 d，新疆地区、黄淮海平原春玉米区以北、南方丘陵玉米区＞60 d。

此阶段是春玉米重要的农艺性状表达关键期，对春玉米产量、品质和适应性至关重要。春玉米种植区气候资源基本满足生长发育所需。1981—2010年，春玉米抽雄期—成熟期日照时数、日照百分率的空间分布类似，总体由西北向南呈现逐渐递减的变化趋势，变化范围分别为200～600 h和30%～70%。高值区分布在新疆地区、东北地区，低值区分布在南方丘陵玉米区。≥0℃、≥5℃、≥10℃、≥15℃和≥20℃积温的空间分布类似，从中部向西部、东北部呈现逐渐递减的变化趋势，变化范围分别为800～1400℃·d、800～1400℃·d、800～1600℃·d、600～1600℃·d和200～1600℃·d。长江流域、新疆南部地区是春玉米整个种植区积温的高值区，新疆西北部、东北北部和四川西部地区是积温相对低值区。平均温度从东北往南呈现逐渐升高的变化趋势，变化范围为12～26℃。新疆西部地区、四川西部地区以及东北北部地区是平均温度低值区。新疆南部、黄淮海平原春玉米抽雄期—成熟期平均温度＞24℃，为春玉米种植区平均温度高值区。

产量形成的关键时期对水分的需求较大，要合理保障水分的供给，以保持绿叶面积，促进营养器官中的养分向籽粒中转移。对于雨水少的干旱地区，要加强灌溉。玉米虽然需水量大，但也不耐涝，遇到大雨时，应及时排出积水。1981—2010年，春玉米抽雄期—成熟期降水量总体从西北向东北、东南呈现逐渐增加的变化趋势，变化范围为50～550 mm。需水量从西北向东北、东南呈现逐渐减少的变化趋势，变化范围为120～270 mm。春玉米抽雄期—成熟期降水盈亏量总体从西北向东北、东南呈现逐渐增加的变化趋势，变化范围为-180～400 mm。内蒙古根河—黑龙江齐齐哈尔—吉林松原—内蒙古库伦旗—河北怀来—山西吕梁—陕西西安—宝鸡—甘肃天水一线为春玉米抽雄期—成熟期降水盈亏量0 mm等值线，水分供需基本平衡。春玉米抽雄期—成熟期降水盈亏量0 mm等值线往西北降水亏缺量增加，内蒙古西北部附近地区为降水亏缺最严重地区，新疆北部降水亏缺量＞180 mm，水分严重不足。东北三省降水盈余量为80 mm左右，辽宁和吉林交界地区＞160 mm，水分条件较好。长江流域南部地区春玉米抽雄期—成熟期降水盈余量＞160 mm，广东中南部、广西东南地区降水盈余量＞320 mm。

21世纪10年代春玉米抽雄期—成熟期日数

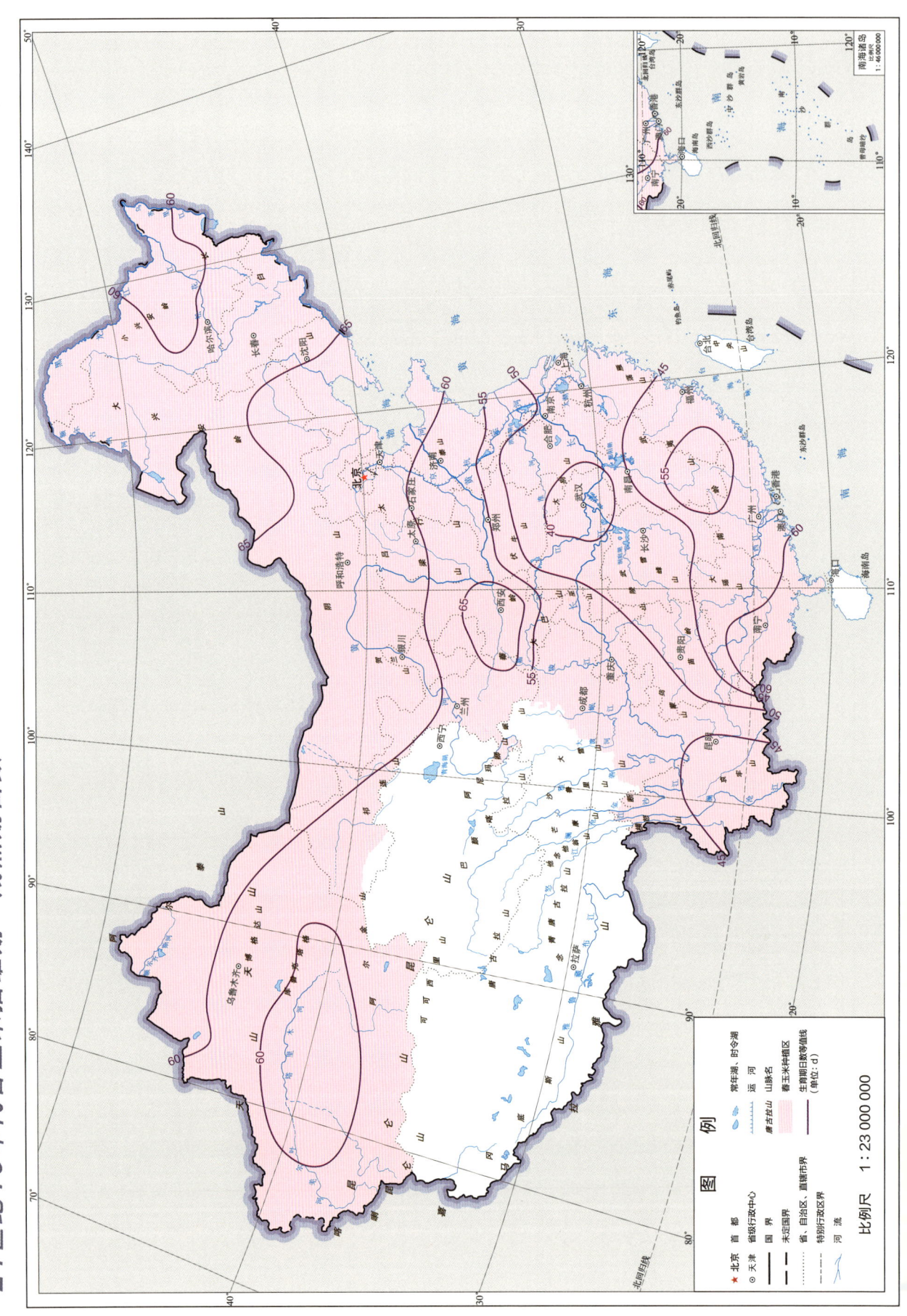

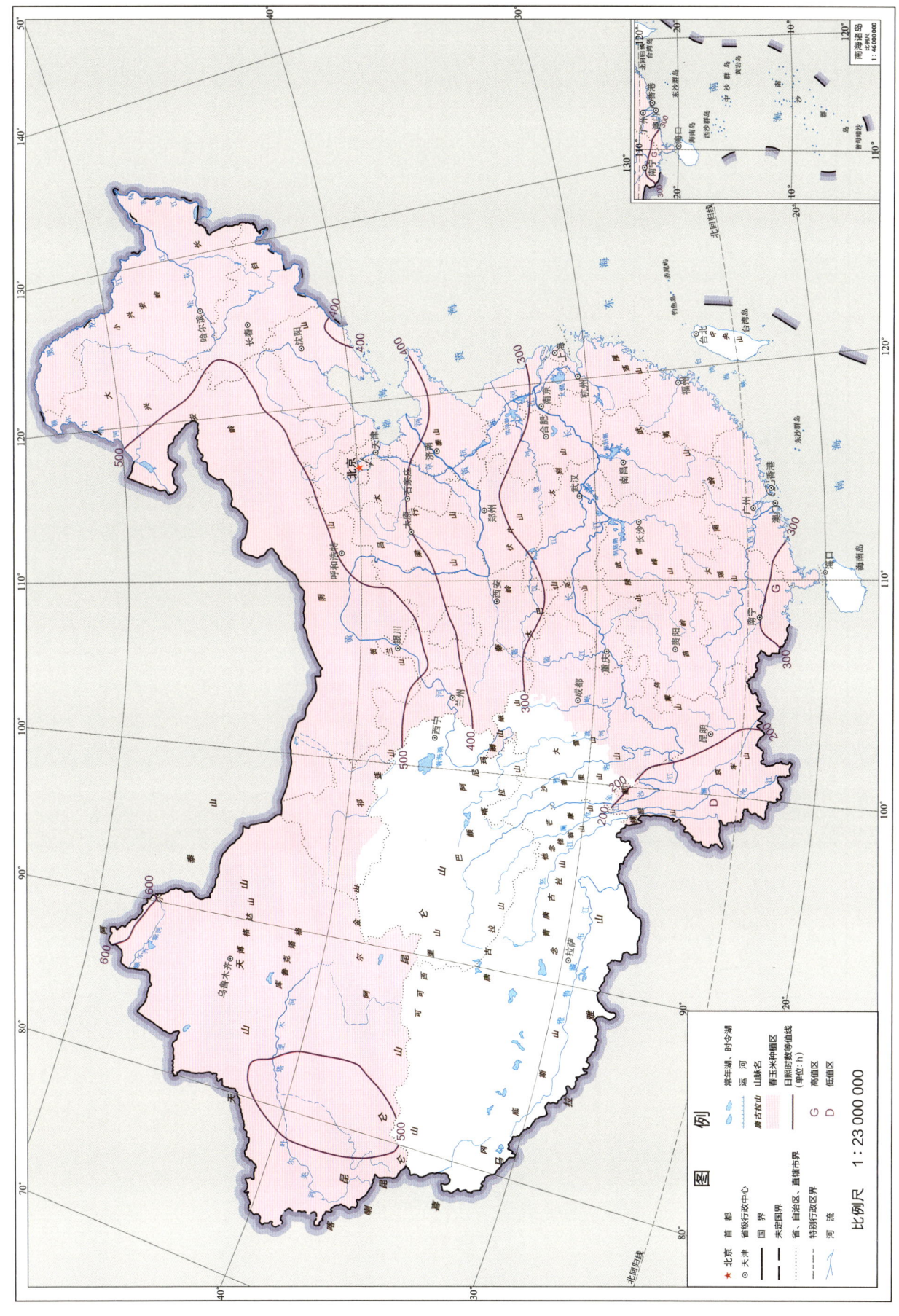
春玉米抽雄期—成熟期日照时数

春玉米抽雄期—成熟期日照百分率

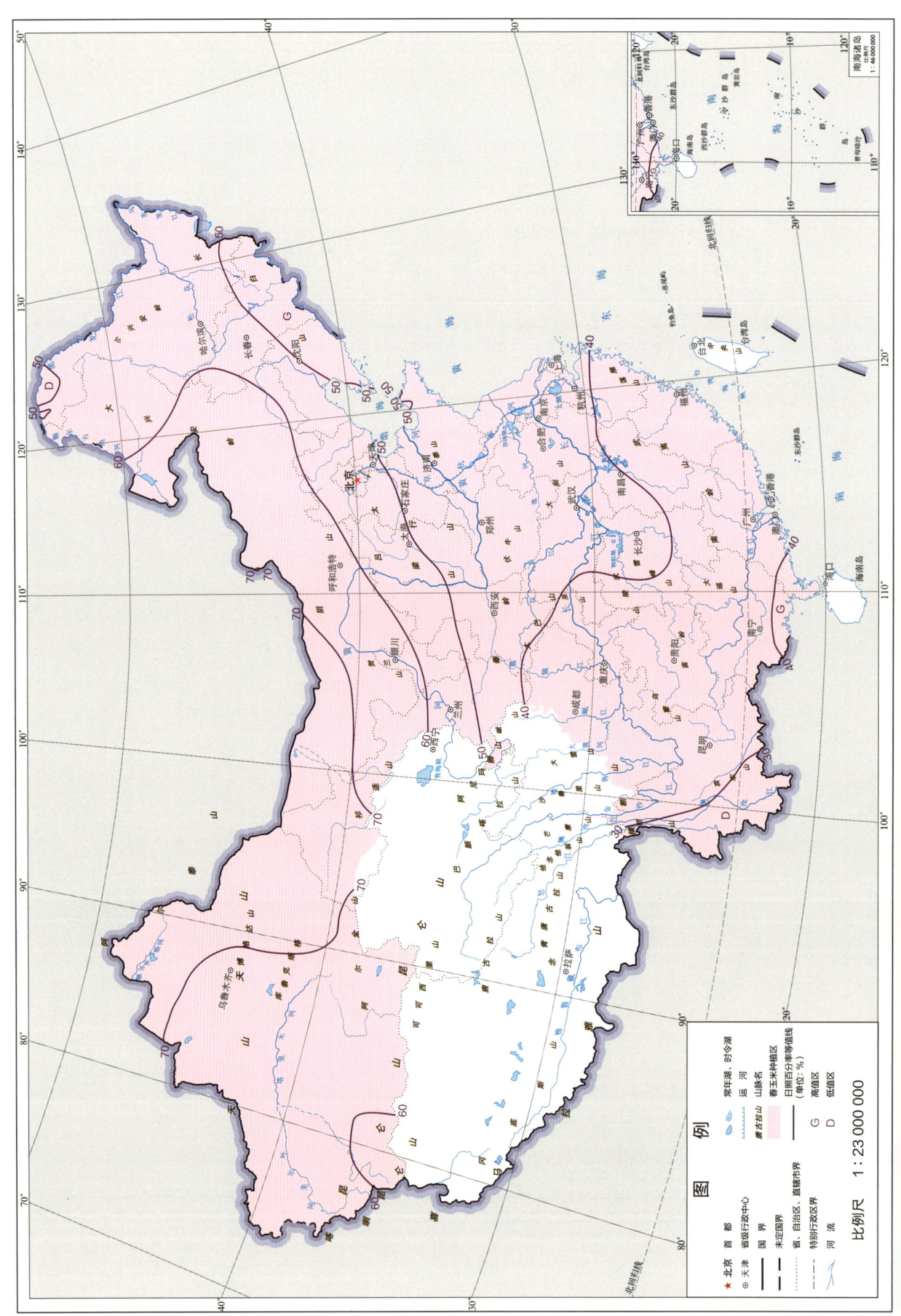

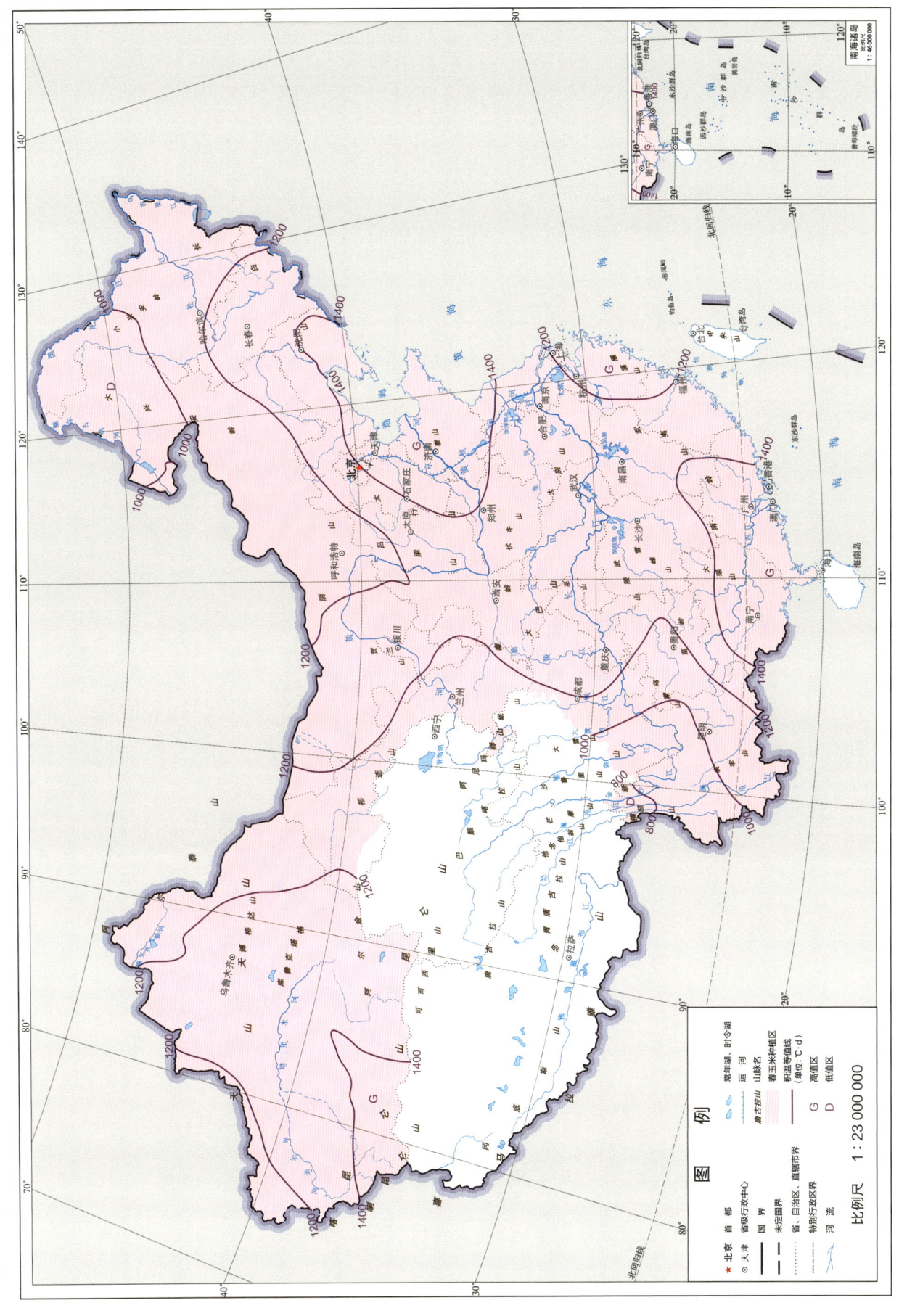

春玉米抽雄期—成熟期≥5℃积温

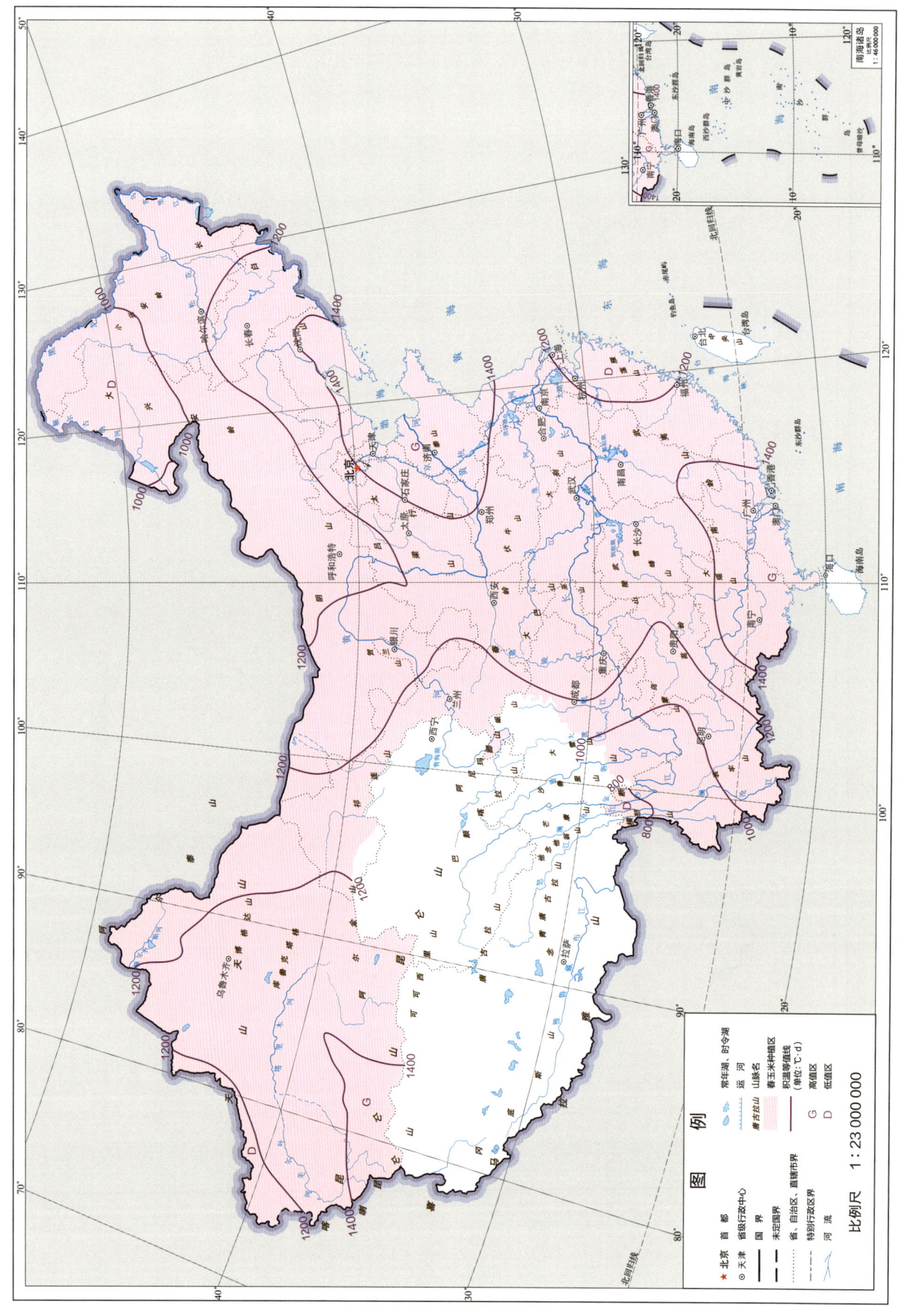

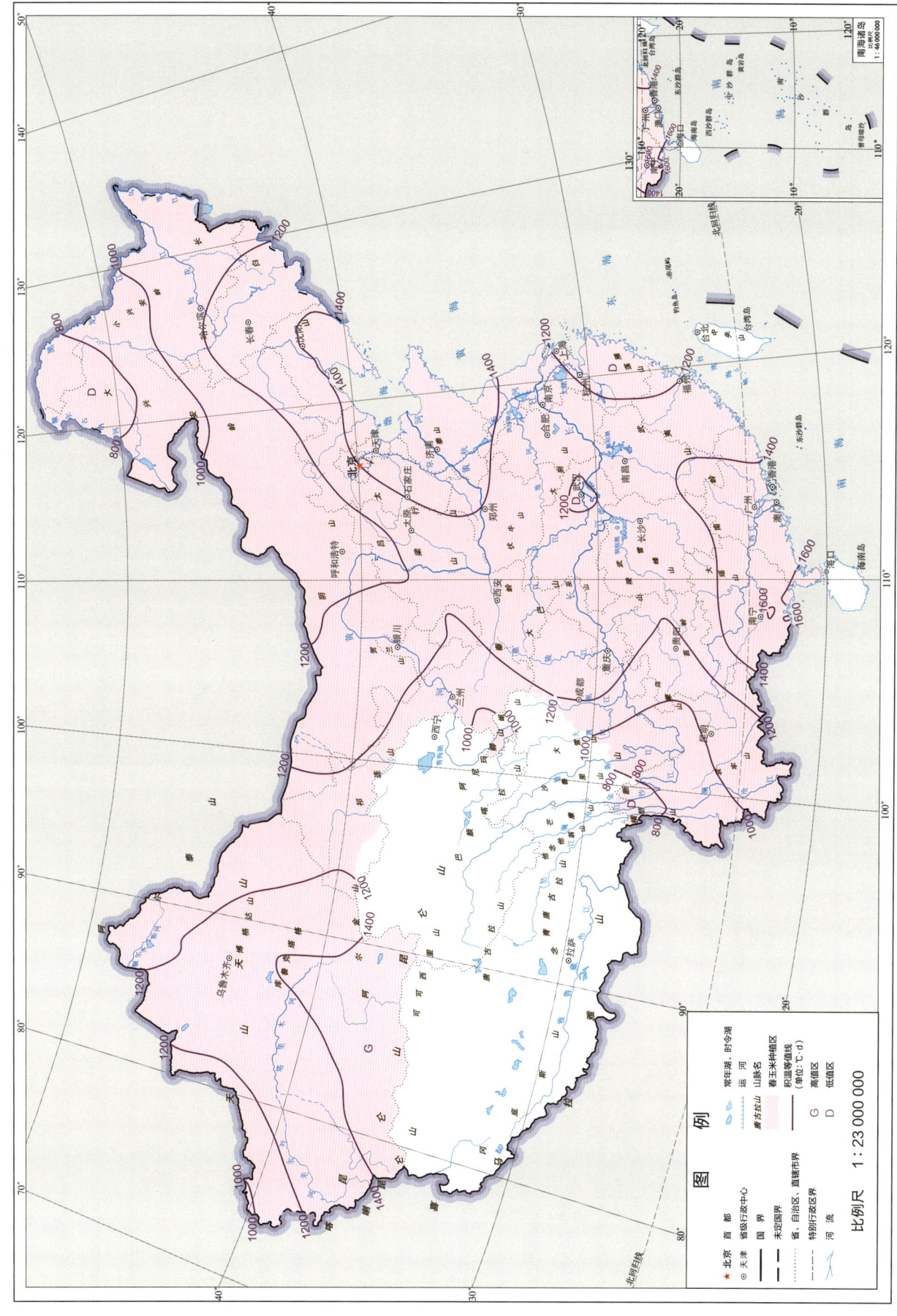

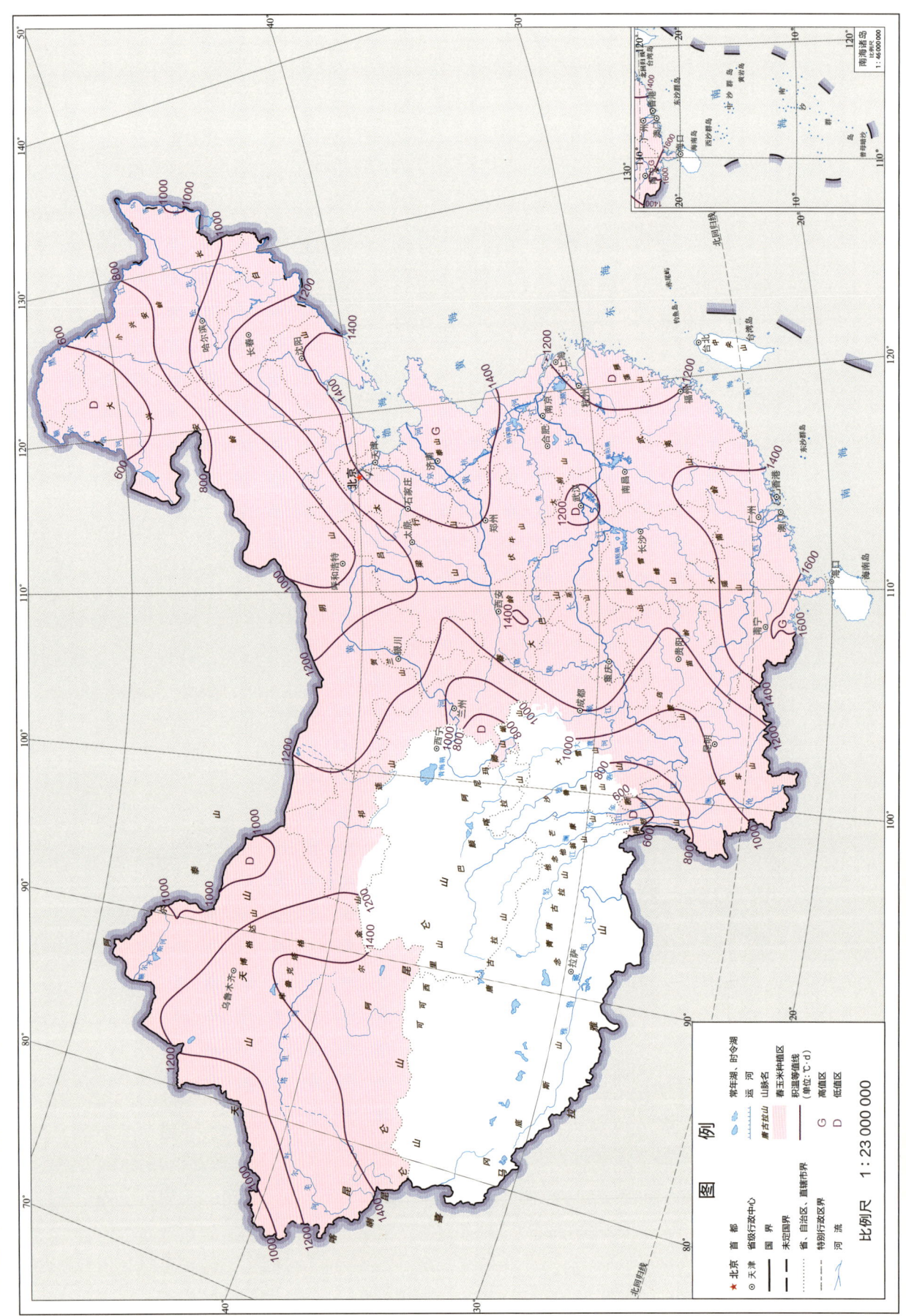

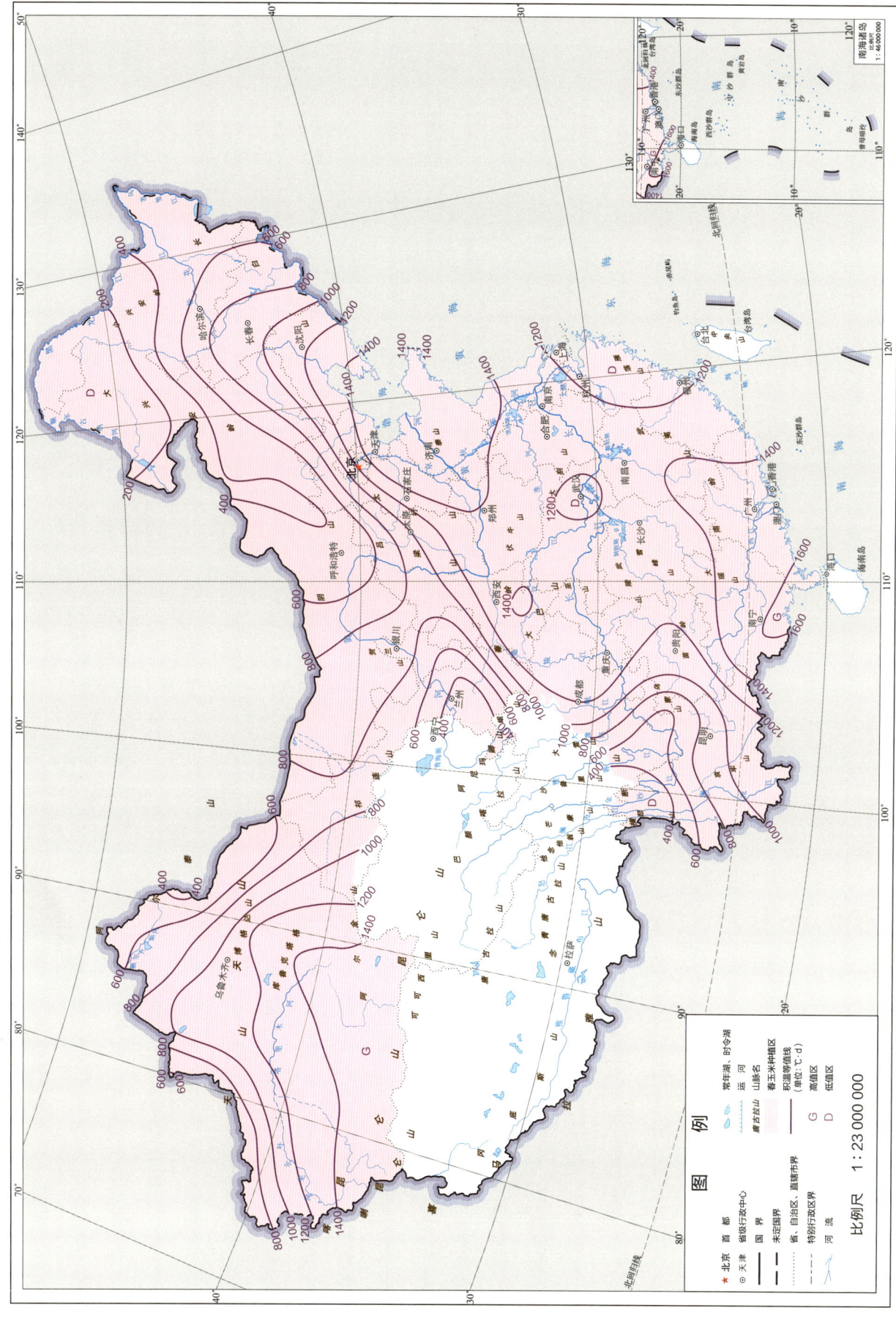

春玉米抽雄期—成熟期平均温度

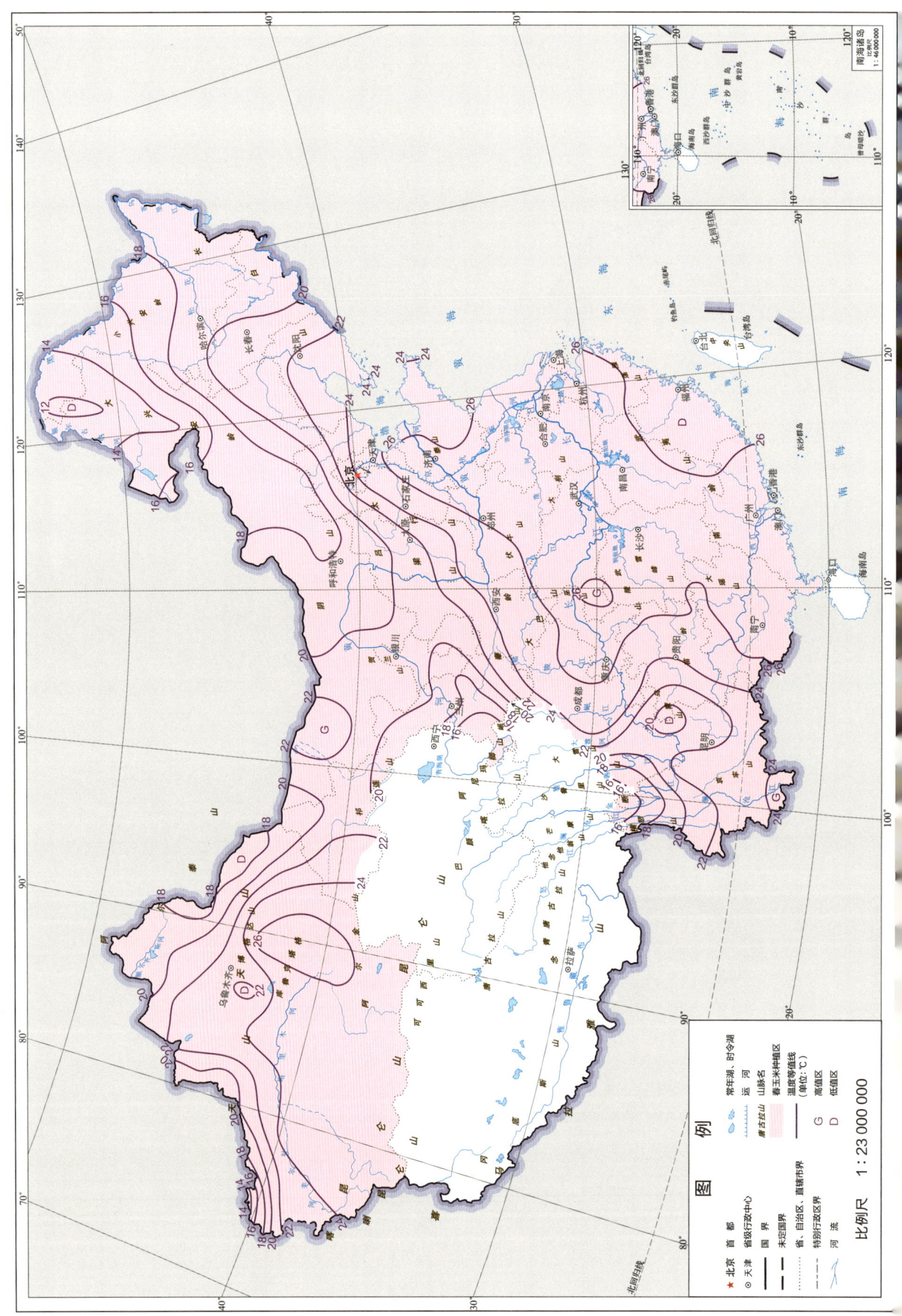

春玉米抽雄期—成熟期降水量

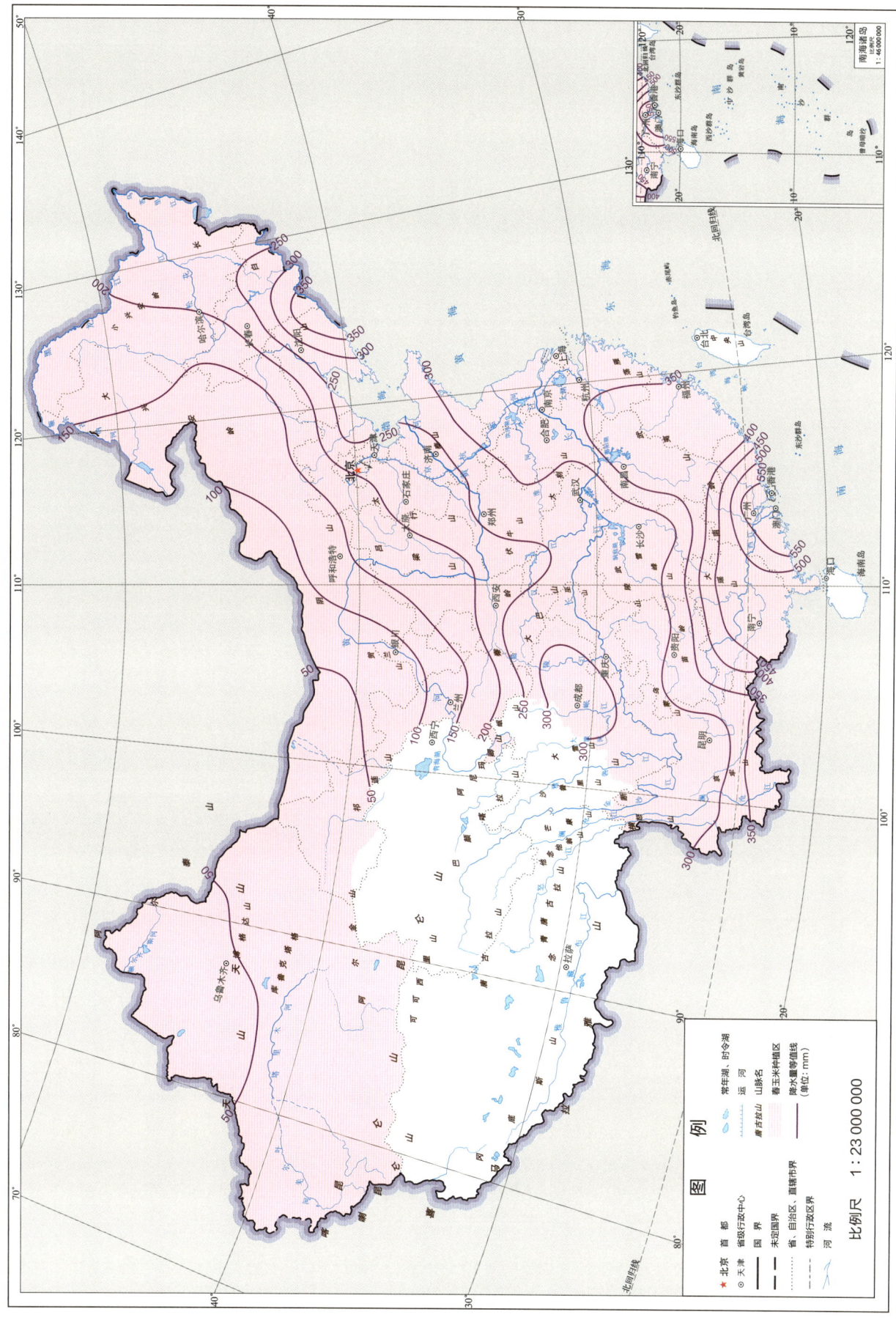

1 春玉米

春玉米抽雄期—成熟期需水量

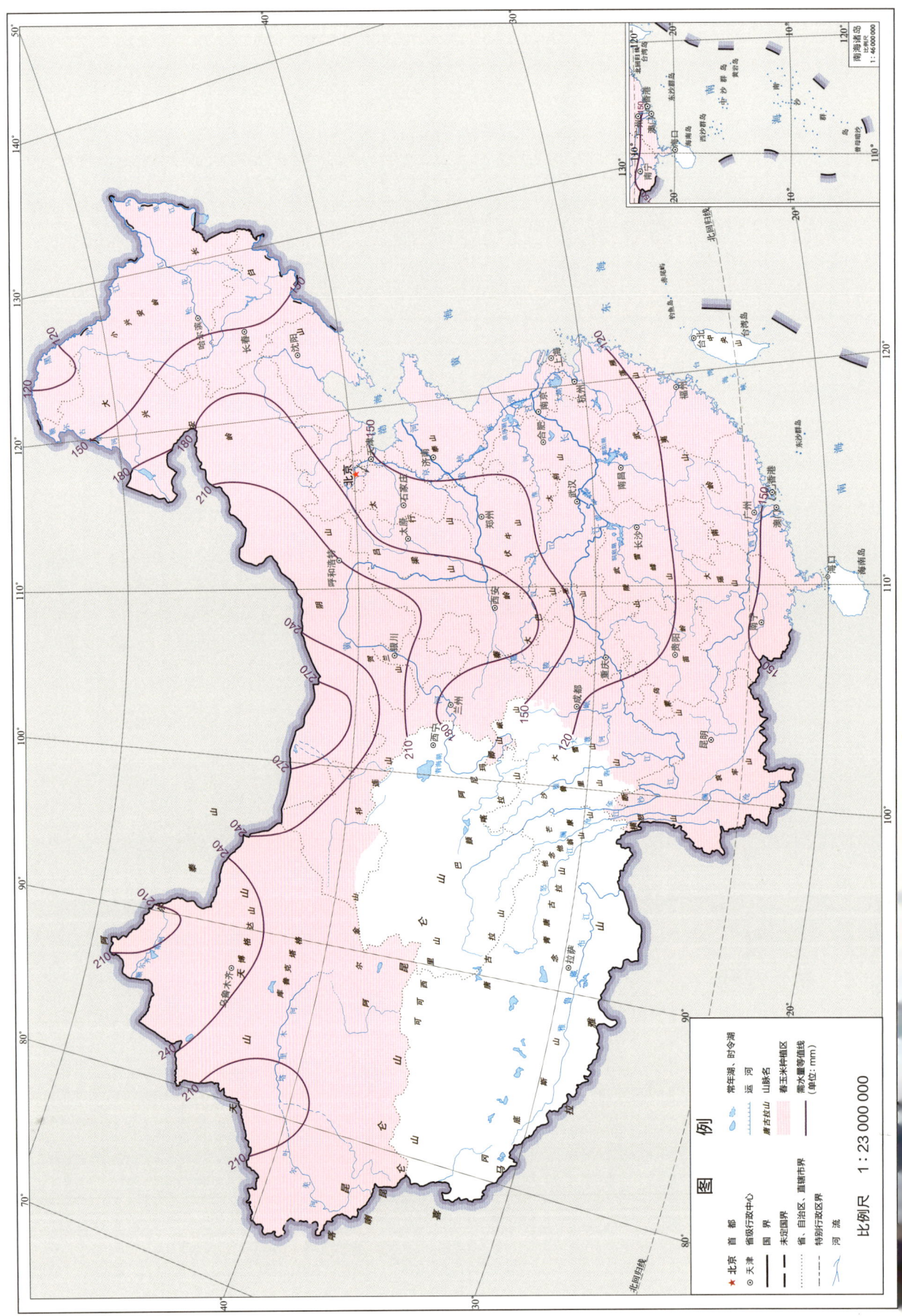

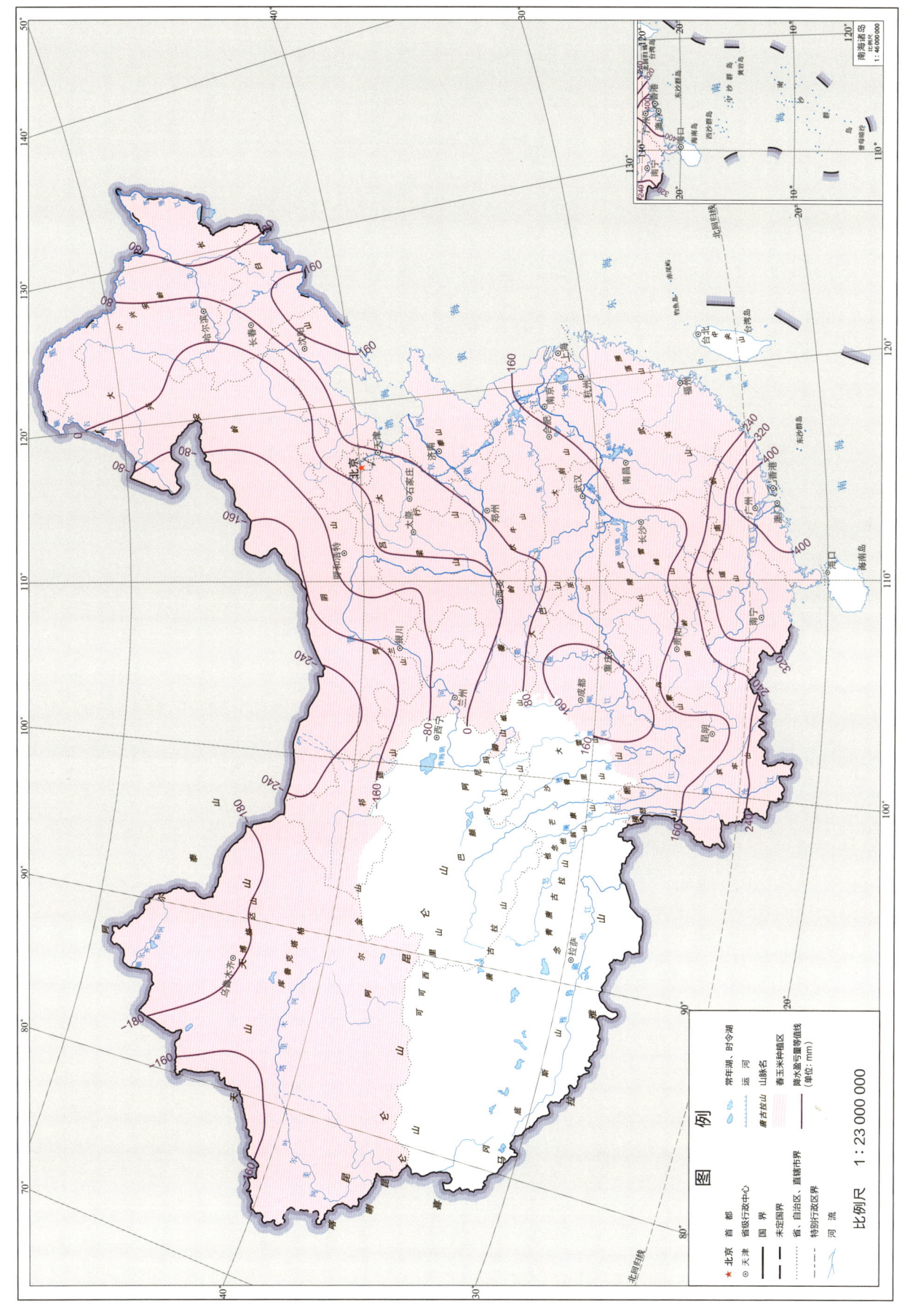

1.3 春玉米主要气象灾害

1.3.1 春玉米低温冷害

东北春玉米种植区包括黑龙江、吉林、辽宁和内蒙古东部,种植期主要为5—9月;当5—9月平均气温之和低于多年平均参考值范围时,抽雄期延迟,发生玉米延迟型冷害。春玉米延迟型冷害指标因春玉米熟型不同和种植区域的热量条件不同而不同。当5—9月的月平均气温之和分别为80℃、85℃、90℃、95℃、100℃、105℃,对应其距平均气温之和分别低于-1.1℃、-1.4℃、-1.7℃、-2.0℃、-2.2℃、-2.3℃,即会发生春玉米一般延迟型冷害。东北春玉米一般延迟型冷害全境均有发生,但发生频次较低。1981—2010年,以内蒙古赤峰市发生频次最高,超过5次;随着纬度和经度增加,发生频次减少、频率降低,到内蒙古兴安盟、呼伦贝尔市、吉林北部、黑龙江南部,发生频次最低,低于2次。

当5—9月的月平均气温之和(多年平均参考值)分别为:80℃、85℃、90℃、95℃、100℃、105℃,对应其距平均气温之和分别低于-1.7℃、-2.4℃、-3.1℃、-3.7℃、-4.1℃、-4.4℃,即会发生春玉米严重延迟型冷害。东北春玉米严重延迟型冷害,发生范围广、发生频次较低。1981—2010年30年间,春玉米严重延迟型冷害在东北全境均有发生,发生频次空间差异较小,大部分为3~5次;黑龙江大部和吉林东部发生频次最高,超过5次;从高发区向西、向南,发生频次减少、频率降低,到内蒙古通辽及其以西地区、辽宁中西部发生频次最低,低于3次。

春玉米霜冻灾害一般发生在9月,主要发生在北方春玉米种植区。日最低气温≤0℃,玉米受冻,灌浆停止,从而导致减产、品质下降,发生春玉米霜冻灾害。1981—2010年,东北、华北和西北春玉米种植区大部分地区均有发生，由南到北呈现发生频次增多、频率增加的变化趋势。东北西南部、华北南部、西北地区东部发生频次低于5次，即低于6年1遇；高发区为黑龙江北部和内蒙古呼伦贝尔，发生频次超过25次，超过83%的年份均有发生；新疆西南部大部分地区发生频次低于5次，向北逐渐增加，北部边缘超过20次，即超过3年2遇，其中塔里木盆地西部未见发生；天津—郑州—宝鸡—宜宾—攀枝花—大迎一线以东、以南地区未见发生。

东北地区春玉米一般延迟型冷害发生频率

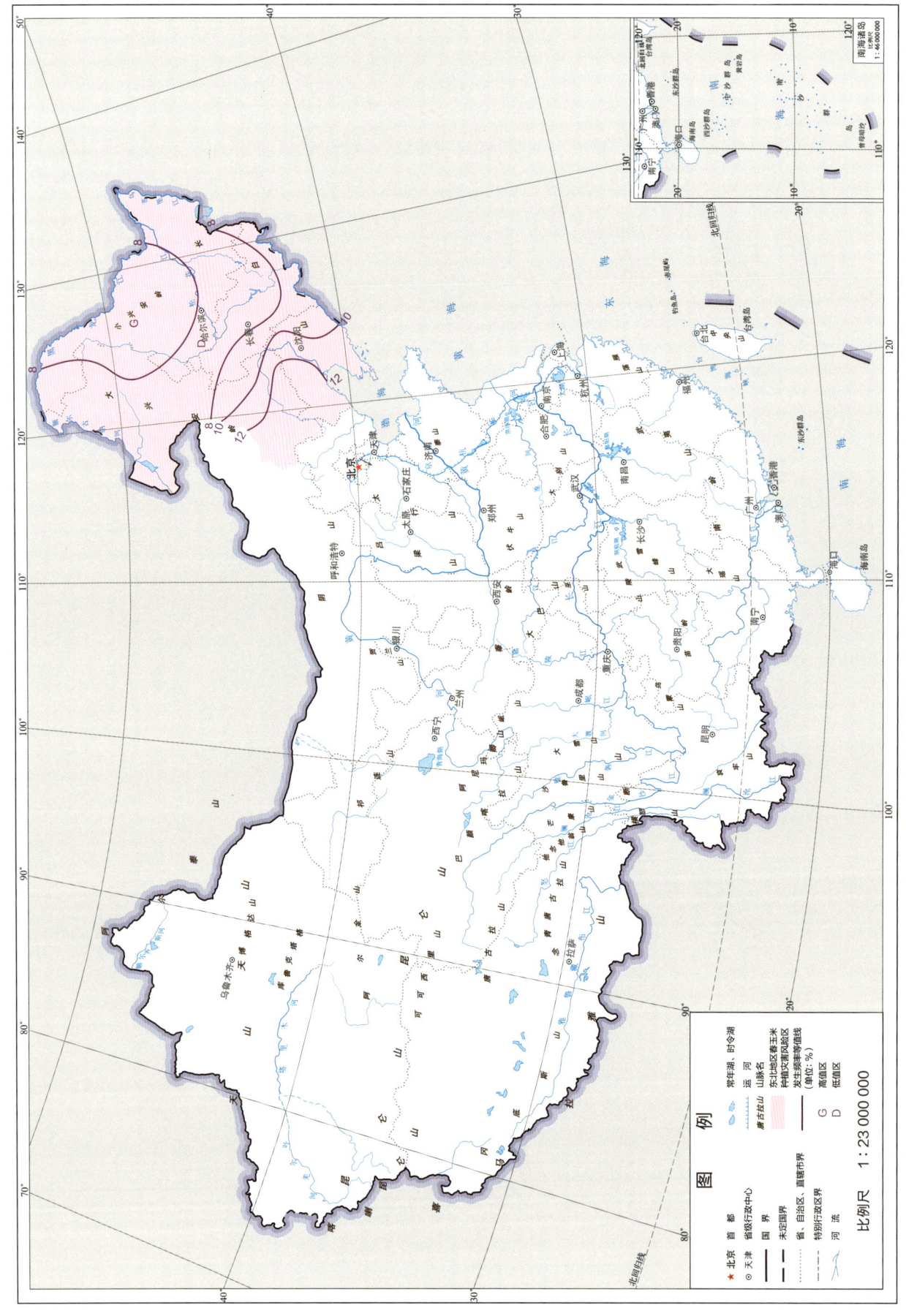

东北地区春玉米严重延迟型冷害发生频率

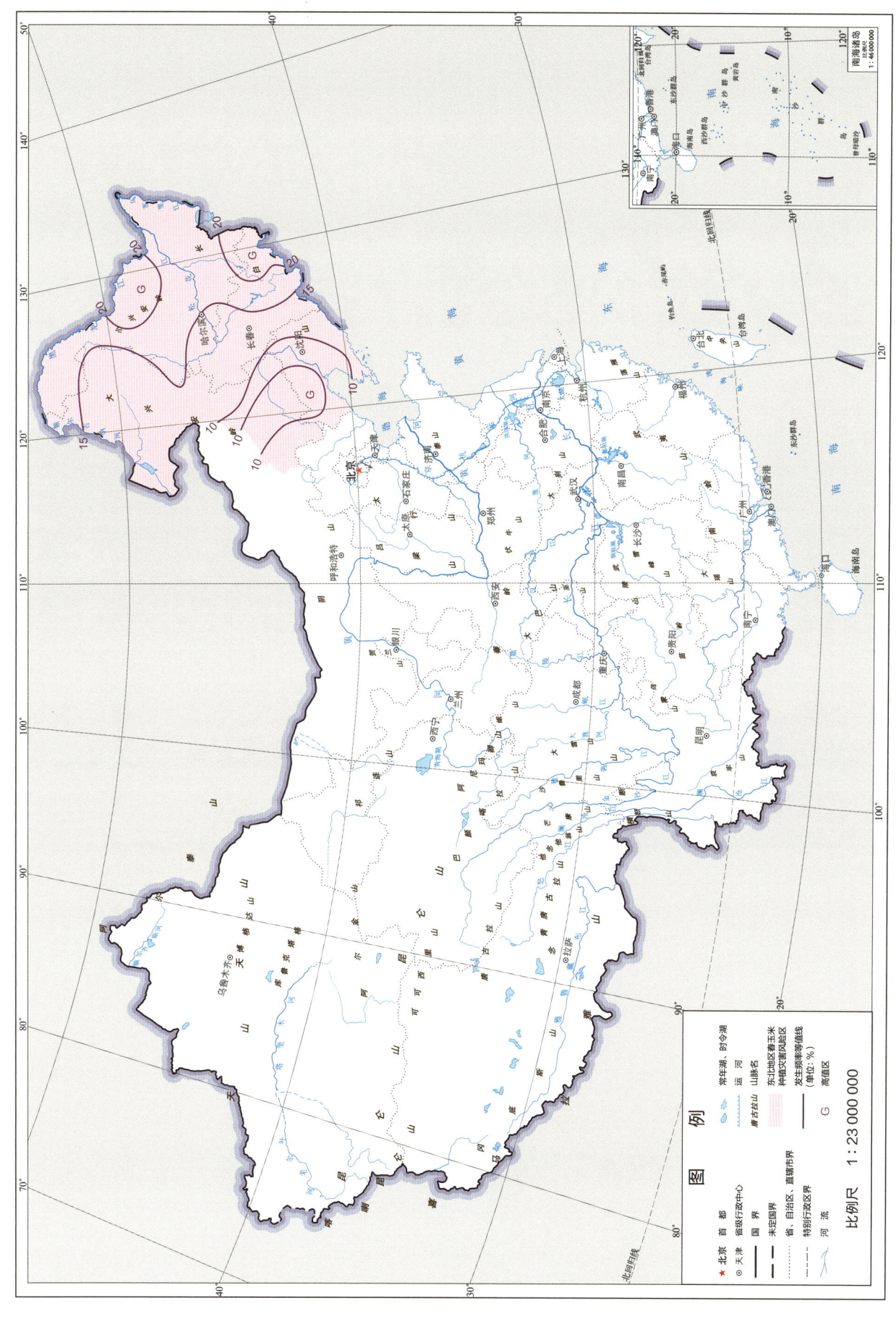

春玉米霜冻发生频率

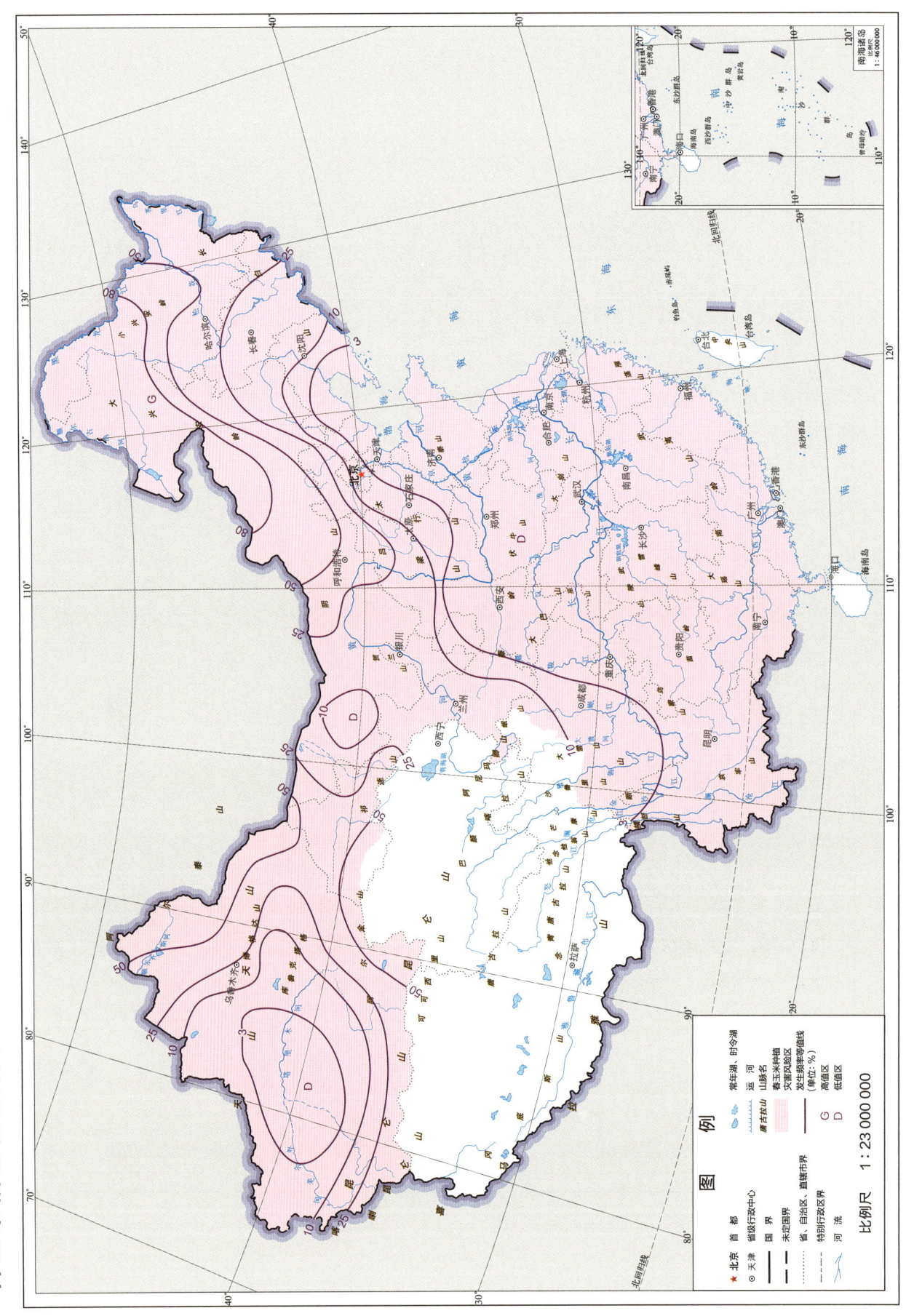

1.3.2 春玉米高温热害

春玉米开花期高温主要发生在每年的6月20日—7月10日，其间日最高气温≥30℃且相对湿度≤60%（指标1），春玉米开花少，影响产量，发生春玉米开花期高温灾害。春玉米开花期高温灾害（指标1），发生范围广，北方发生频次高。1981—2010年，除云南西南部未见发生外，由南到北春玉米种植区都有发生，发生频次随纬度增加而增加；高发区为华北和西北地区，包括内蒙古中西部地区、河北、北京、山西、河南北部、陕西北部、宁夏北部、甘肃西北部、新疆大部分地区，发生频次＞25次，即超过83%的年份均有发生；淮河流域及其以南地区发生频率＜25%；东北地区发生频率由西向东逐渐减少，到辽宁东部、吉林东部发生频率＜25%。

春玉米开花期日最高气温≥35℃（指标2），导致玉米花粉丧失活力，不利正常开花，影响产量，发生春玉米开花期高温灾害。

春玉米开花期高温灾害（指标2）发生范围广，南方和新疆发生频次高。1981—2010年，除云南中西部和四川西南部未见发生外，由南到北春玉米种植区都有发生，发生频次随纬度增加而减少。高发区为湖南东部、江西中南部以及新疆南部地区，发生频次＞25次，即超过83%的年份均有发生。以南方的湖南和江西高发区为中心，发生频次向西、向北逐渐减少；新疆地区发生频次高，大部分地区均＞15；东北地区发生频次由西南向东北减少，黑河—哈尔滨—沈阳一线以东地区和大兴安岭北部及其以北地区，发生频次＜5次。

春玉米（覆膜玉米）苗期高温烧苗主要发生在4月，当日最高气温≥26℃，膜内幼苗受害，发生春玉米高温烧苗灾害。春玉米高温烧苗灾害发生范围广，发生频次高。1981—2010年，发生频次由北到南随纬度降低而增加。东北黑龙江北部、内蒙古呼伦贝尔地区，新疆北部边缘，西南的四川西南部和云南北部为3个低发区，发生频次＜5次；秦皇岛—张家口—榆林—西安—成都—攀枝花一线以南、以东地区及新疆中西部春玉米区发生频次最高，＞25次，即＞83%的年份均有发生。

春玉米灌浆结实期高温主要发生在每年7月20日—8月20日，当日平均气温≥25℃，玉米灌浆结实期缩短，成熟期提前，发生春玉米灌浆结实期高温灾害，影响产量和品质。1981—2010年，东北地区西南部、华北南部、西北地区东部及延安—成都—贵阳一线以东地区和新疆中西部地区为高发区，约2/3春玉米种植区发生频次＞25次，即

>83%的年份均有发生;延安—成都—贵阳一线以西地区,发生频次由东向西逐渐减少,云南北部和四川西南部未见发生。

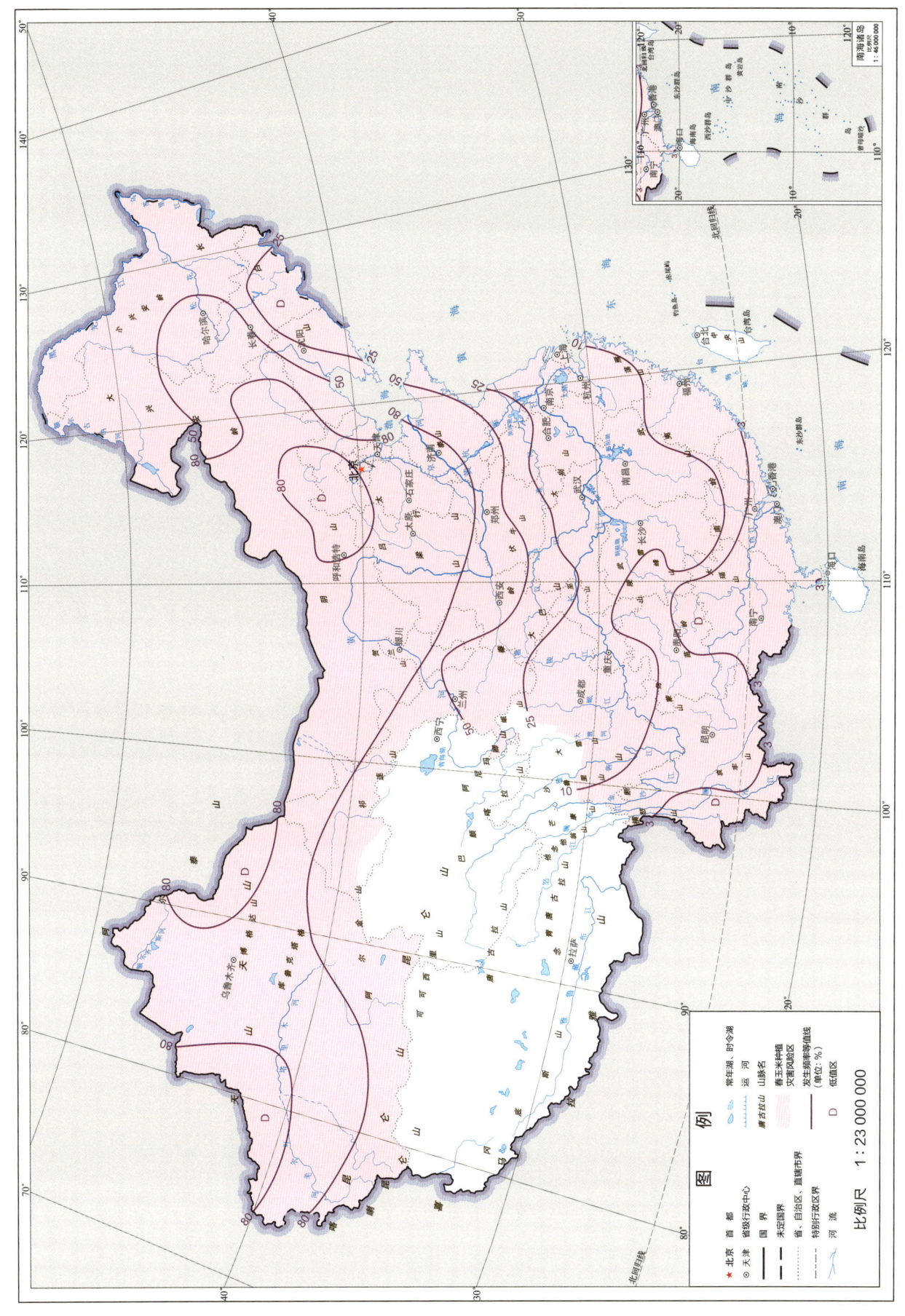

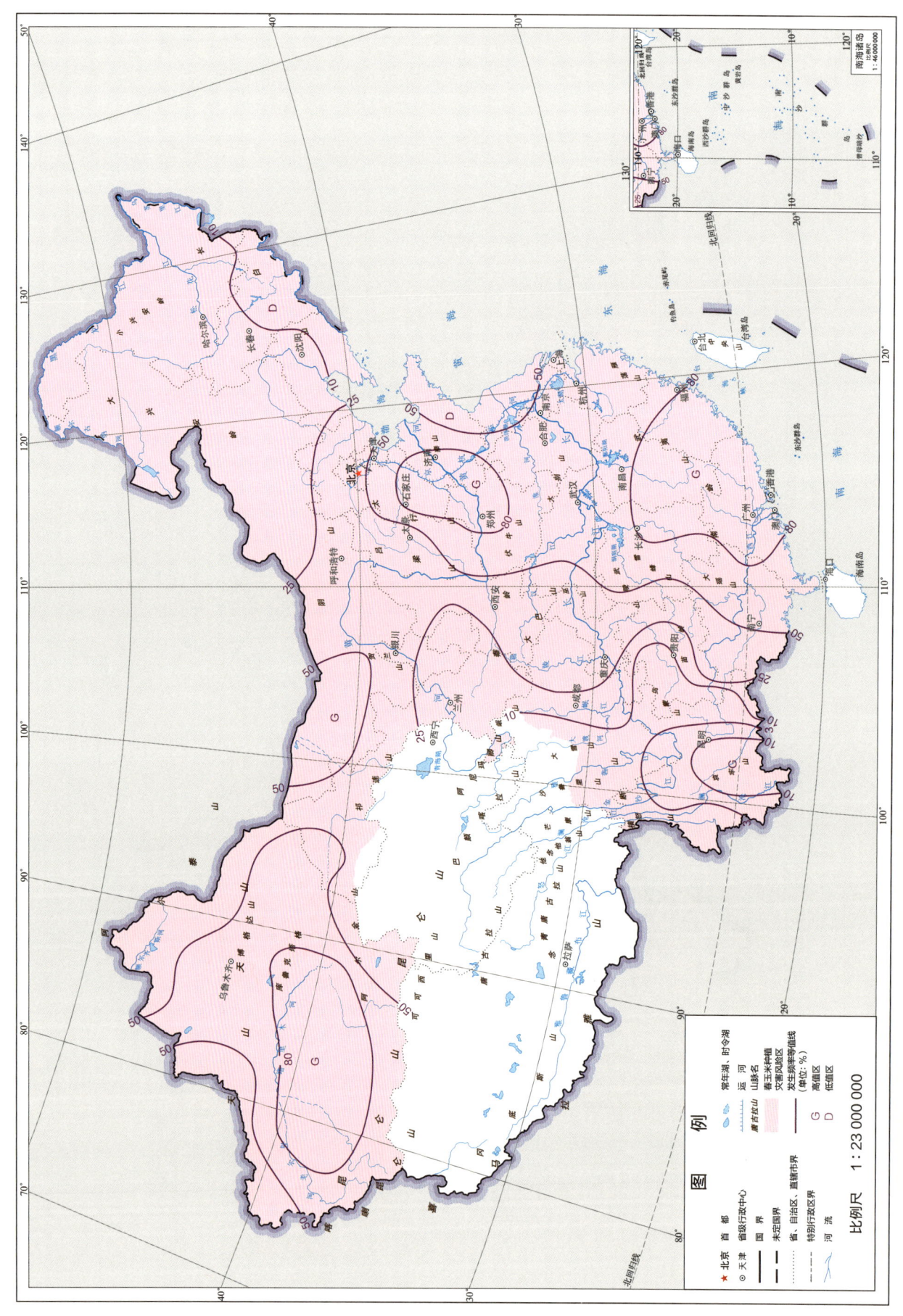

春玉米开花期高温（指标2）发生频率

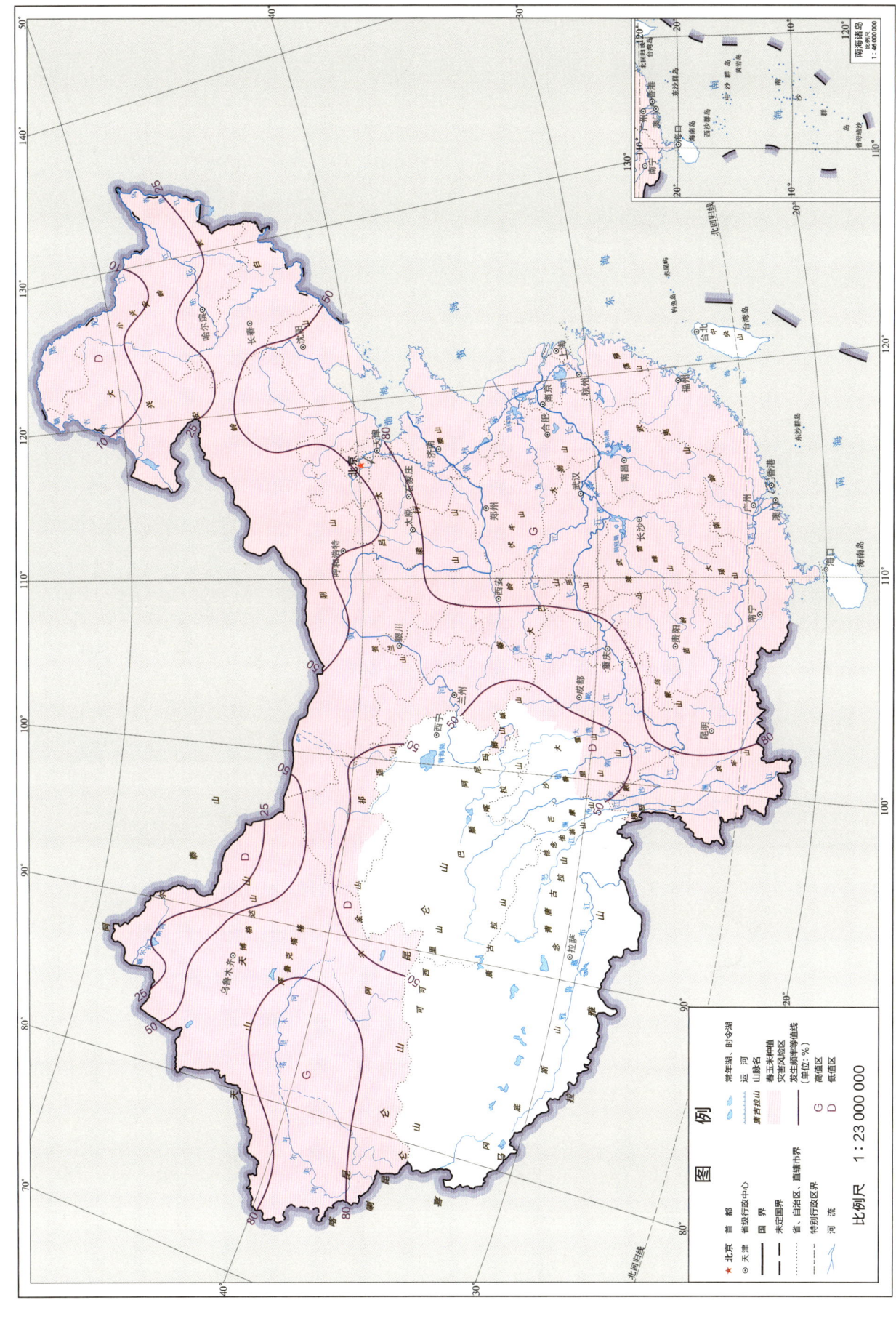

春玉米灌浆结实期高温发生频率

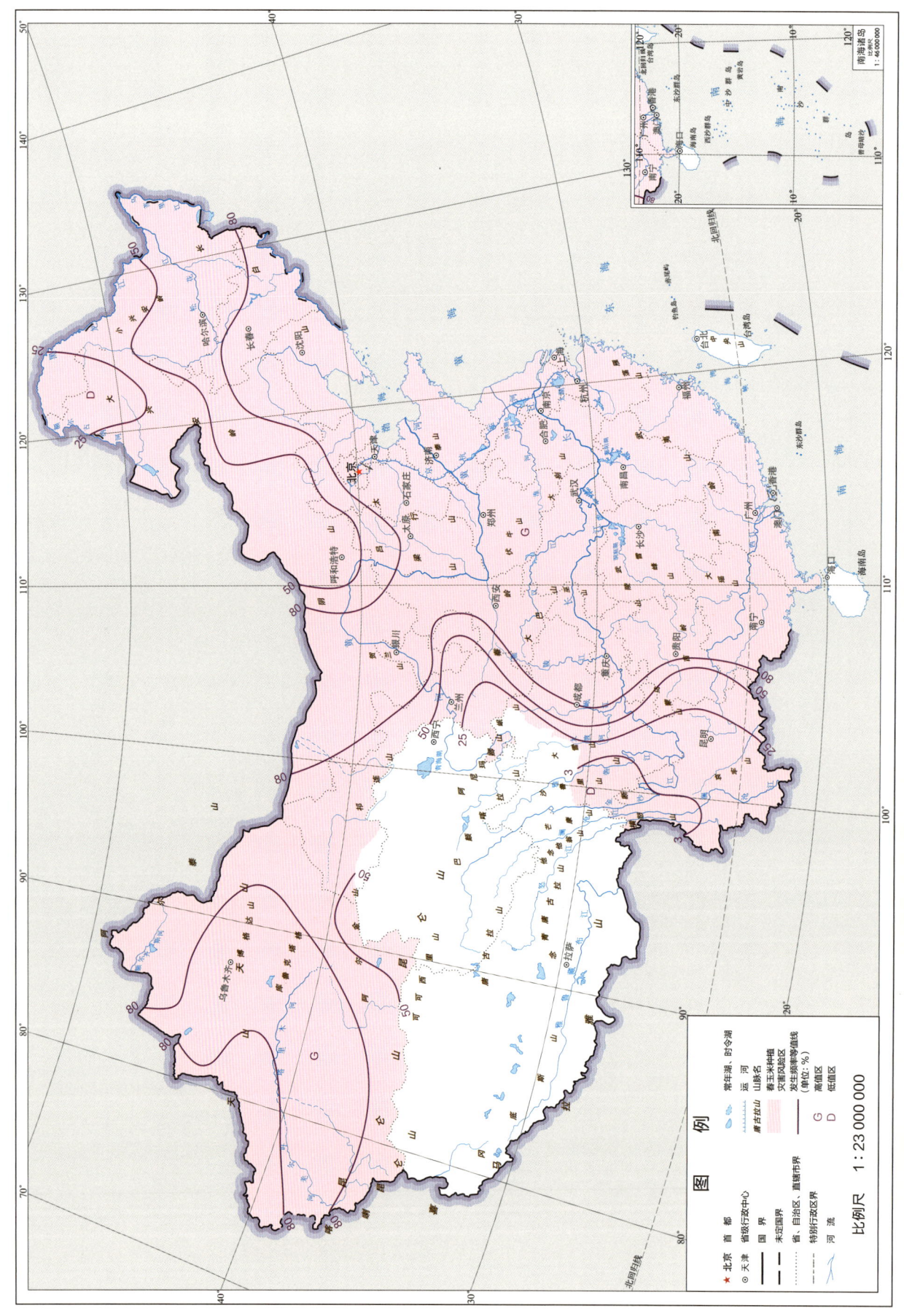

夏玉米

2

2.1 夏玉米关键生育期

20世纪80年代，夏玉米播种期在5月上旬到8月上旬，在北纬25°以北，随纬度增加从5月上旬逐渐延后到6月下旬；在北纬25°以南的广西、广东，随纬度降低从7月中旬延后到8月上旬。其中，黄淮海平原夏播玉米区播种期为6月中旬，长江中下游地区播种期为5月下旬，四川、重庆西南山区播种期在5月下旬。21世纪10年代，夏玉米播种期由南向北从5月上旬一直持续到6月下旬。四川、重庆西南山区播种期一般在5月上旬。与20世纪80年代相比，夏玉米播种期总体略有提前。长江流域地区，播种期总体提前10 d左右。

21世纪10年代，夏玉米拔节期始于6月中下旬，随纬度增加逐渐延迟到8月初。新疆地区为6月中下旬，四川和重庆山区，拔节期出现在7月初。

20世纪80年代，北纬25°以北地区，夏玉米抽雄期随纬度增加从7月中下旬逐渐延后到8月10日前后；黄淮海地区在8月5日前后；新疆地区在8月11—15日；四川、重庆西部山区在7月中下旬，南方丘陵玉米区在8月上旬。北纬25°以南地区，由于播种期较晚，夏玉米抽雄期在9月中下旬。与20世纪80年代相比，21世纪10年代夏玉米抽雄期提前5~10 d，华北北部和西北北部延长5~10 d。

20世纪80年代，江西萍乡向西经湖南怀化、云南文山一线夏玉米成熟期最早（8月21日），由此线从东南向西北随纬度增加成熟期延后，黄淮北部为9月25日以后，新疆地区为10月上旬，广西、广东为10月下旬。21世纪10年代，夏玉米成熟期从东南的8月中下旬，向北、向西延续到华北和西北地区的10月初。与20世纪80年代相比，夏玉米成熟期普遍提前了5~10 d，华北北部局部地区夏玉米成熟期略有延后。

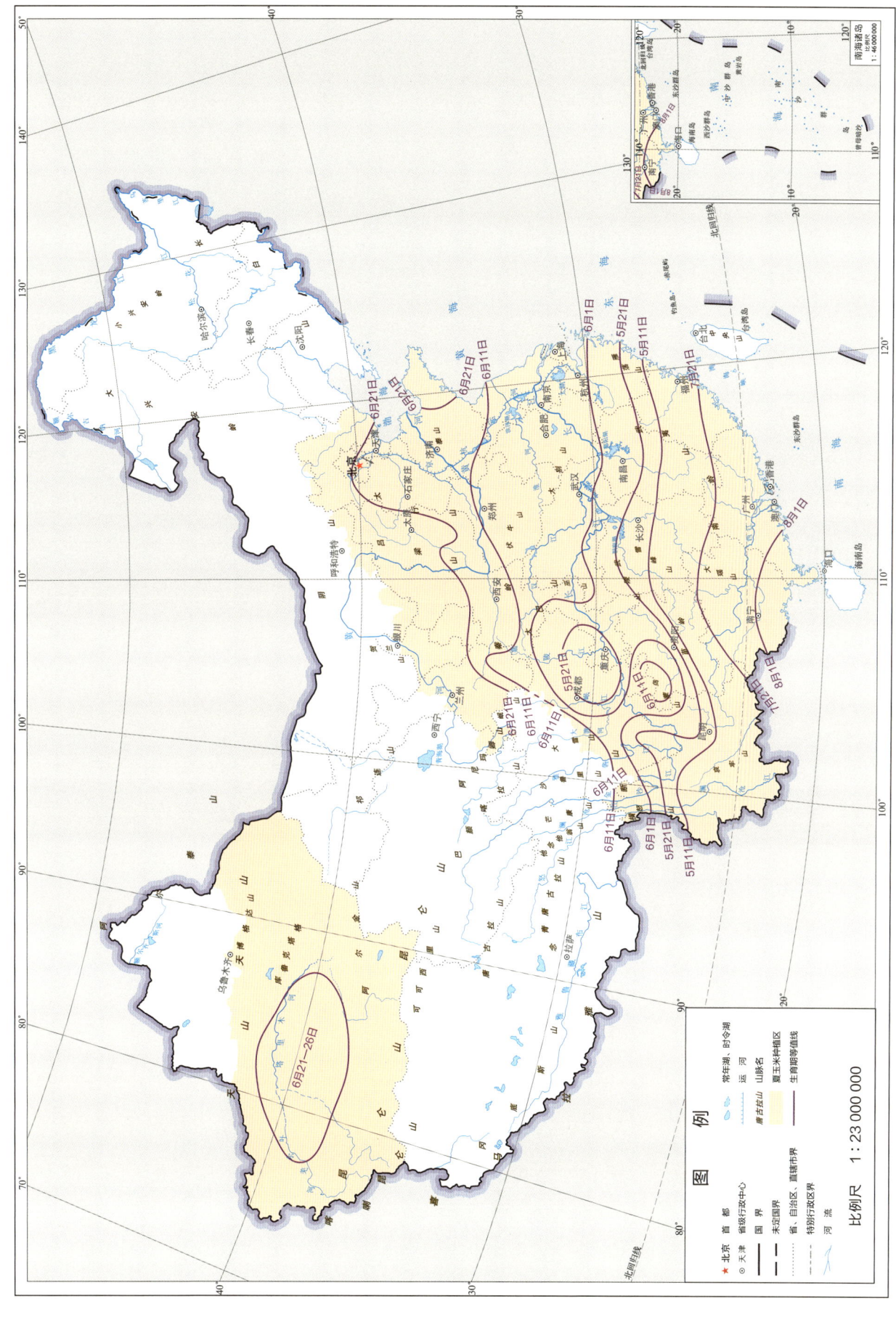

21世纪10年代夏玉米播种期

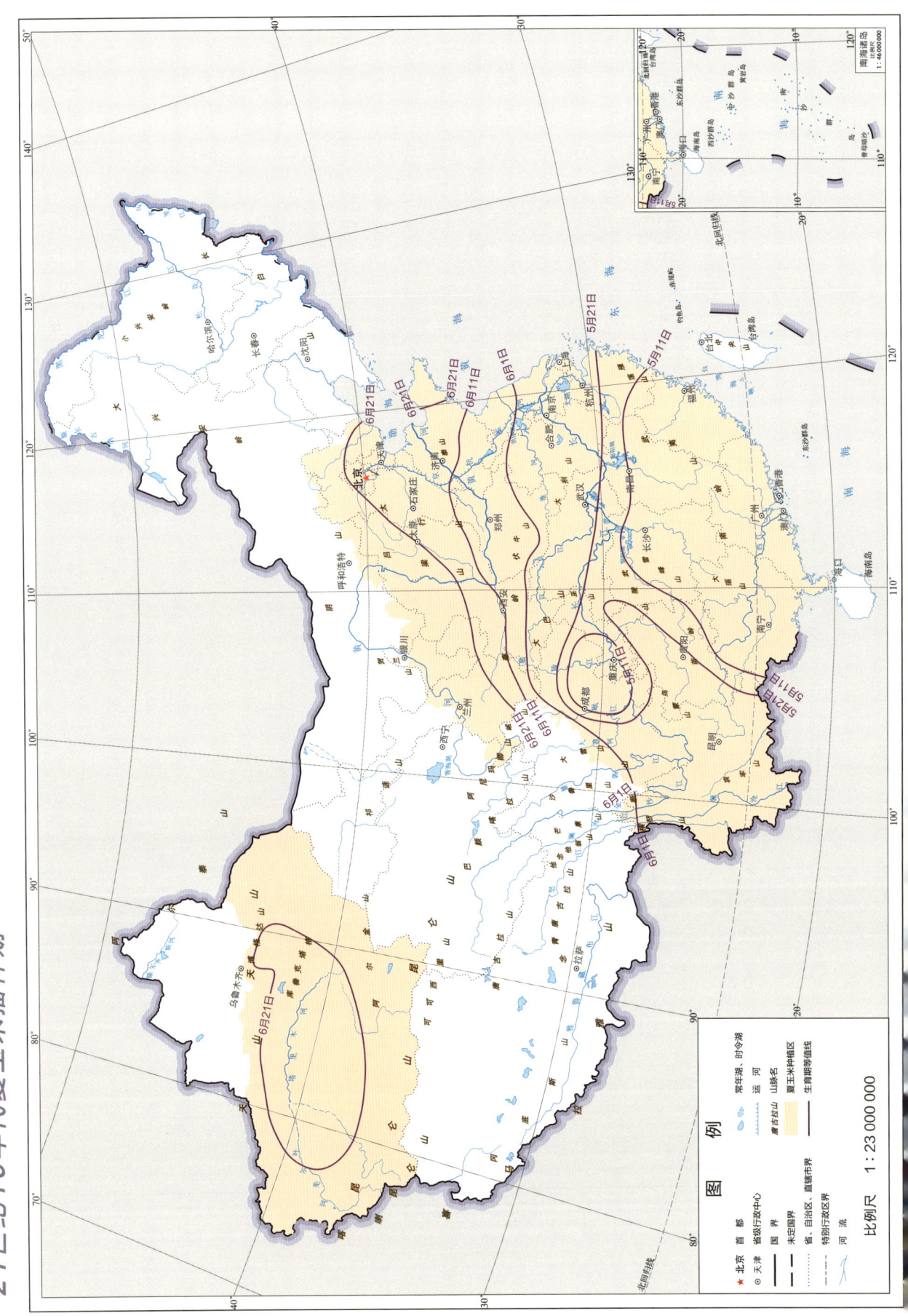

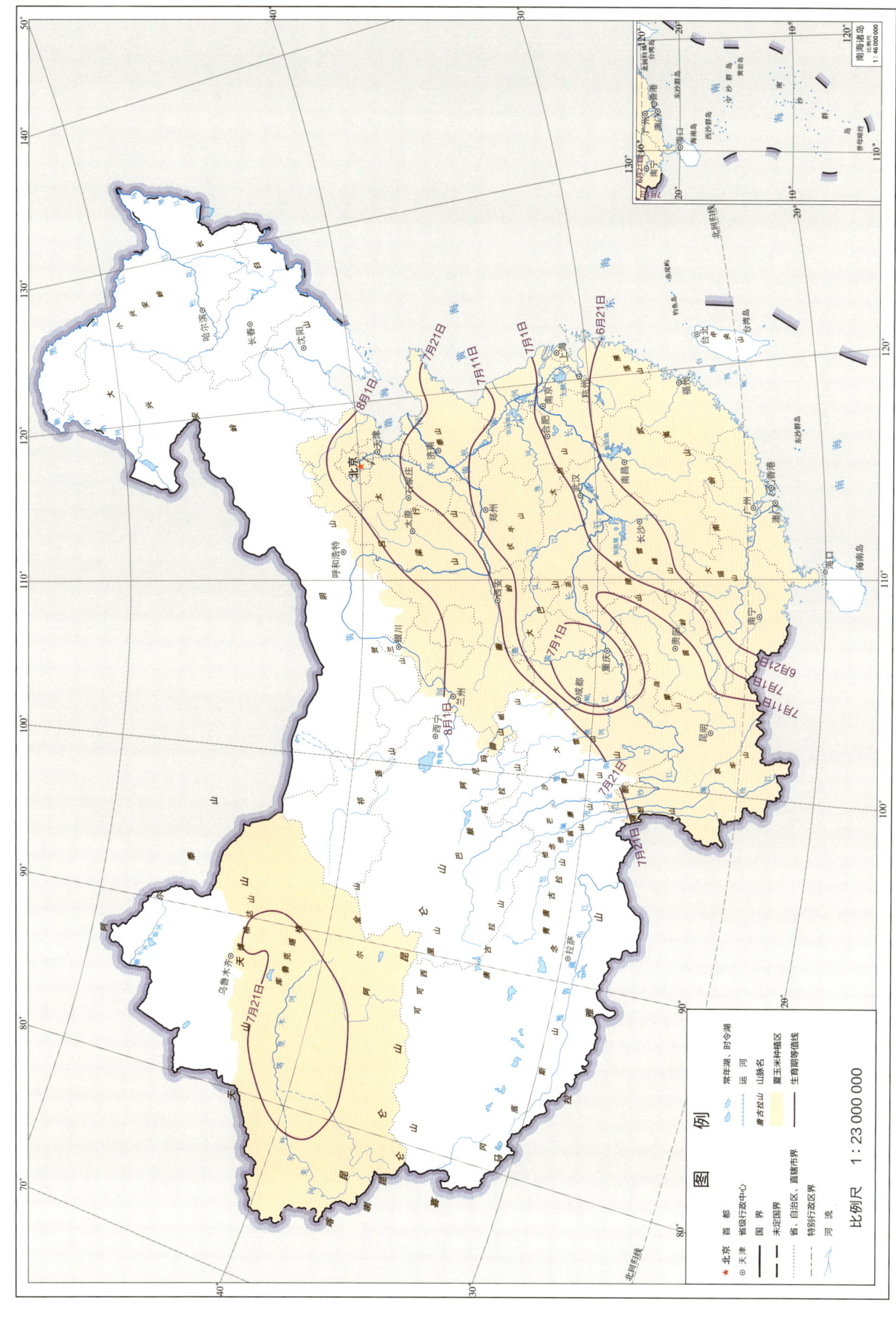

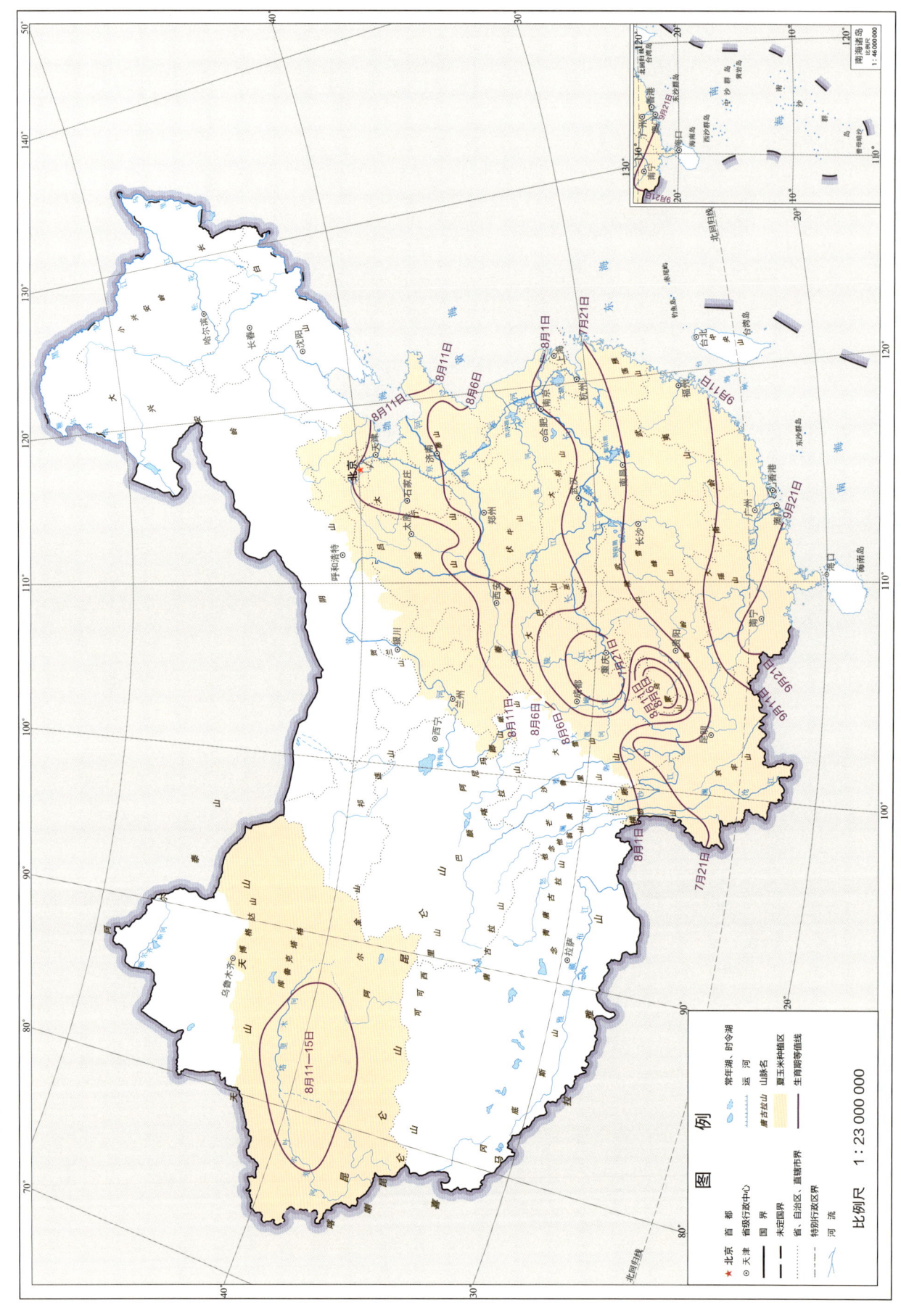

20世纪80年代夏玉米抽雄期

21世纪10年代夏玉米抽雄期

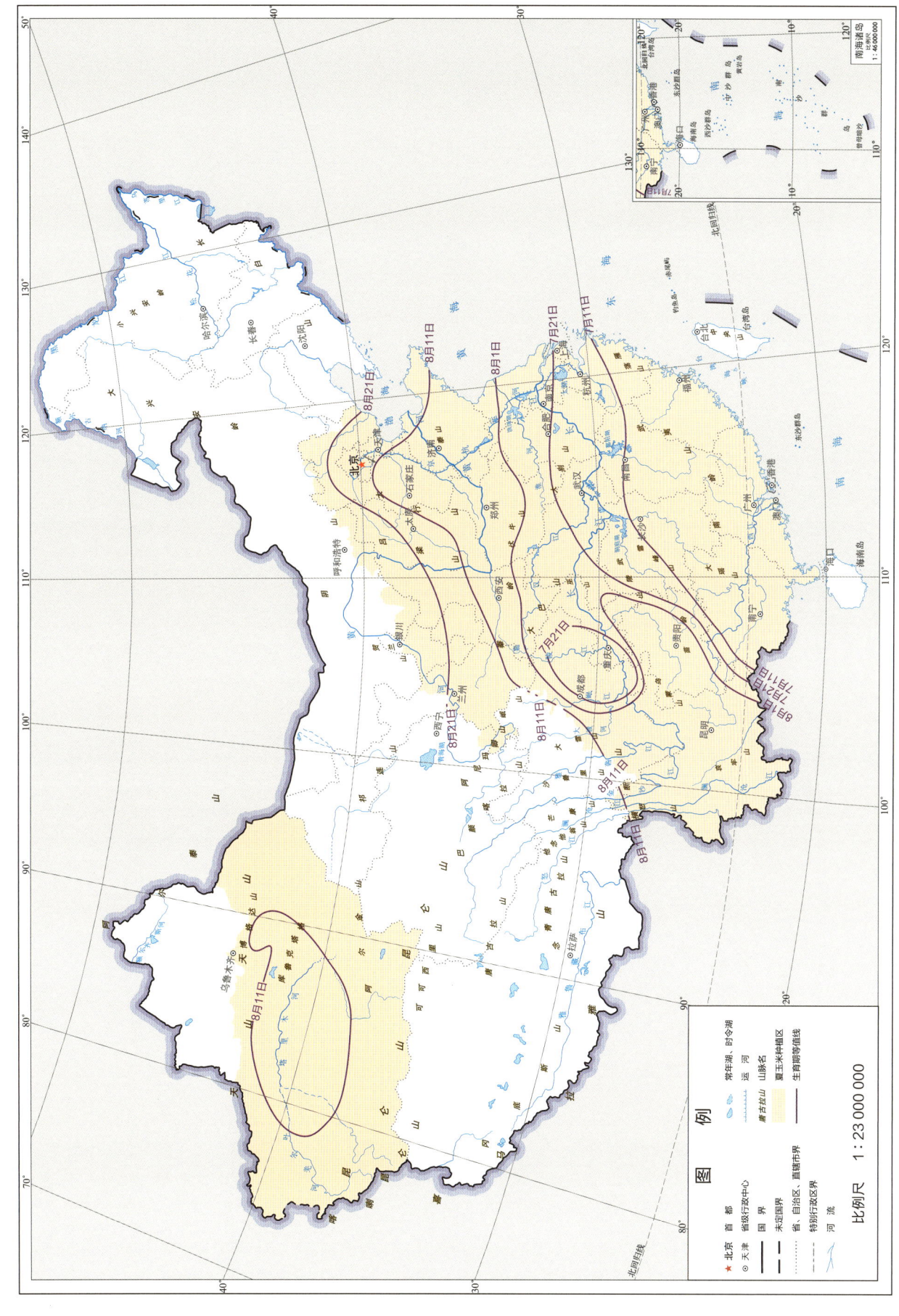

20世纪80年代夏玉米成熟期

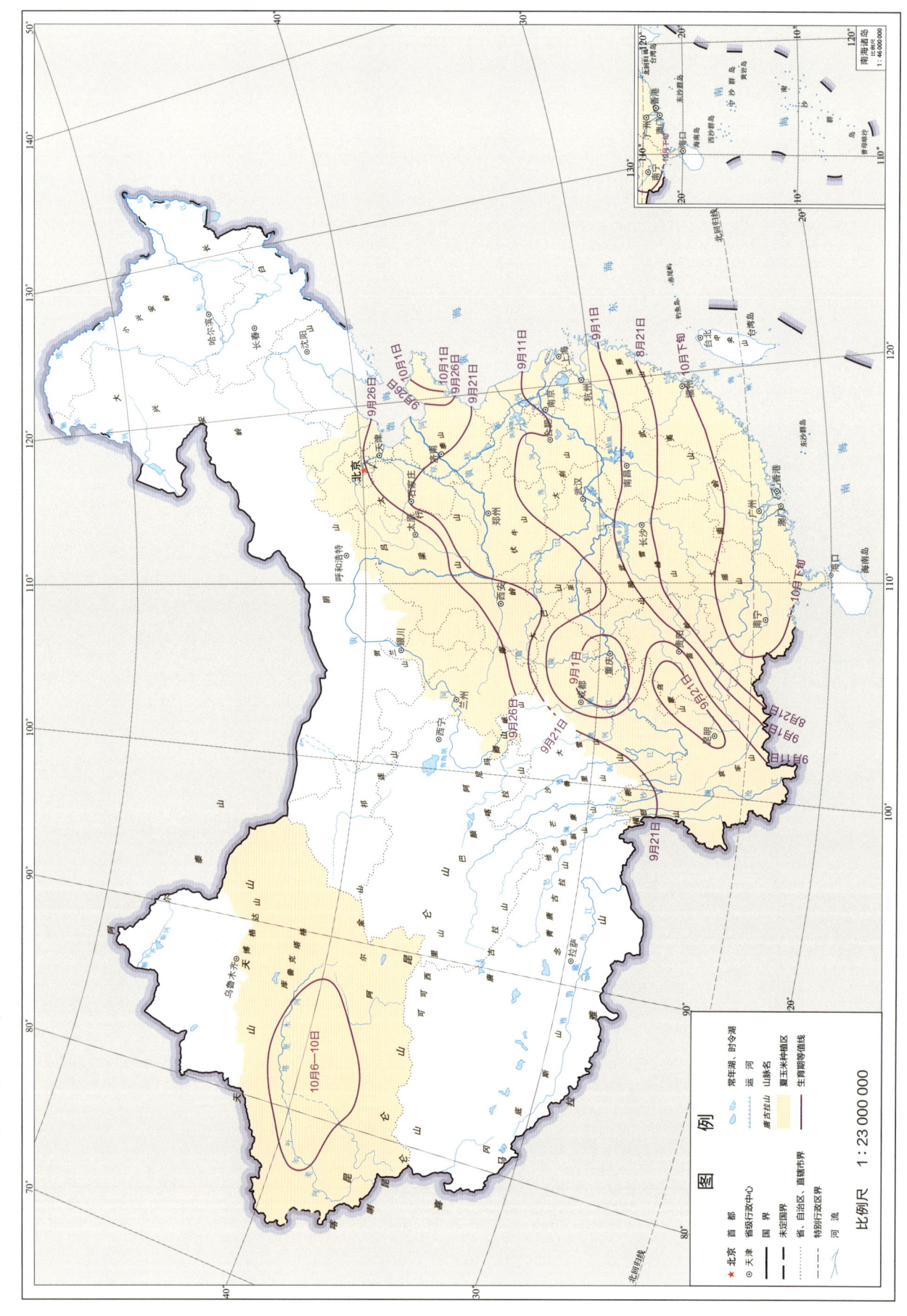

21世纪10年代夏玉米成熟期

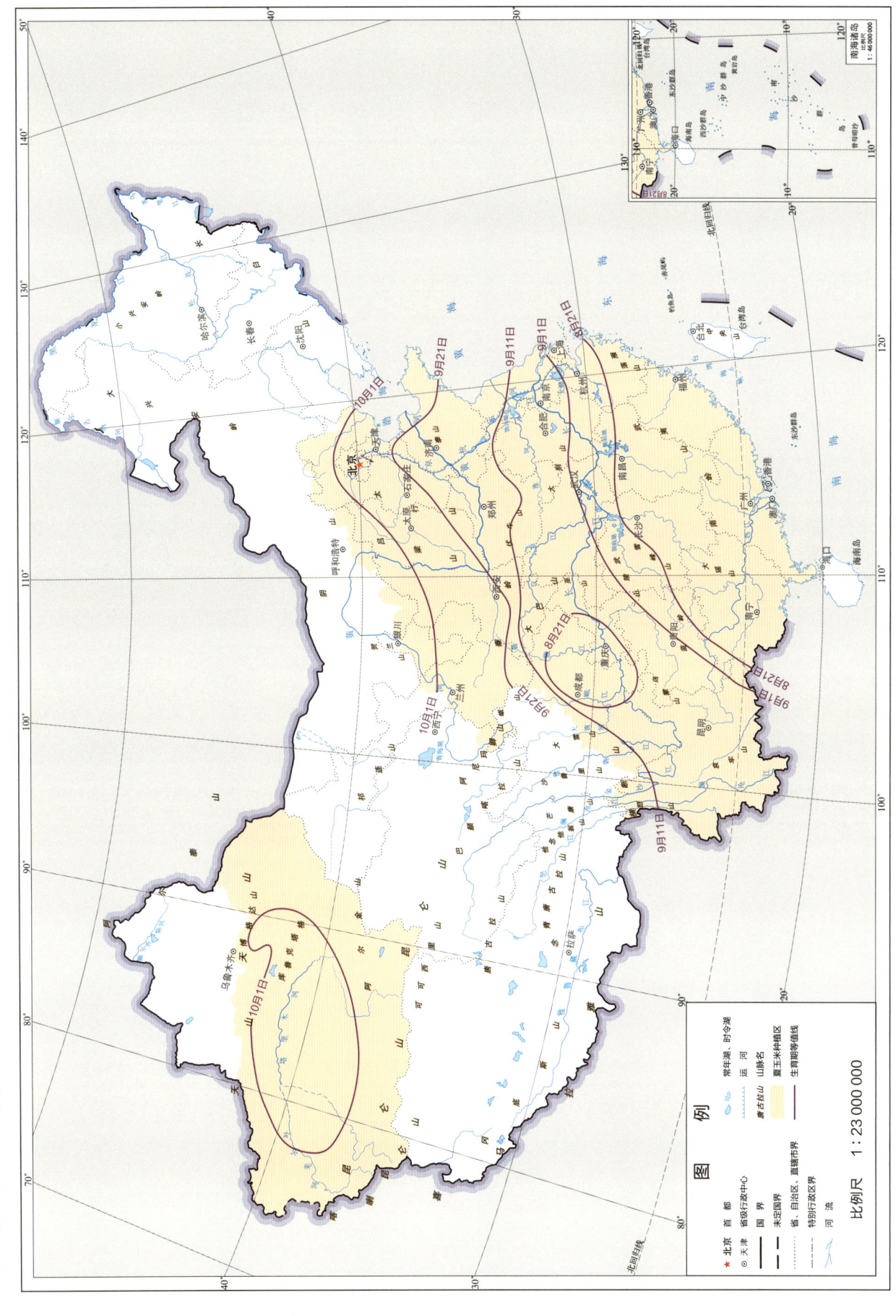

2.2 夏玉米关键生育期光温水资源

2.2.1 夏玉米播种期—成熟期

夏玉米播种期—成熟期日数一般为95~110 d。20世纪80年代，西南地区夏玉米播种期—成熟期较长，为120~130 d；黄淮海平原夏玉米播种期—成熟期较短，为95 d左右。21世纪10年代，除云南和贵州地区夏玉米播种期—成熟期缩短了10~15 d外，全国其他地区普遍增加5~10 d。生育期增加，有利于夏玉米产量提高。

1981—2010年，夏玉米播种期—成熟期太阳总辐射量、光合有效辐射量、日照时数以及日照百分率在东部种植区总体呈现由北向南逐渐减少的变化趋势，变化范围分别为1200~2100 MJ/m²、600~1000 MJ/m²、400~1000 h和30%~70%。高值区分布在西北灌溉玉米区的宁夏中北部，低值区分布在南方丘陵玉米区。新疆地区夏玉米播种期—成熟期太阳总辐射量、光合有效辐射量为2100 MJ/m²左右和1000 MJ/m²左右，太阳日照充足，日照百分率较高。

在夏玉米东部种植区，播种期—成熟期≥0℃、≥5℃、≥10℃、≥15℃和≥20℃积温总体呈现从西北到东南逐渐增加的变化趋势，变化范围分别为1800~2800℃·d、1800~2800℃·d、1800~2800℃·d、1600~2800℃·d和600~2600℃·d。播种期—成熟期平均温度总体呈现从西北到东南逐渐增加的变化趋势，变化范围为16~26℃。积温和平均温度的高值区分布在南方丘陵玉米区，低值区分布在西北灌溉玉米区。在新疆夏玉米种植区，播种期—成熟期≥0℃、≥5℃、≥10℃、≥15℃和≥20℃积温分别为2400℃·d、2400℃·d、2400℃·d、2400℃·d和1800℃·d左右。平均温度从西到东呈现逐渐增加的变化趋势，变化范围为16～28℃。

在夏玉米东部种植区，播种期—成熟期极端最高温度总体呈现自西北到东南逐渐增加的变化趋势，变化范围为18～28℃，高值区分布在黄淮海平原夏玉米种植区、长江流域以南地区，低值区分布在西北灌溉玉米区。夏玉米播种期—成熟期极端最低温度总体呈现自西北到东南逐渐增加的变化趋势，变化范围为12～26℃。高值区分布在广西北海、钦州以及广东湛江和茂名地区，低值区分布在甘肃合作、玛曲、定西，宁夏南部，陕西和山西与内蒙古交界地区，河北张家口地区。新疆地区夏玉米播种期—成熟期极端最高温度呈现从西到东逐渐增加的变化趋势，变化范围为22～26℃。极端最低温度呈现从西到东逐渐增加的变化趋势，变化范围为12～16℃。

在夏玉米东部种植区，播种期—成熟期降水量自北向南呈现逐渐增加的变化趋势，变化范围从＜300 mm增加到＞900 mm。播种期—成熟期需水量总体呈现从西北向东北、东南呈现逐渐减少的变化趋势，变化范围从＜300 mm增加到＞480 mm。播种期—成熟期降水盈亏量总体从西北向东南呈现逐渐增加的变化趋势，变化范围从－300 mm增加到＞600 mm。河北滦平—北京—河北衡水—河南郑州—卢氏县—陕西商洛—留坝县—甘肃陇南一线为夏玉米播种期—成熟期降水盈亏量0 mm等值线，水分供需基本平衡。降水盈亏量0 mm等值线往西北降水亏缺量增加，宁夏北部、陕西和内蒙古交界地区降水亏缺量＞300 mm，水分不足。黄淮地区降水盈余量为0～150 mm。长江流域以南地区降水较充足，降水盈余量＞150 mm，广西西北和广东地区降水盈余量＞600 mm。新疆地区夏玉米播种期—成熟期降水量自西向东呈现逐渐降低的变化趋势，变化范围从＜30 mm增加到＞50 mm；需水量自西北向东南呈现逐渐增加的变化趋势，变化范围从＜480 mm增加到＞780 mm，是全国夏玉米需水量最高的地区。播种期—成熟期降水盈亏量呈现自西北向东呈逐渐减少的趋势，变化范围从＞－450 mm减少到＜－750 mm，是全国降水亏缺量最高的地区，水分严重不足。

在夏玉米东部种植区，75%降水保证率夏玉米播种期—成熟期降水量呈现自西北向南逐渐增加的变化趋势，变化范围从＜200 mm增加到＞700 mm。75%降水保证率夏玉米播种期—成熟期需水量呈现自西北向南逐渐减少的变化趋势。75%降水保证率夏玉米播种期—成熟期降水盈亏量呈现从西北向东南逐渐增加的变化趋势，变化范围从＜－40 mm增加到＞100 mm。河北滦平—北京—河北衡水—河南开封—安徽阜阳—湖北团风—湖南临湘—澧县—湖北宜昌—房县—陕西佛坪—甘肃陇南一线为75%降水保证率夏玉米播种期—成熟期降水盈亏量0 mm等值线，水分供需基本平衡。降水盈亏量0 mm等值线往西北降水亏缺量增加，西北灌溉玉米区＞40 mm，水分不足。山东五莲县—安徽淮北—芜湖—湖北蕲春—湖南衡阳—张家界—湖北建始县—四川广元一线和广东潮州—清远—广西贺州—贵州安顺—重庆—四川达州一线分别是75%降水保证率夏玉米播种期—成熟期降水盈余量20 mm和40 mm等值线，两等值线之间的区域降水盈余量为20~40 mm。新疆夏玉米种植区，75%降水保证率夏玉米播种期—成熟期降水量自西向东呈现逐渐减少的变化趋势，变化范围从＜20 mm增加到＞30 mm，降水量严重不足，不能满足夏玉米播种期—成熟期的水分需求。降水盈亏量自西向东呈现逐渐减少的变化趋势，降水量严重不足，不能满足夏玉米播种期—成熟期的水分需求。

在夏玉米东部种植区，夏玉米播种期—成熟期光合生产潜力、光温生产潜力由西北往东南呈现逐渐减少的变化趋势，变化范围分别为65000~100000 kg/hm^{2}和16000~40000 kg/hm^2。高值区分布在西北灌溉玉米区，低值区分布在西南丘陵玉米区，分别为＜65000 kg/hm^{2}和＜16000 kg/hm^2。黄淮海平原夏玉米播种区光合生产潜力为80000~85000 kg/hm^2。河北秦皇岛—石家庄—山西临汾—陕西宜君—甘肃陇南—四川广元—资阳—重庆巫溪—湖北十堰—河南确山—商丘—山东枣庄—威海一线光温生产潜力为36000 kg/hm^{2}等值线。南方丘陵玉米区光合生产潜力、光温生产潜力分别为＞80000 kg/hm^{2}和＞36000 kg/hm^2。新疆地区夏玉米播种期—成熟期光合生产潜力、光温生产潜力分别为100000~105000 kg/hm^{2}和24000~52000 kg/hm^2，光合生产潜力较高，光温生产潜力全国最高，＞52000 kg/hm^2。

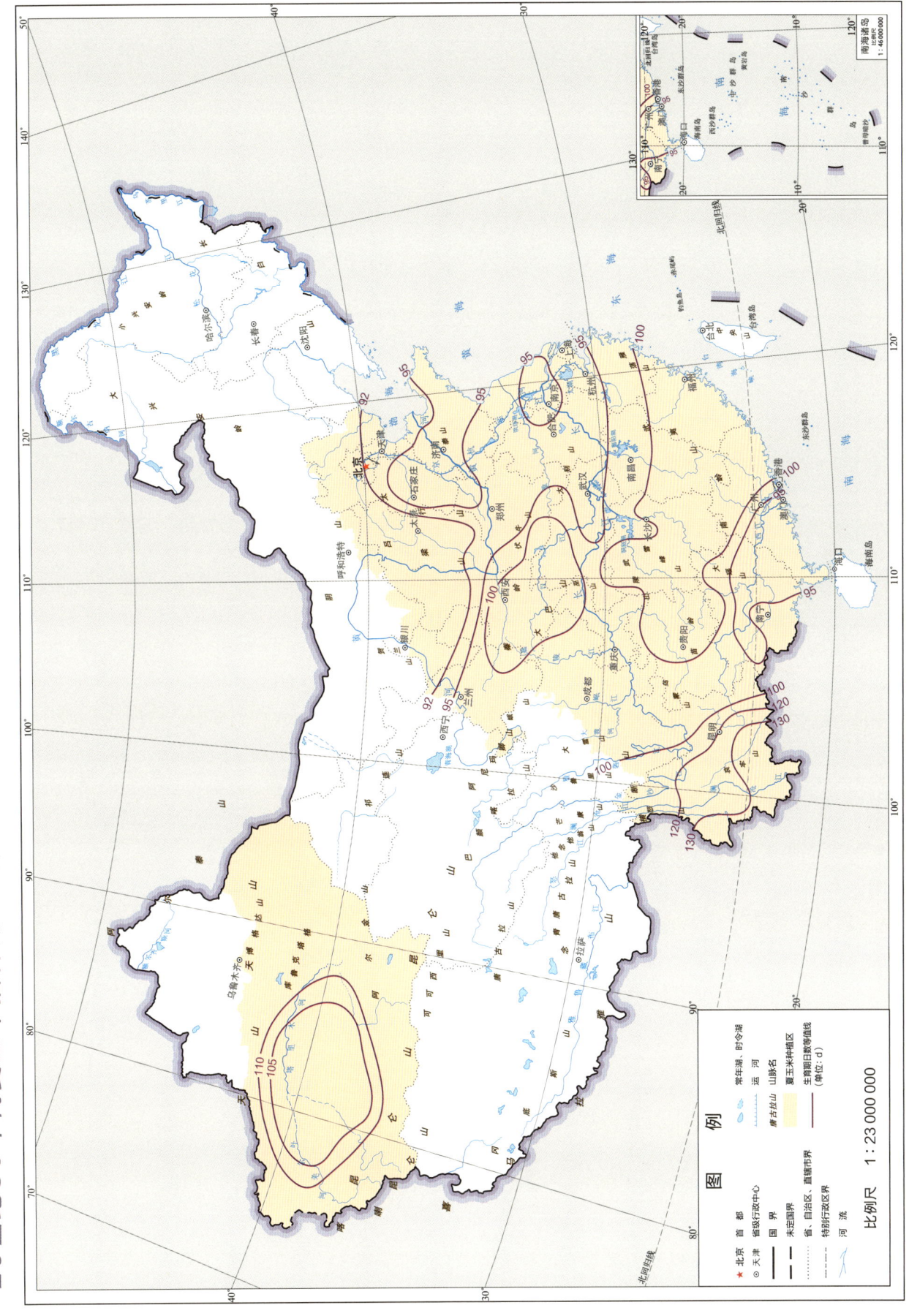
20世纪80年代夏玉米播种期—成熟期日数

21世纪10年代夏玉米播种期—成熟期日数

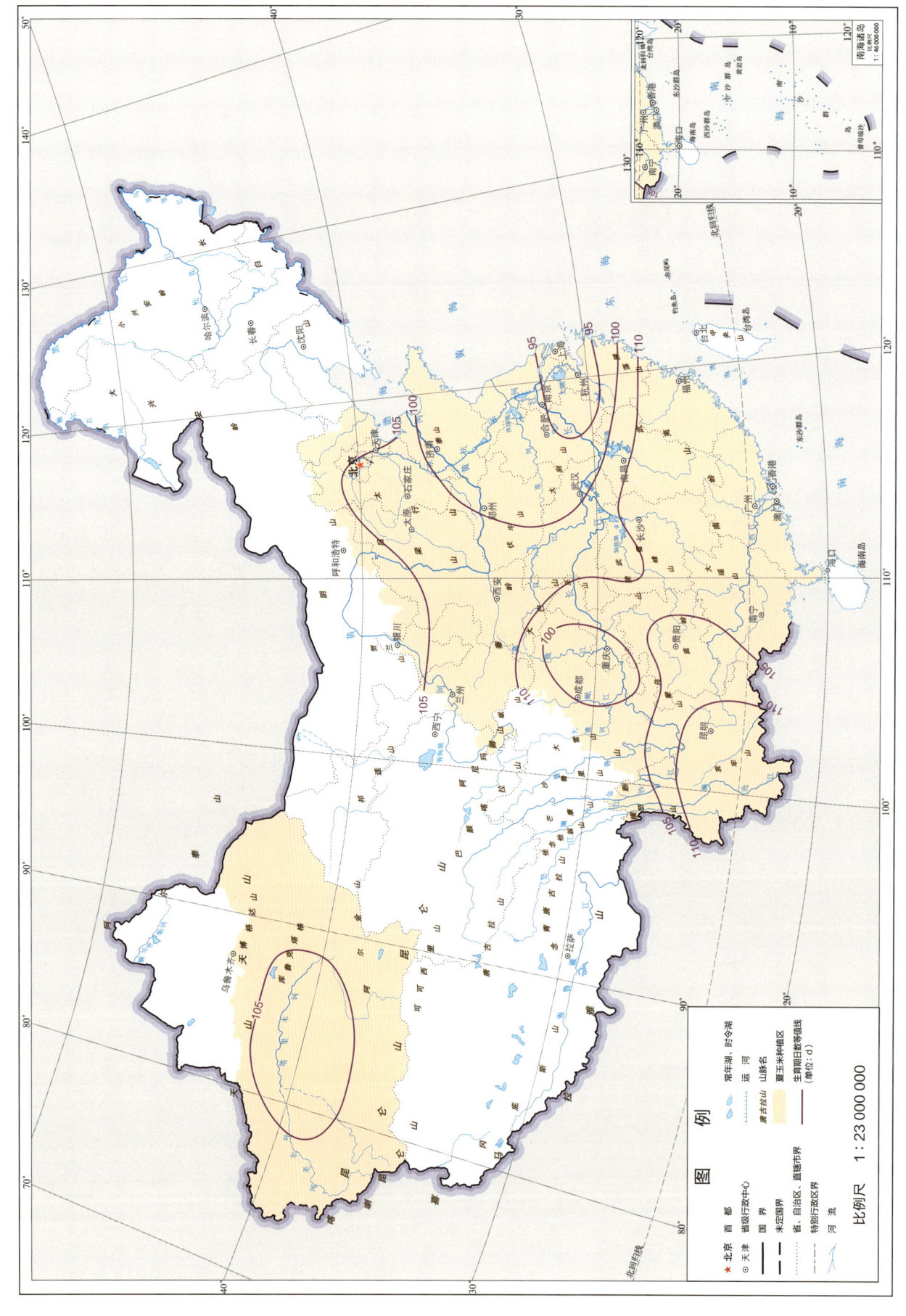

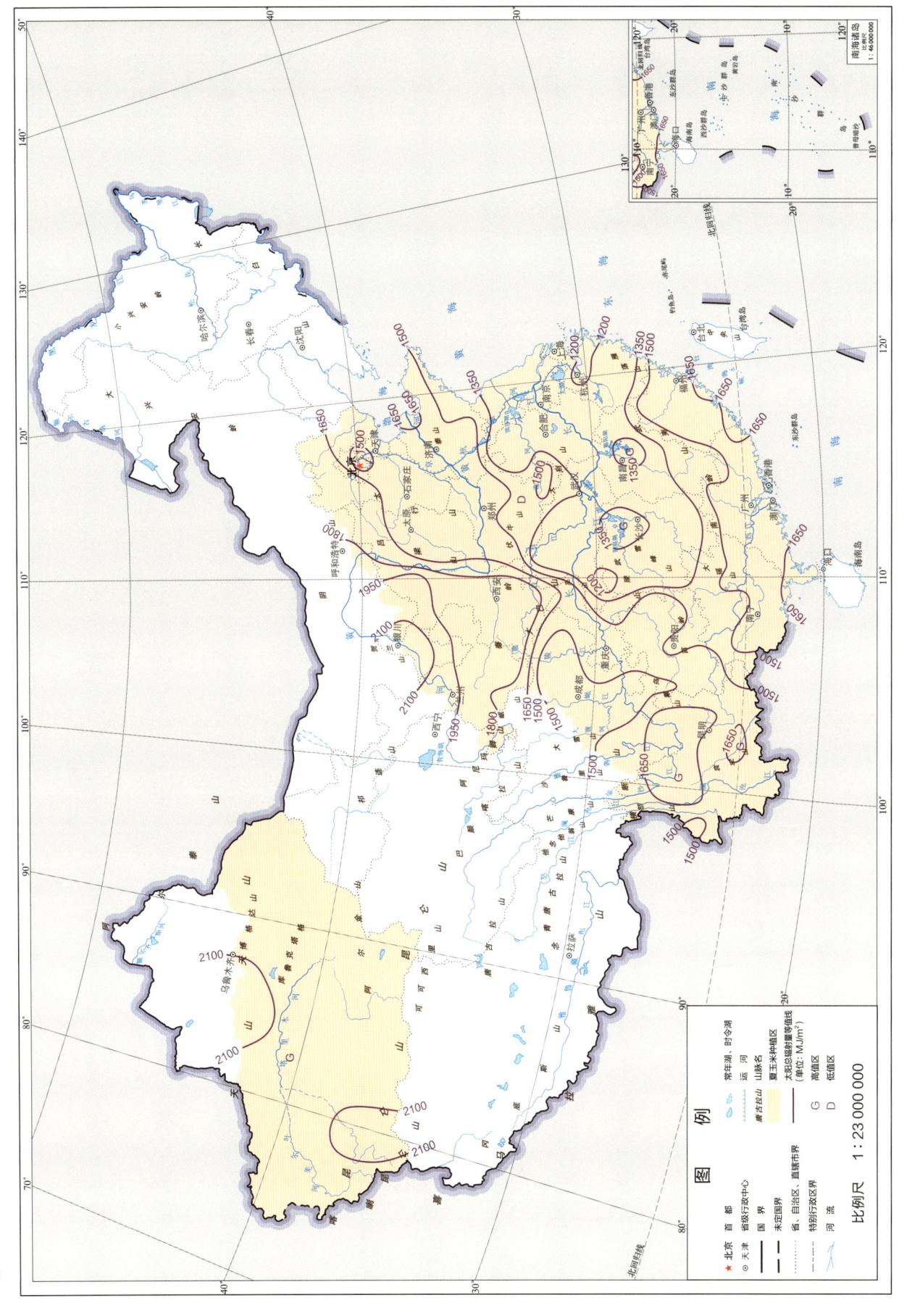

夏玉米播种期—成熟期太阳总辐射量

夏玉米播种期—成熟期光合有效辐射量

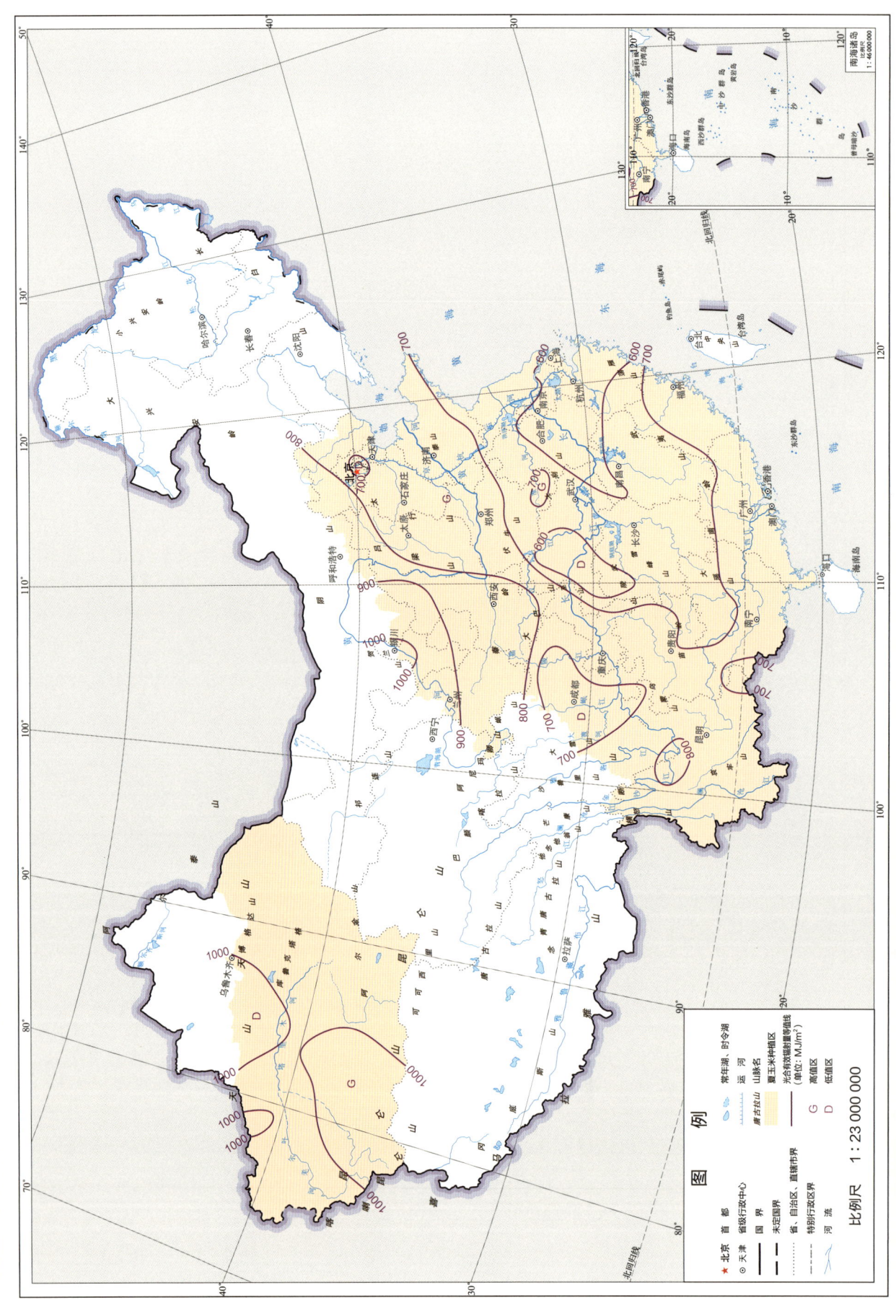

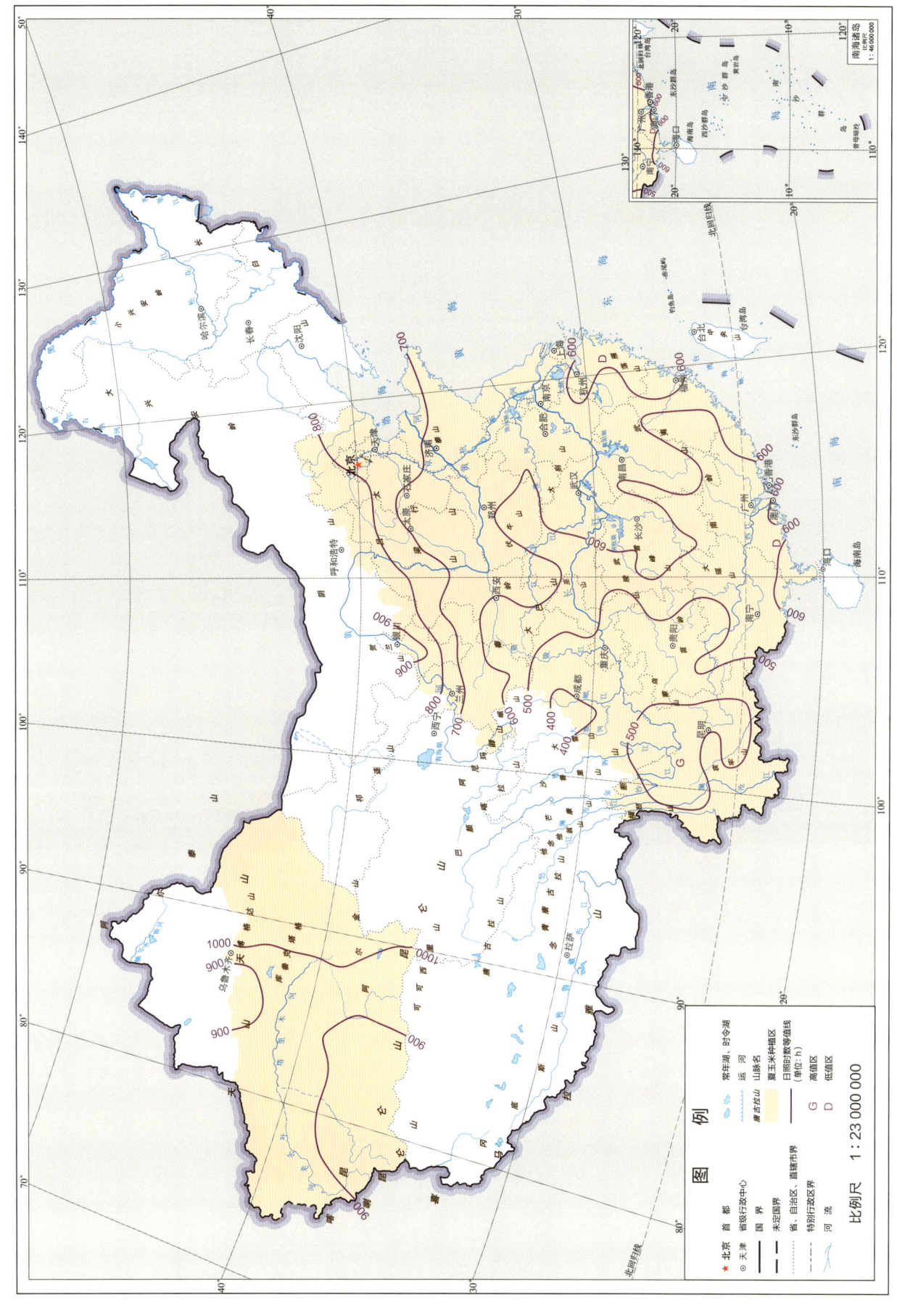

夏玉米播种期—成熟期日照百分率

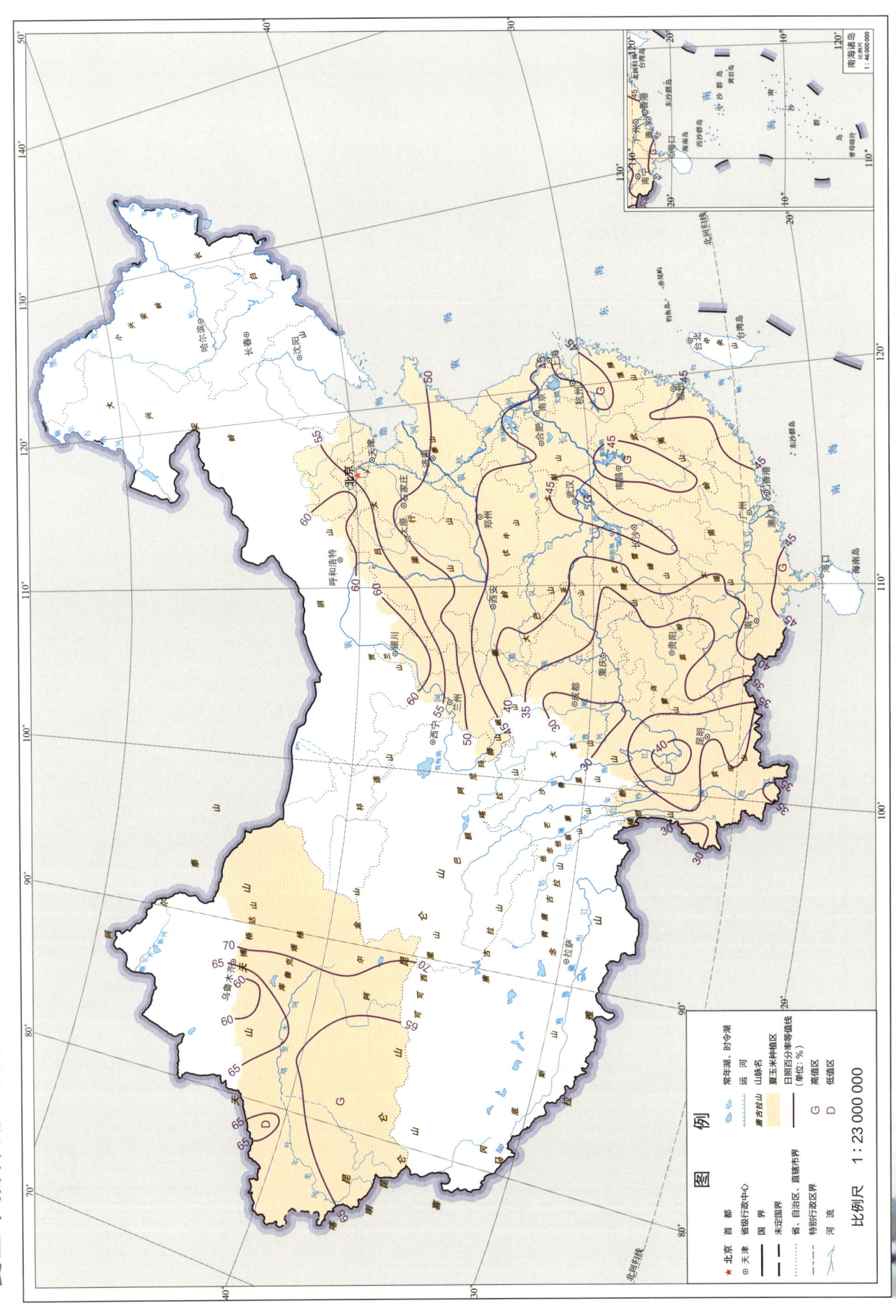

夏玉米播种期—成熟期≥0℃积温

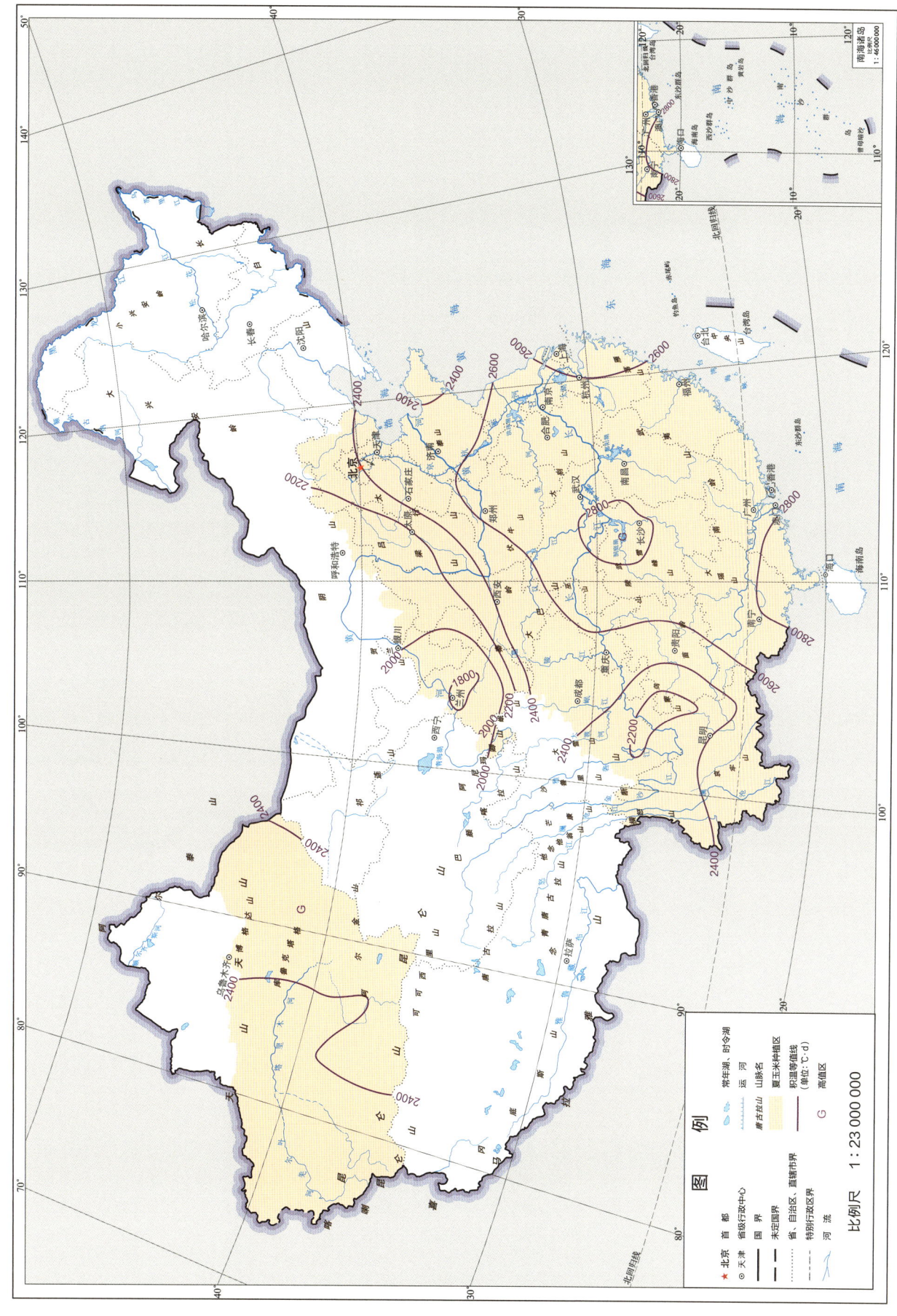

2 夏玉米

夏玉米播种期—成熟期≥5℃积温

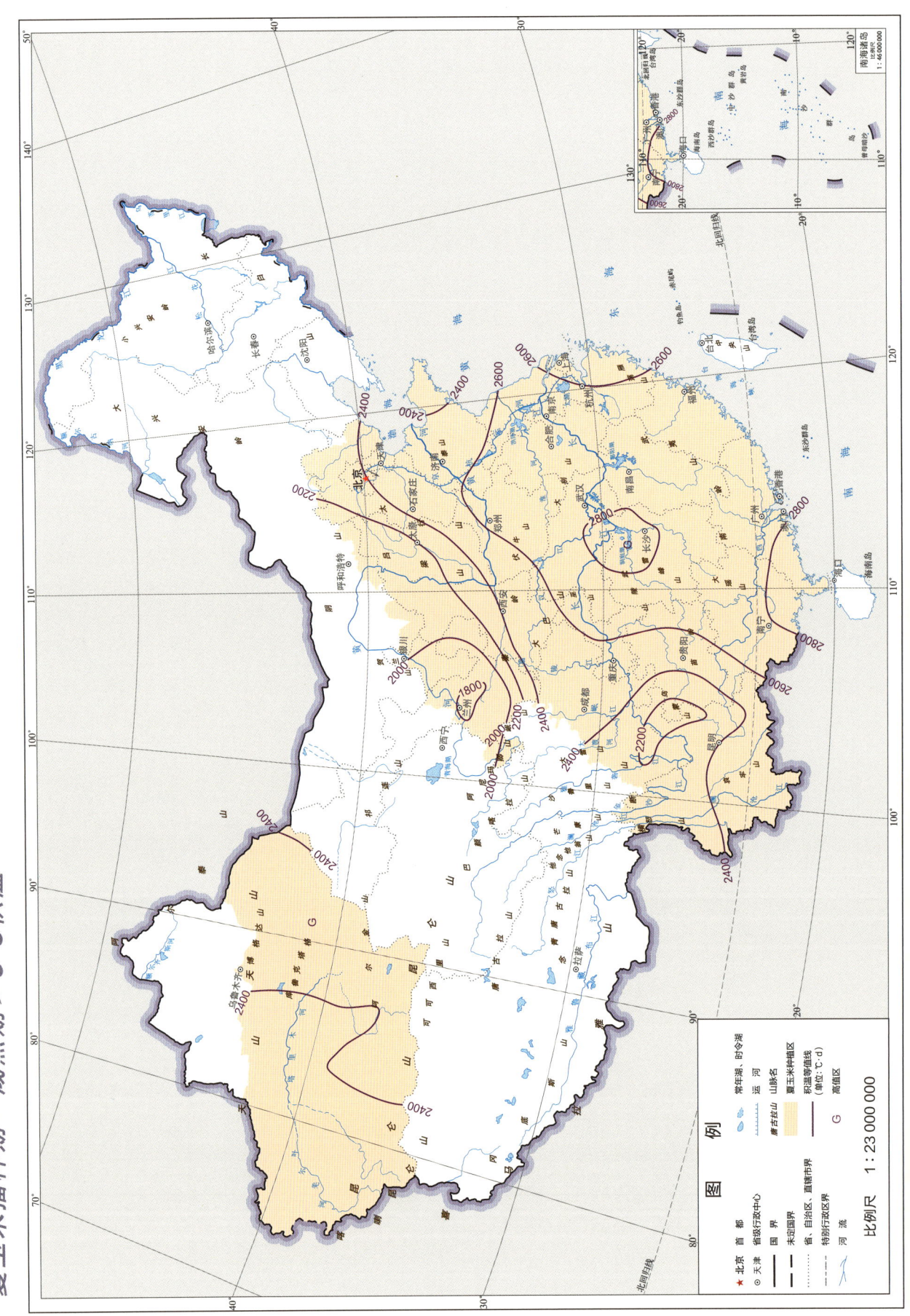

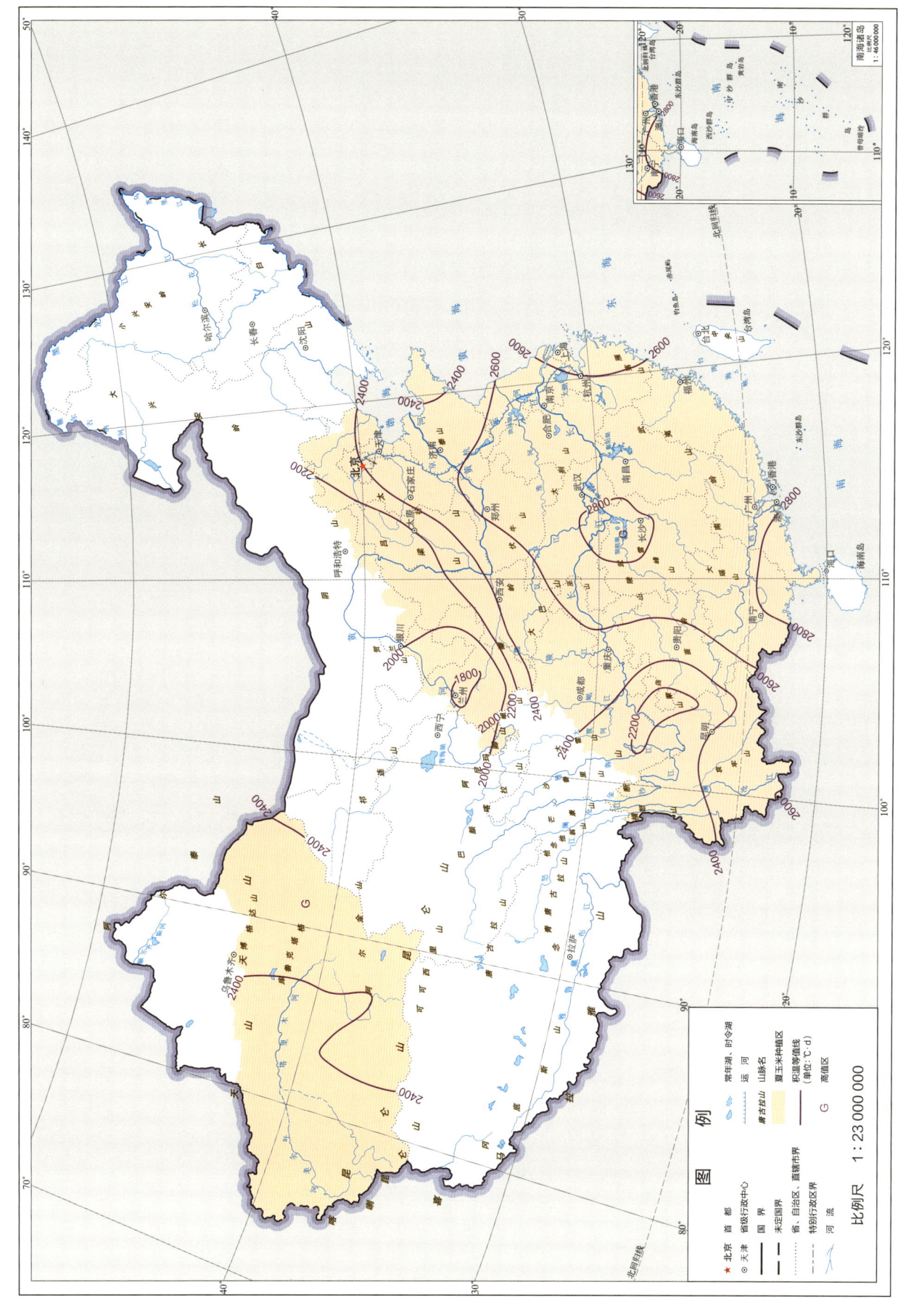
夏玉米播种期—成熟期≥10℃积温

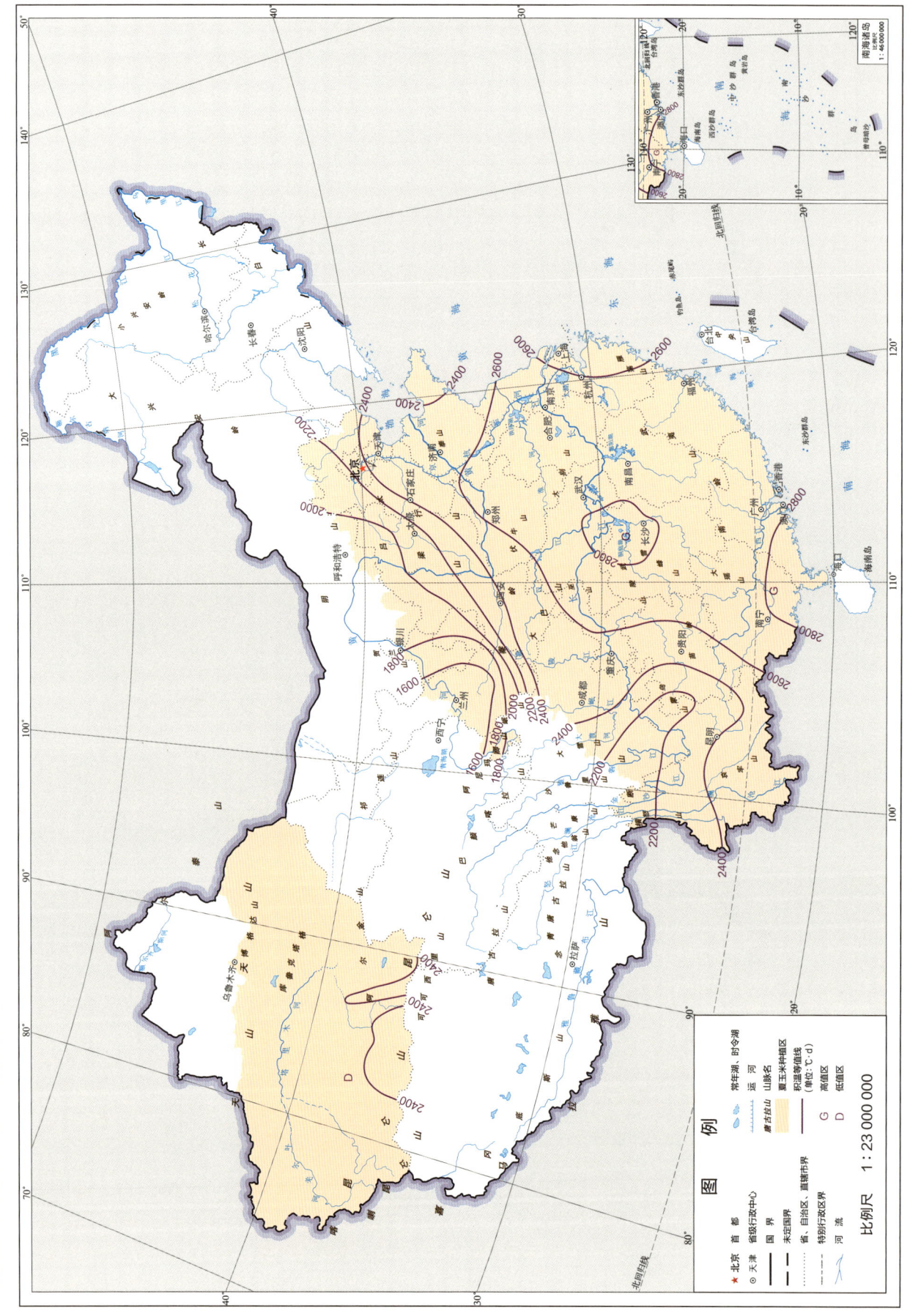

夏玉米播种期—成熟期≥15℃积温

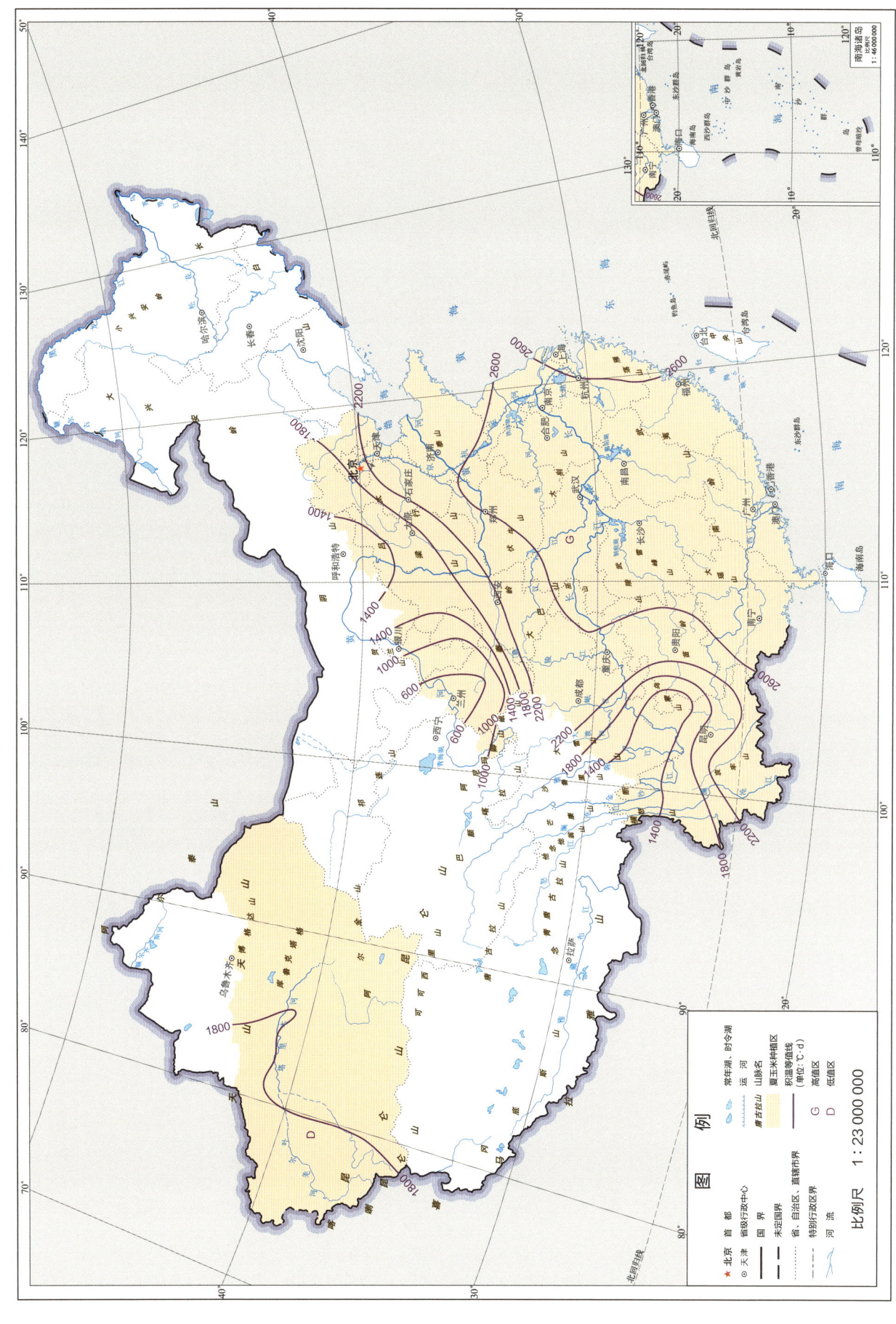
夏玉米播种期—成熟期≥20℃积温

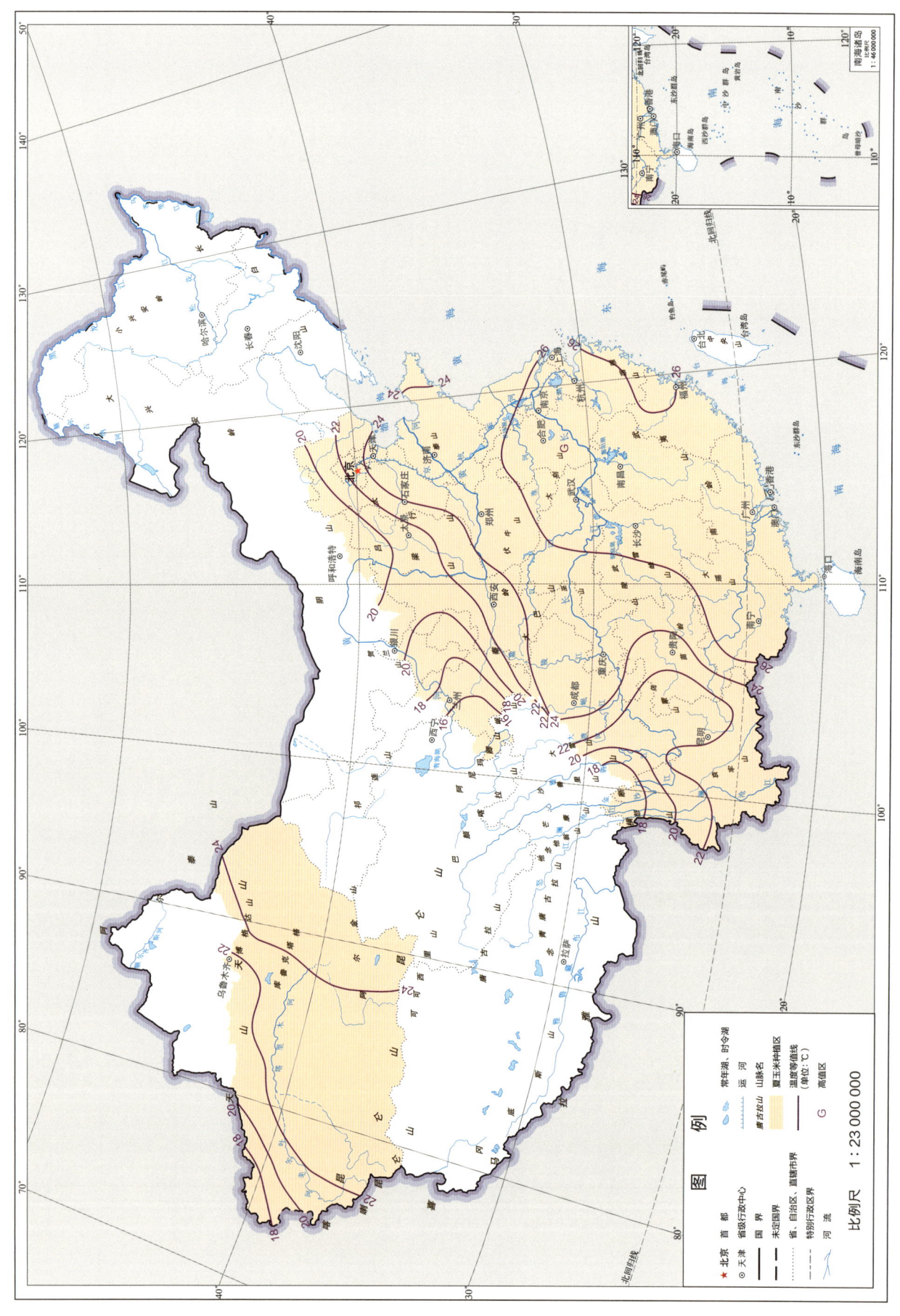

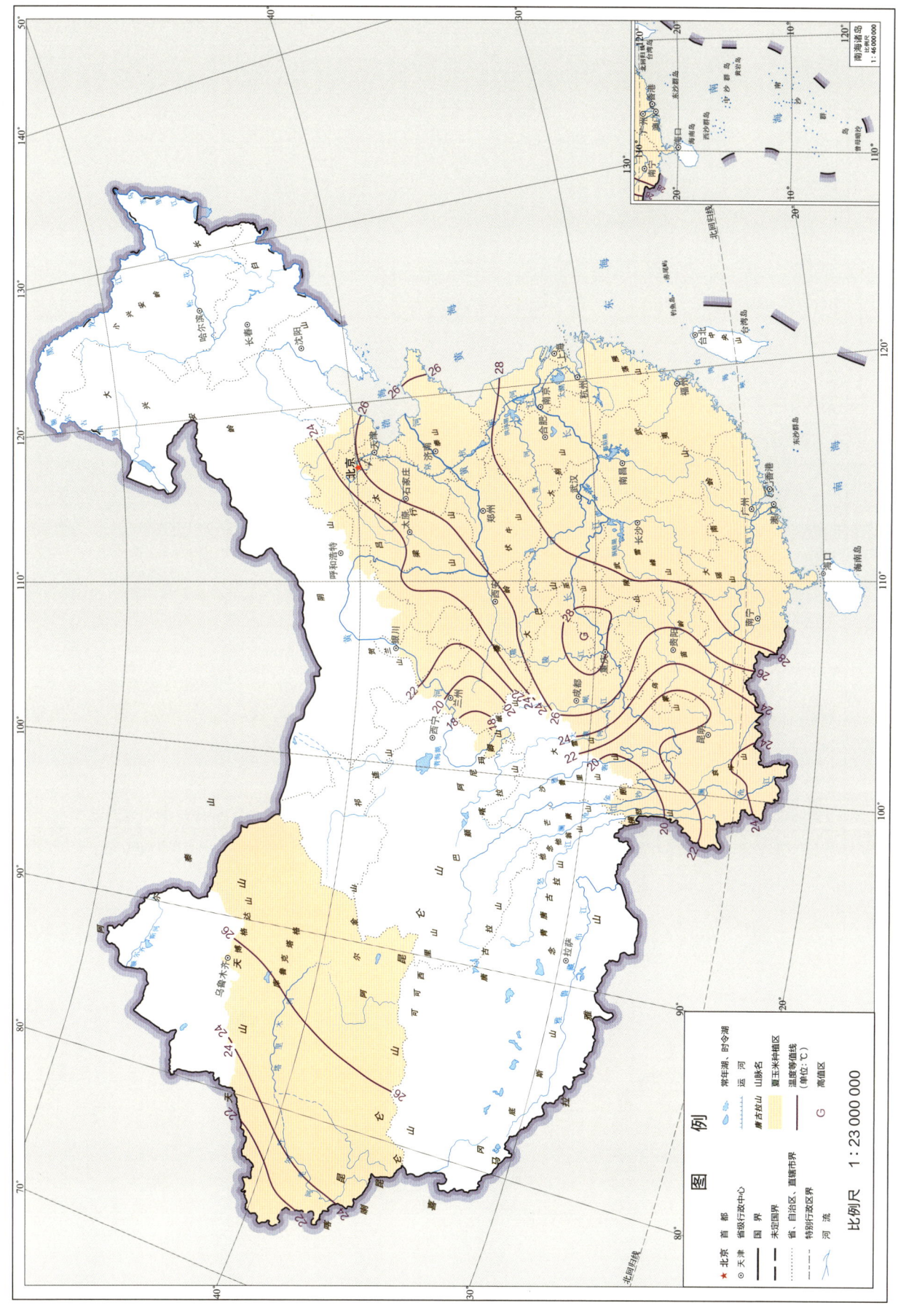
夏玉米播种期—成熟期极端最高温度

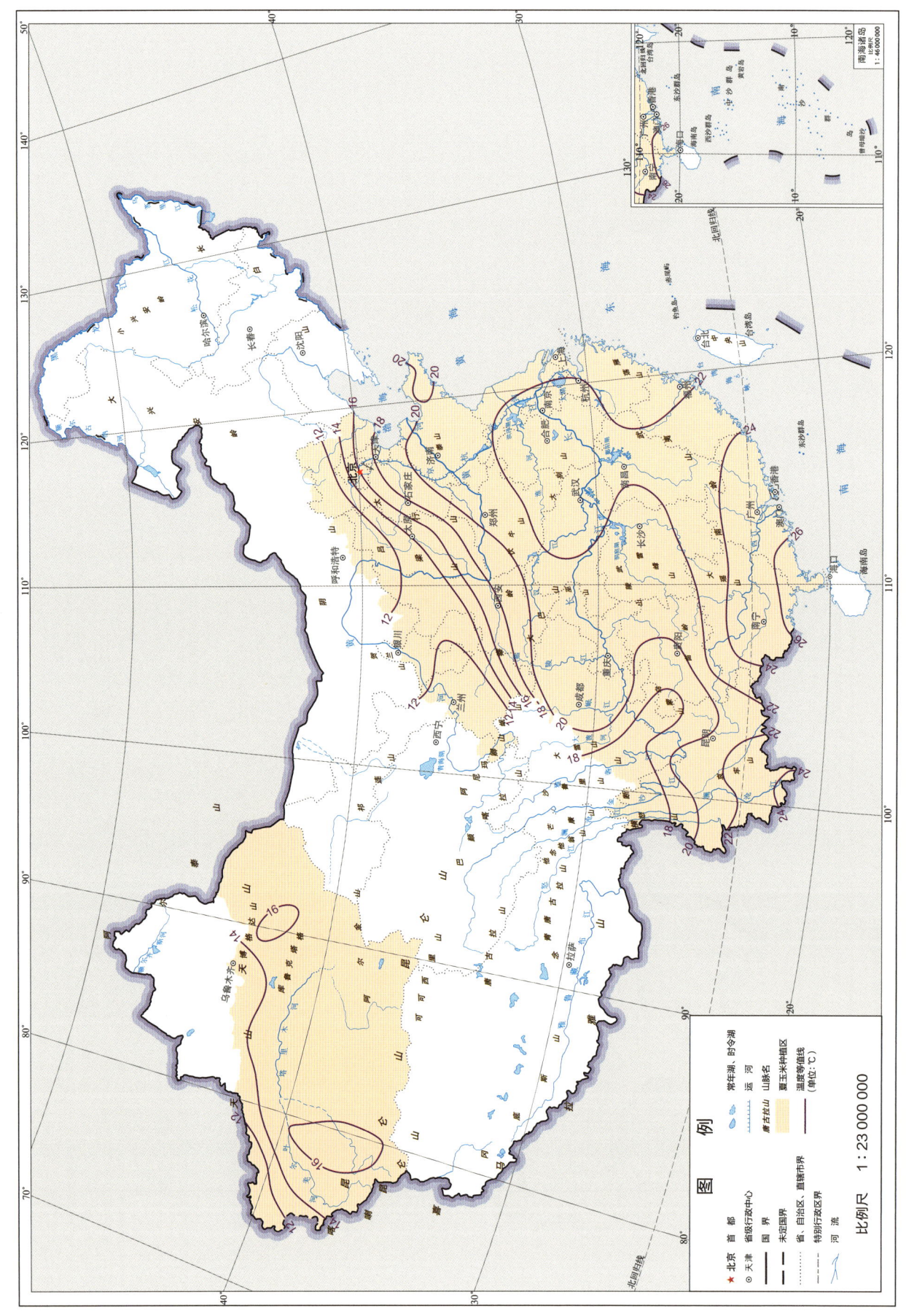

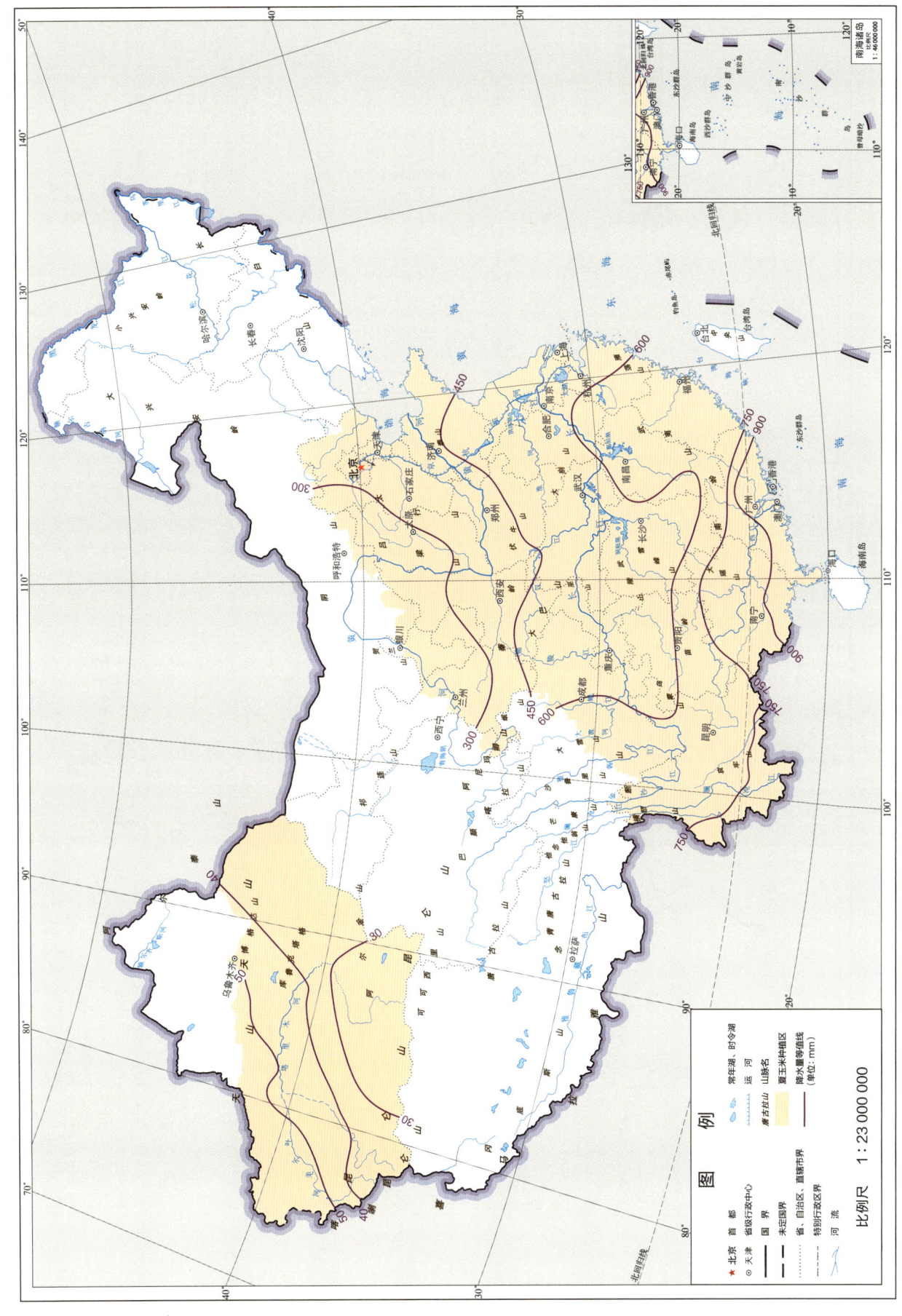

夏玉米播种期—成熟期需水量

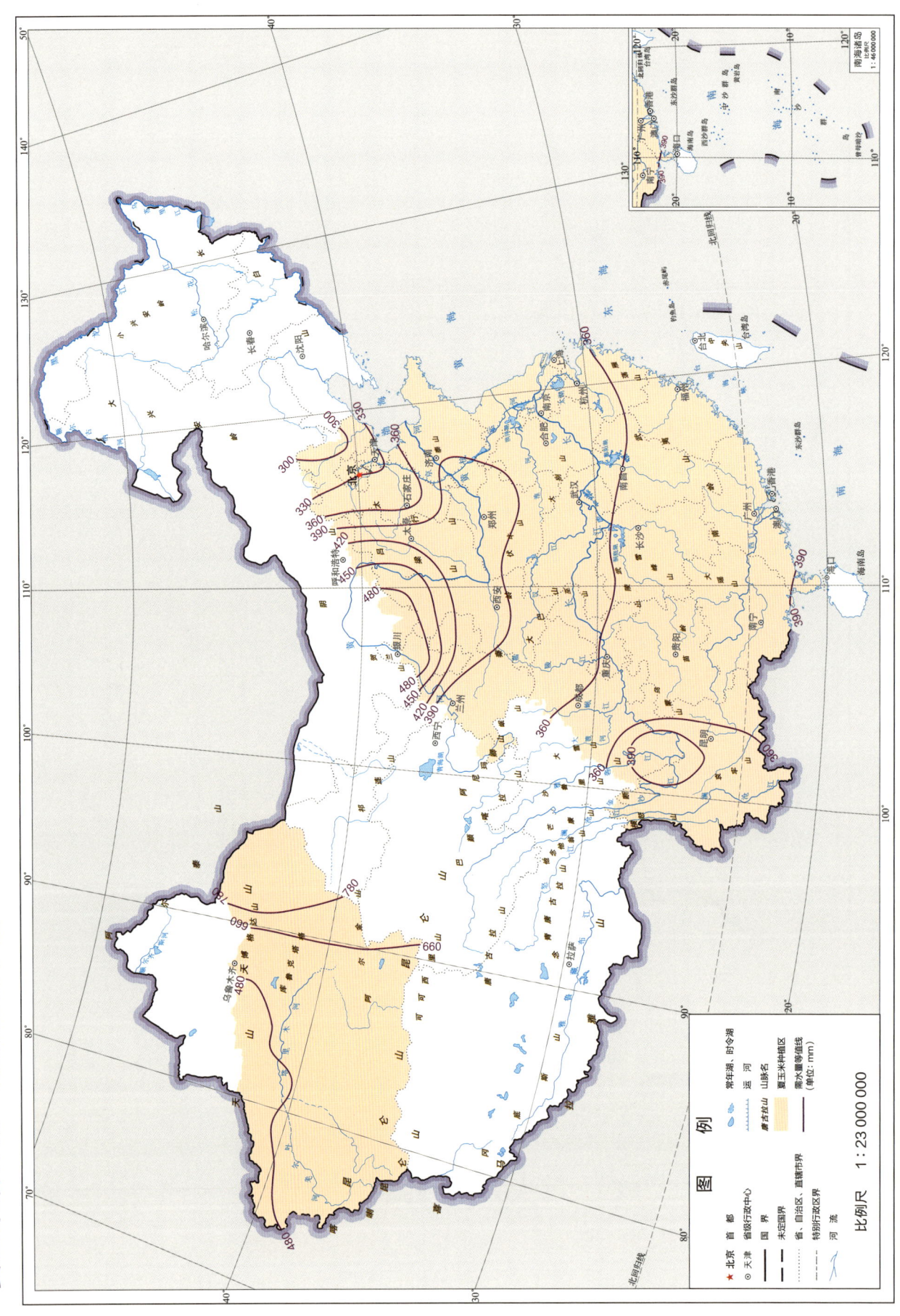

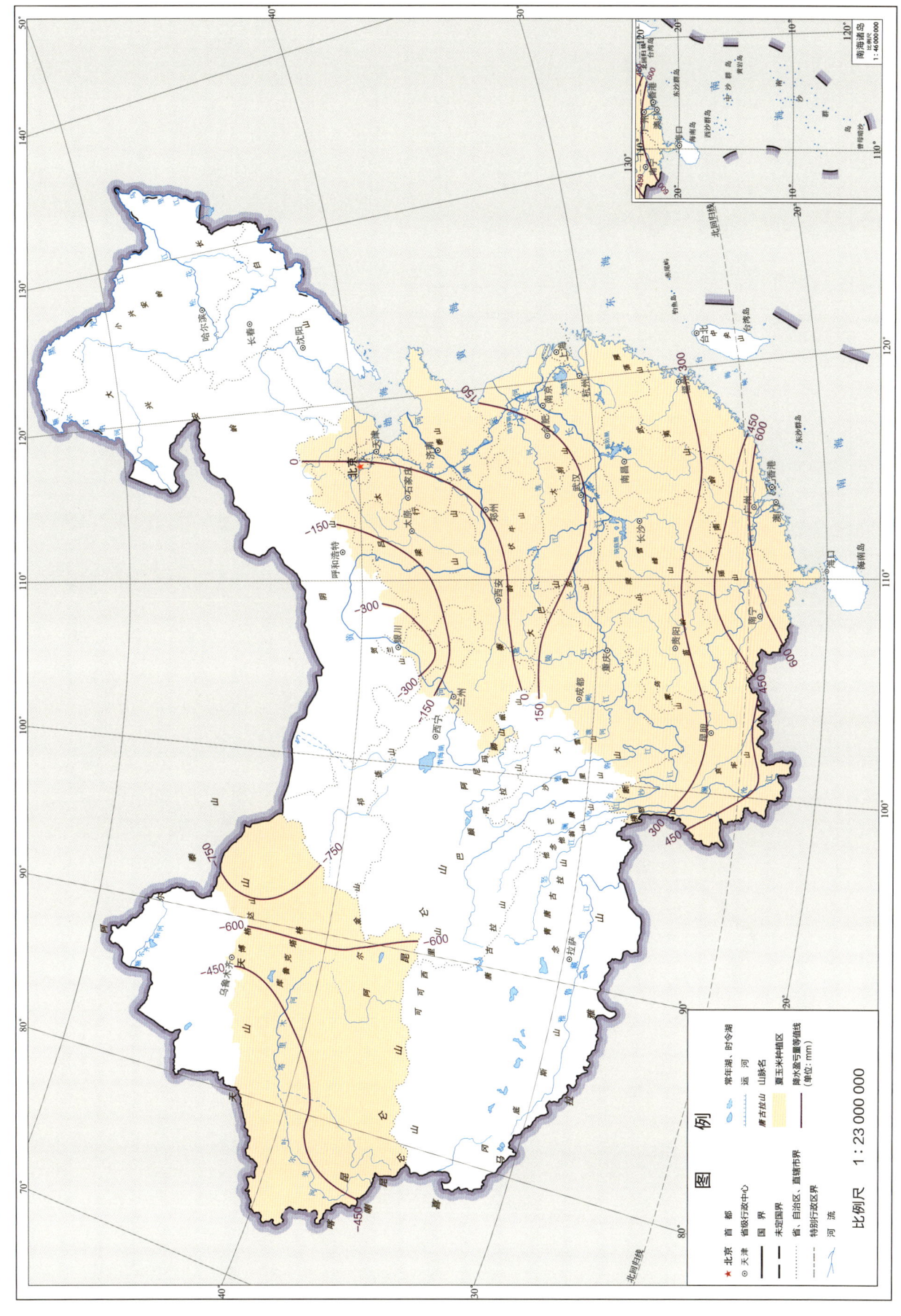

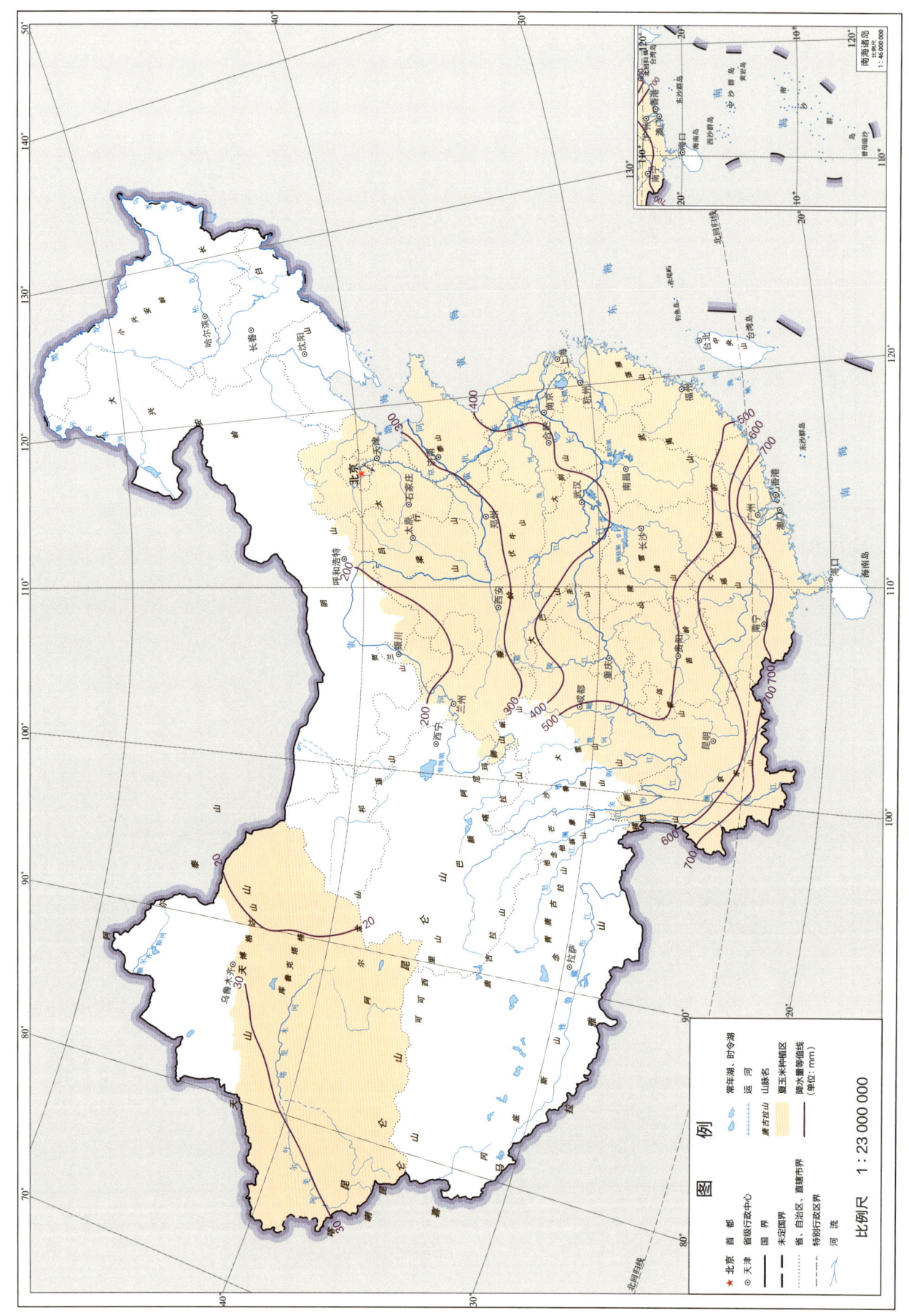

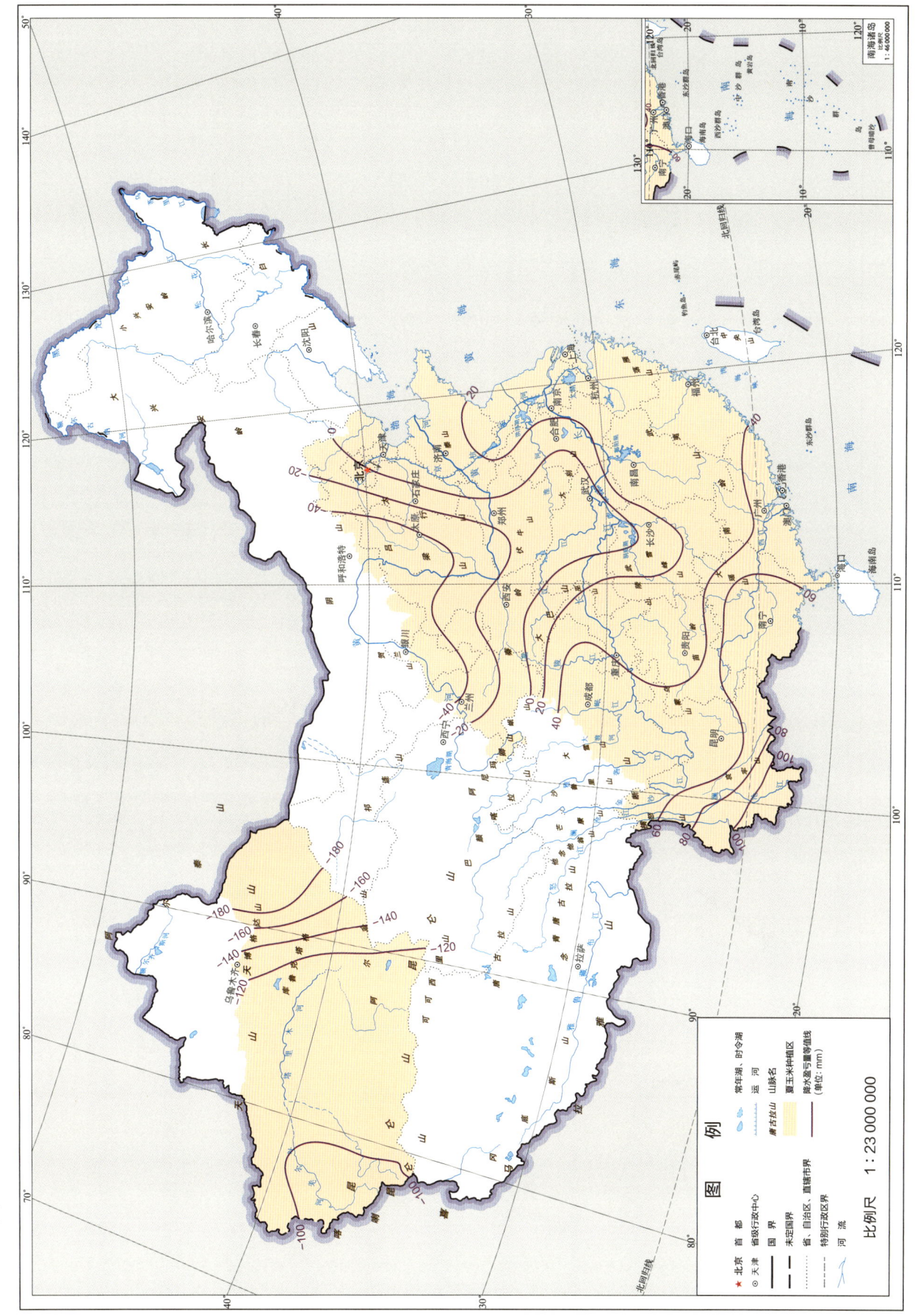
75%降水保证率夏玉米播种期—成熟期降水盈亏量

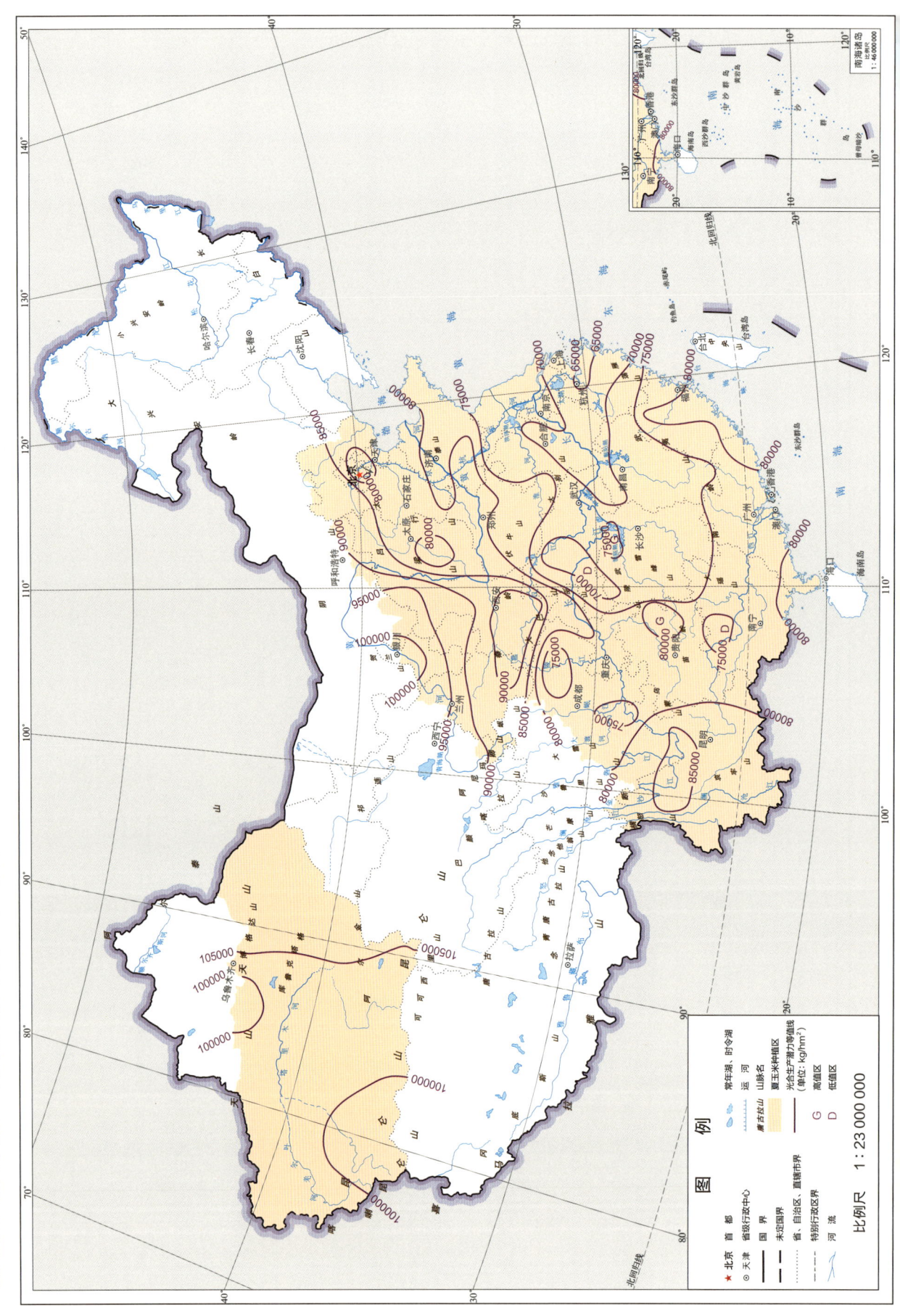

夏玉米播种期—成熟期光合生产潜力

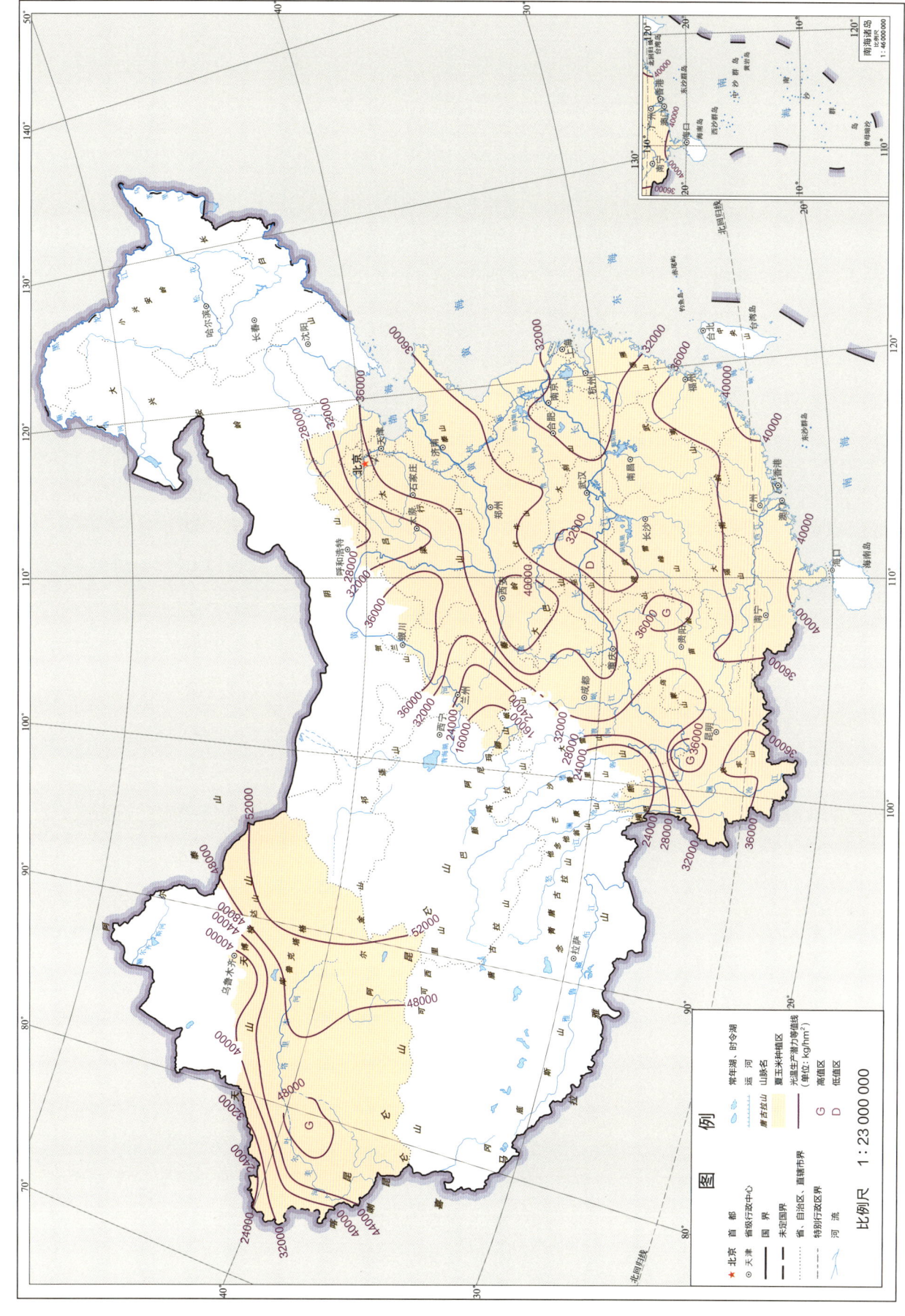

2.2.2 夏玉米播种期—拔节期

21世纪10年代，夏玉米播种期—拔节期日数一般为30~50 d。西南地区夏玉米播种期—拔节期历时较长，>50 d；新疆地区夏玉米播种期—拔节期日数较短，仅为30 d左右；长江下游地区夏玉米播种期—拔节期日数<30 d，并以此为中心向四周逐渐增加，北方、南方均>40 d。

夏玉米播种期—拔节期是促进壮苗早发，促进成熟，增加穗粒数和千粒重的关键时期。水分是作物赖以生存和生长的重要物质基础，缺水会导致玉米颗粒无收，因此在种植夏玉米的过程中，既要注意浇水抗旱，又要注意防涝。在夏玉米东部种植区，1981—2010年，夏玉米播种期—拔节期日照时数、日照百分率总体由北往南呈现逐渐减少的变化趋势，变化范围分别为200~300 h和30%~60%。高值区分布在宁夏银川和吴忠地区，低值区分布在四川都江堰地区。夏玉米播种期—拔节期≥0℃、≥5℃、≥10℃、≥15℃和≥20℃积温自西北向东南逐渐增加，变化范围分别为600~1200℃·d、600~1200℃·d、600~1200℃·d、600~1200℃·d和200~1200℃·d，高值区分布在长江中下游及以南地区，低值区分布在西北灌溉玉米区。平均温度自西北向东南逐渐增加，变化范围为16~26℃，高值区分布在黄淮海玉米区、长江流域以南广大地区，低值区分布在西北灌溉玉米区。夏玉米播种期—拔节期降水量自西北向东南呈现逐渐递增的变化趋势，变化范围从<120 mm增加到>420 mm。需水量自西北向东北、东南呈现逐渐减少的变化趋势，变化范围从<105 mm增加到>225 mm。夏玉米播种期—拔节期降水盈亏量自西北向东南呈现逐渐增加的变化趋势。河北滦平—北京—河北衡水—河南郑州—卢氏县—陕西商洛—留坝县—甘肃陇南一线为夏玉米播种期—拔节期降水盈亏量0 mm等值线，水分供需基本平衡。夏玉米播种期—拔节期降水盈亏量0 mm等值线往西北降水亏缺量增加，宁夏北部、陕西和内蒙古交界地区降水亏缺量>300 mm，水分不足。黄淮地区降水盈余量为0~150 mm。长江流域以南地区降水较充足，降水盈余量>150 mm，广西西北和广东地区降水盈余量>600 mm。

新疆地区夏玉米播种期—拔节期日照充足，日照百分率较高。≥0℃、≥5℃、≥10℃、≥15℃和≥20℃积温分别为600~800℃·d、600~800℃·d、400~800℃·d、600℃·d左右和400~600℃·d。平均温度自西向东呈现逐渐增加的变化趋势，变化范围为16~26℃。降水量自西向东呈现逐渐降低的变化趋势，需水量自西向东呈现逐渐增加的变化趋势，降水量严重不足，不能满足夏玉米播种期—拔节期的水分需求。降水盈亏量自西北向东呈现逐渐减少的变化趋势，变化范围从＜-240 mm 逐渐增加到＞-150 mm，是降水亏缺量全国最高的地区，水分严重不足。

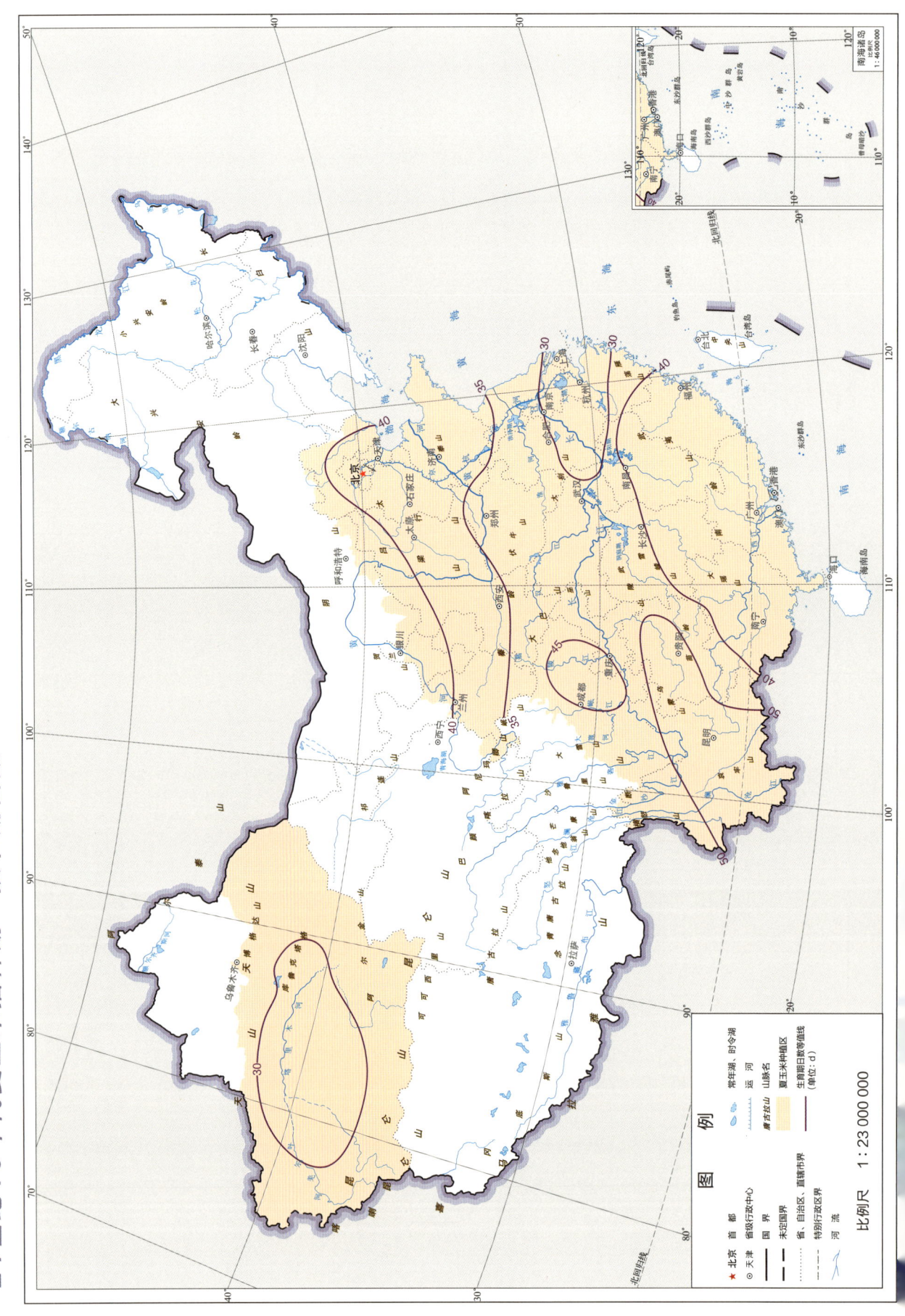

21世纪10年代夏玉米播种期—拔节期日数

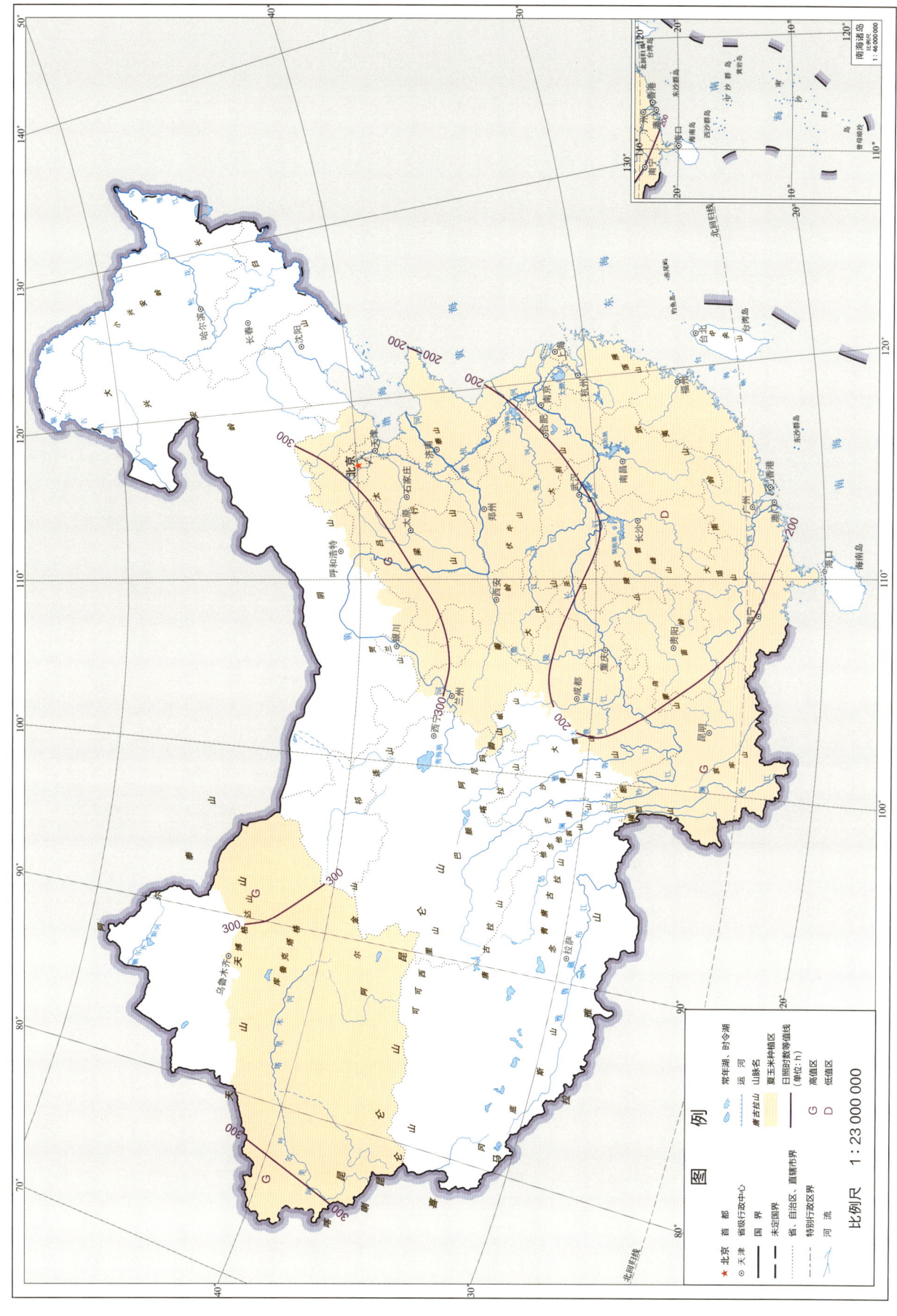

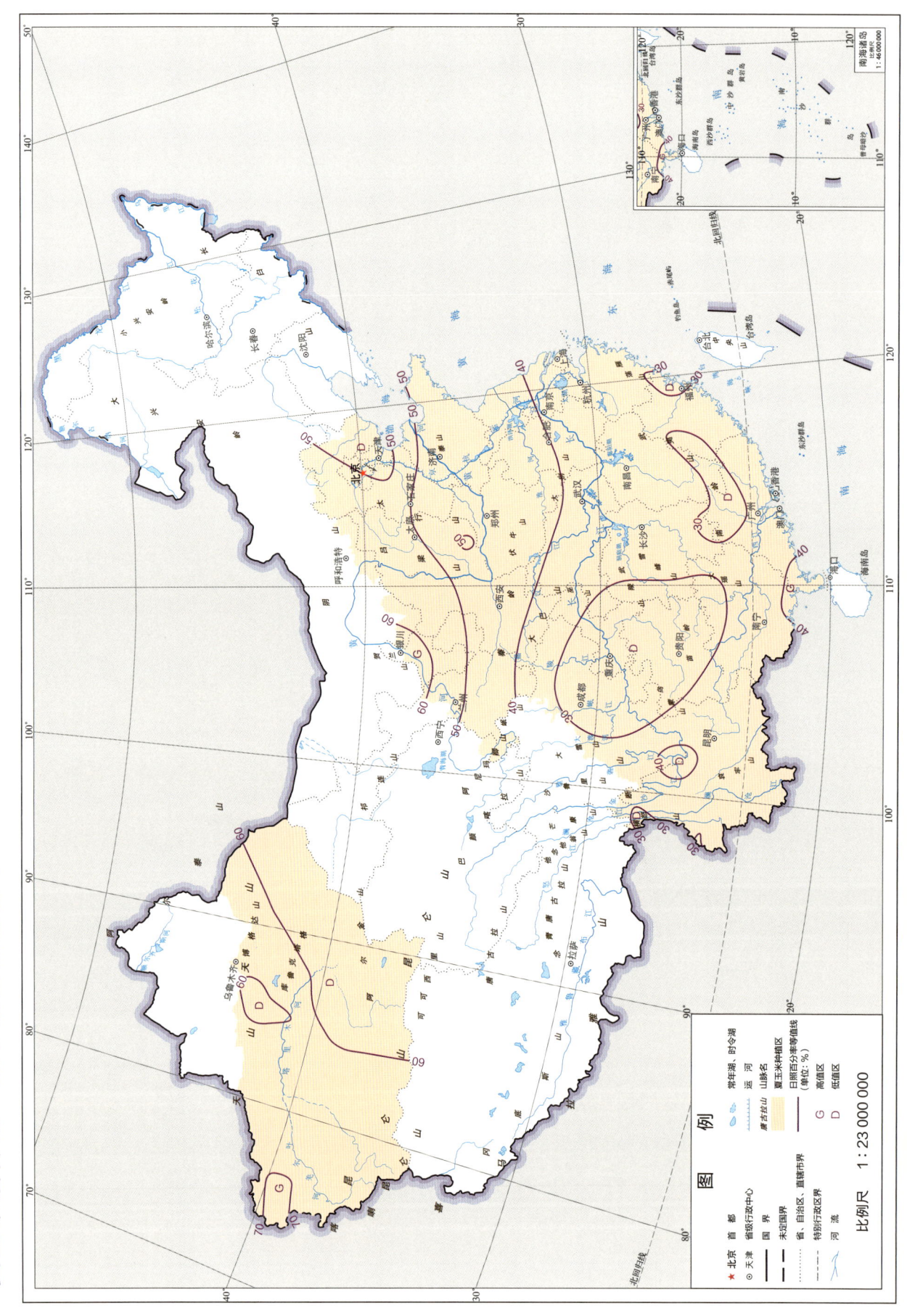

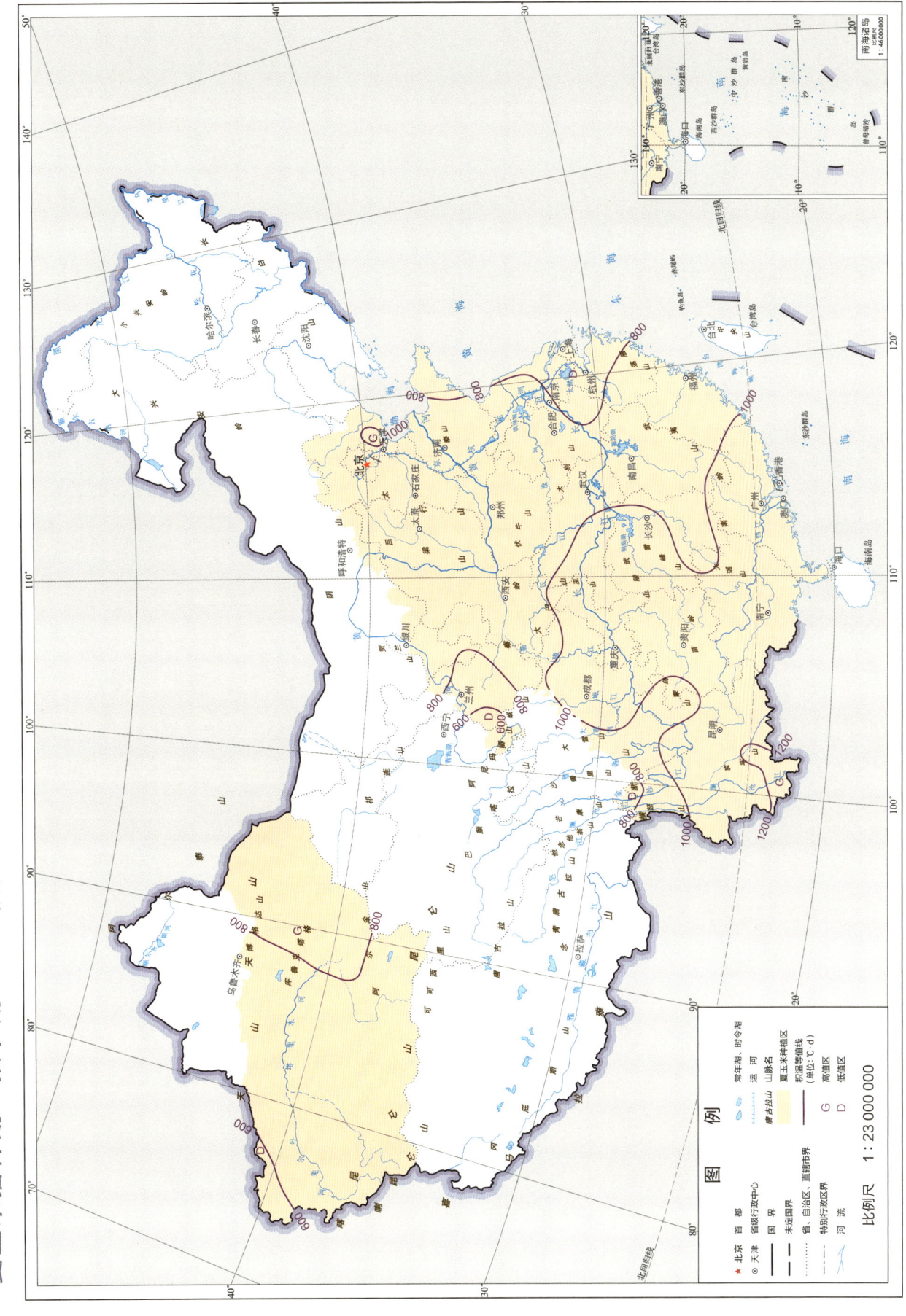

夏玉米播种期—拔节期≥0℃积温

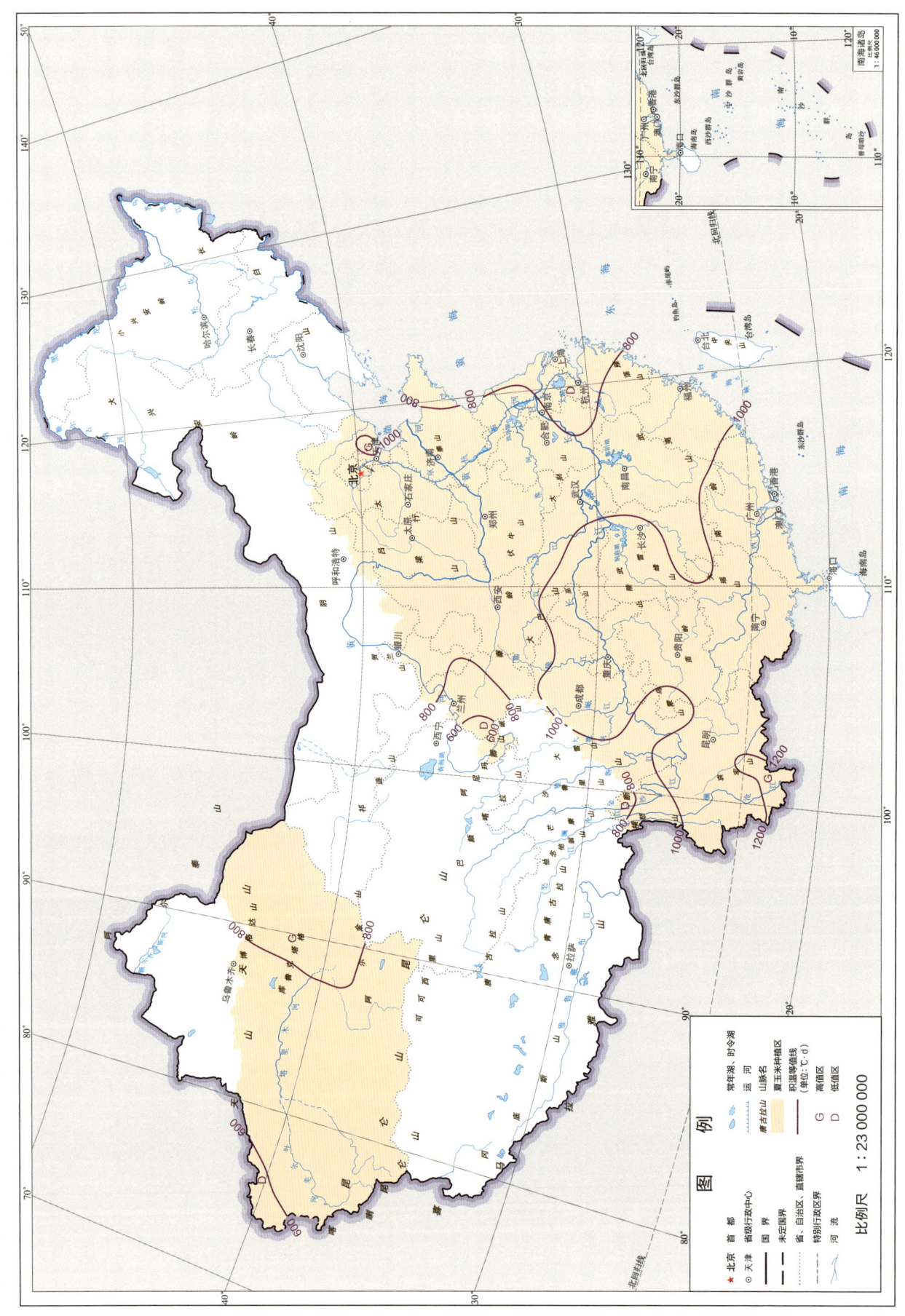

夏玉米播种期—拔节期≥10℃积温

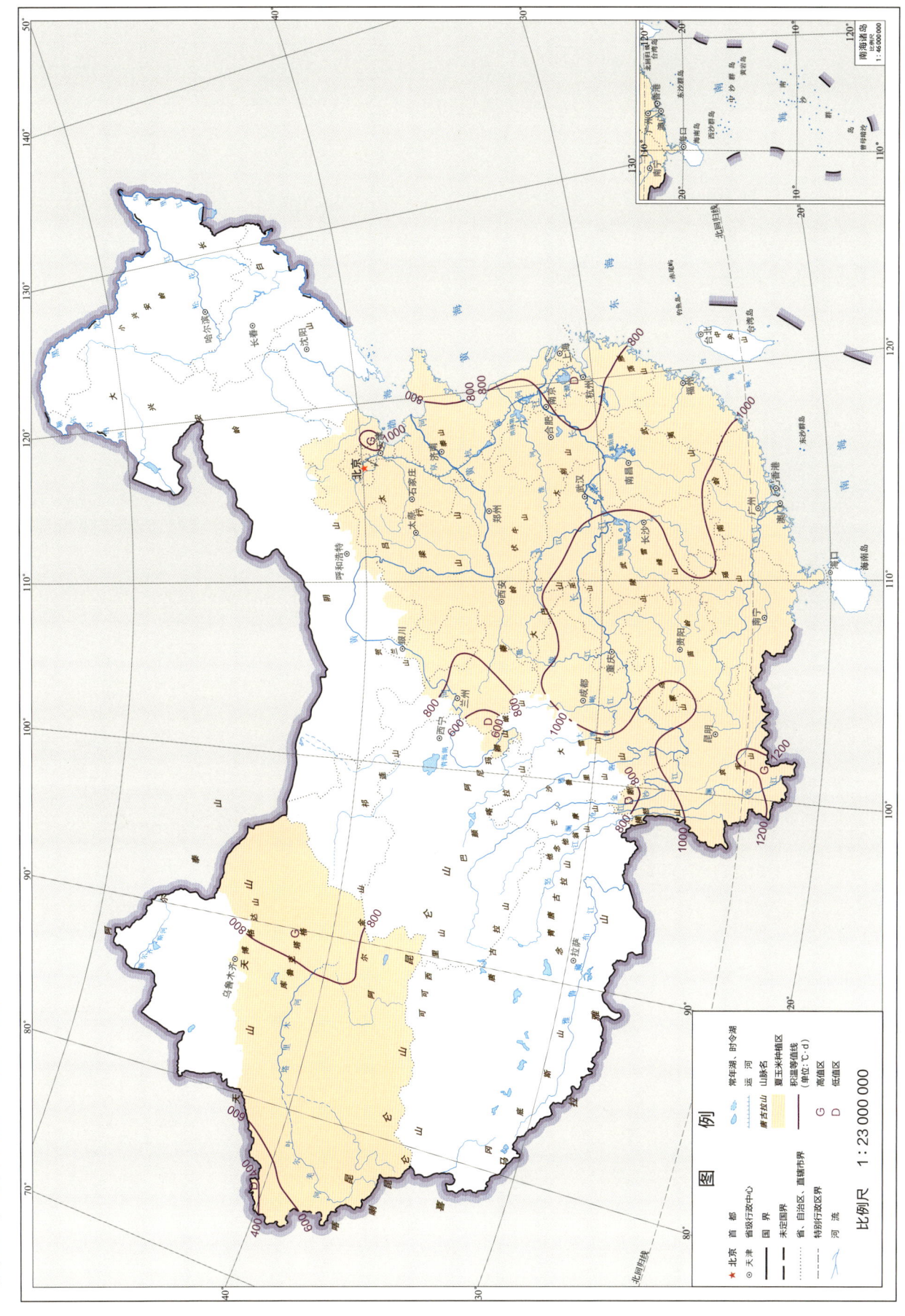

2 夏玉米 131

夏玉米播种期—拔节期≥15℃积温

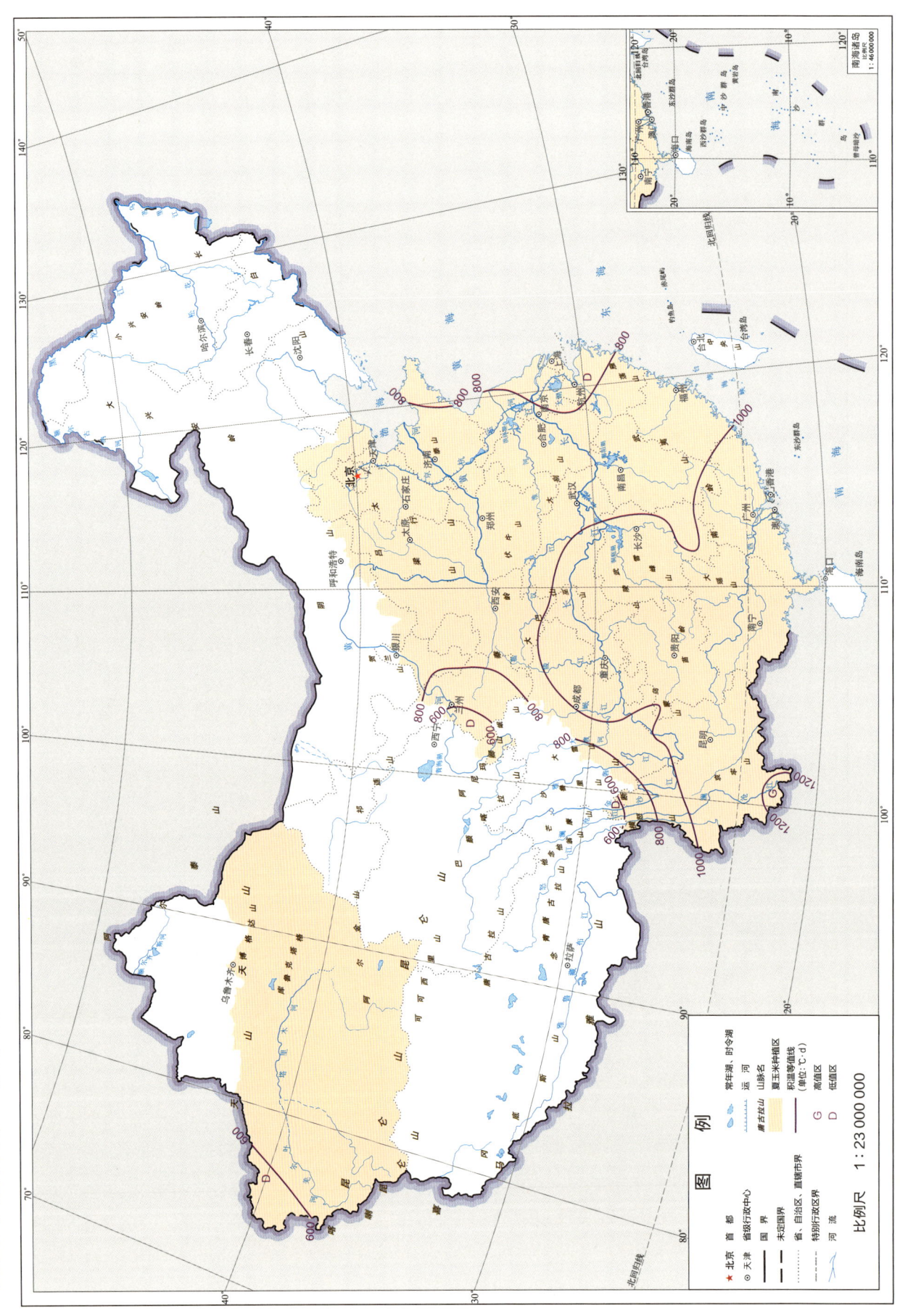

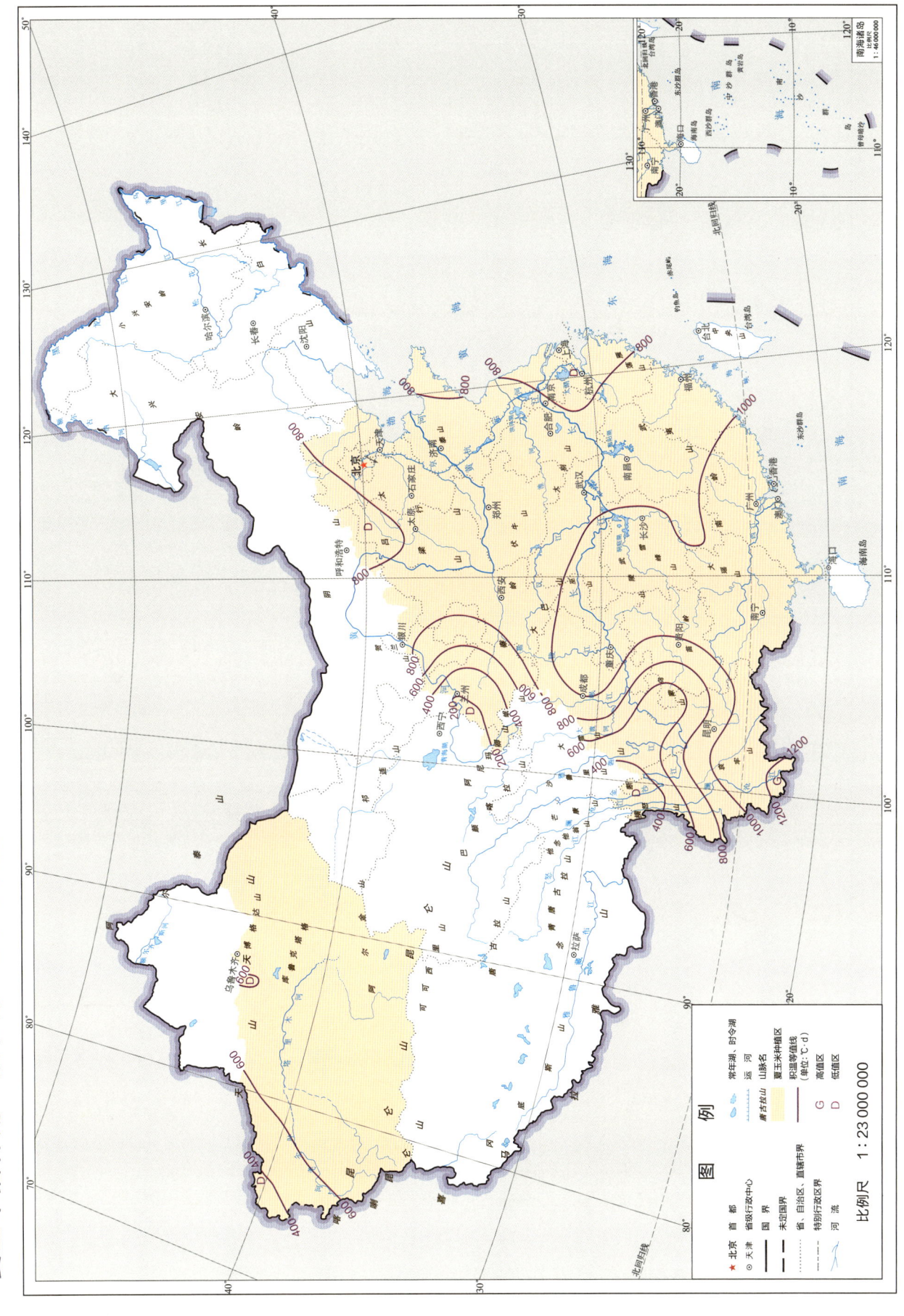

夏玉米播种期—拔节期平均温度

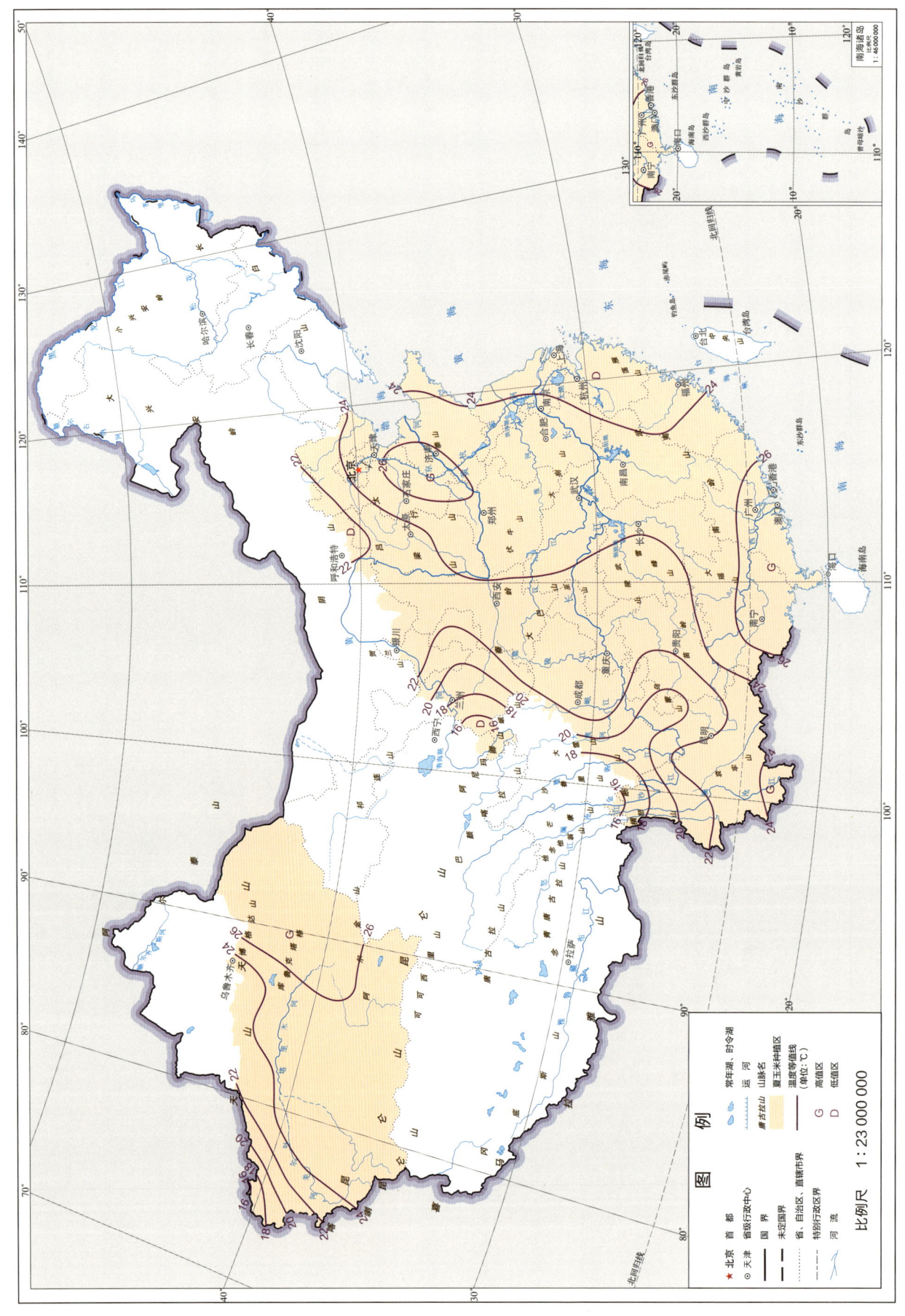

夏玉米播种期—拔节期降水量

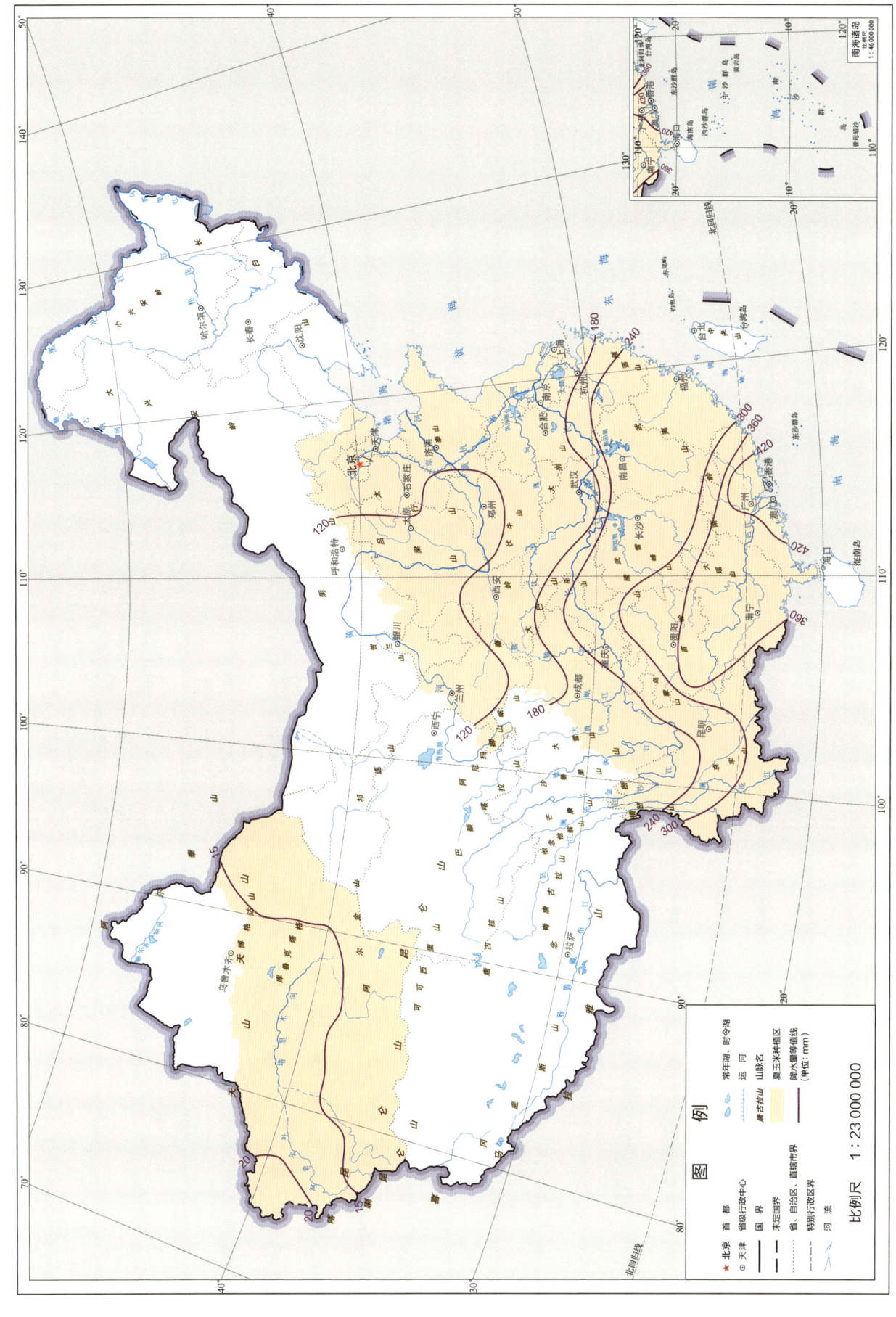

2 夏玉米

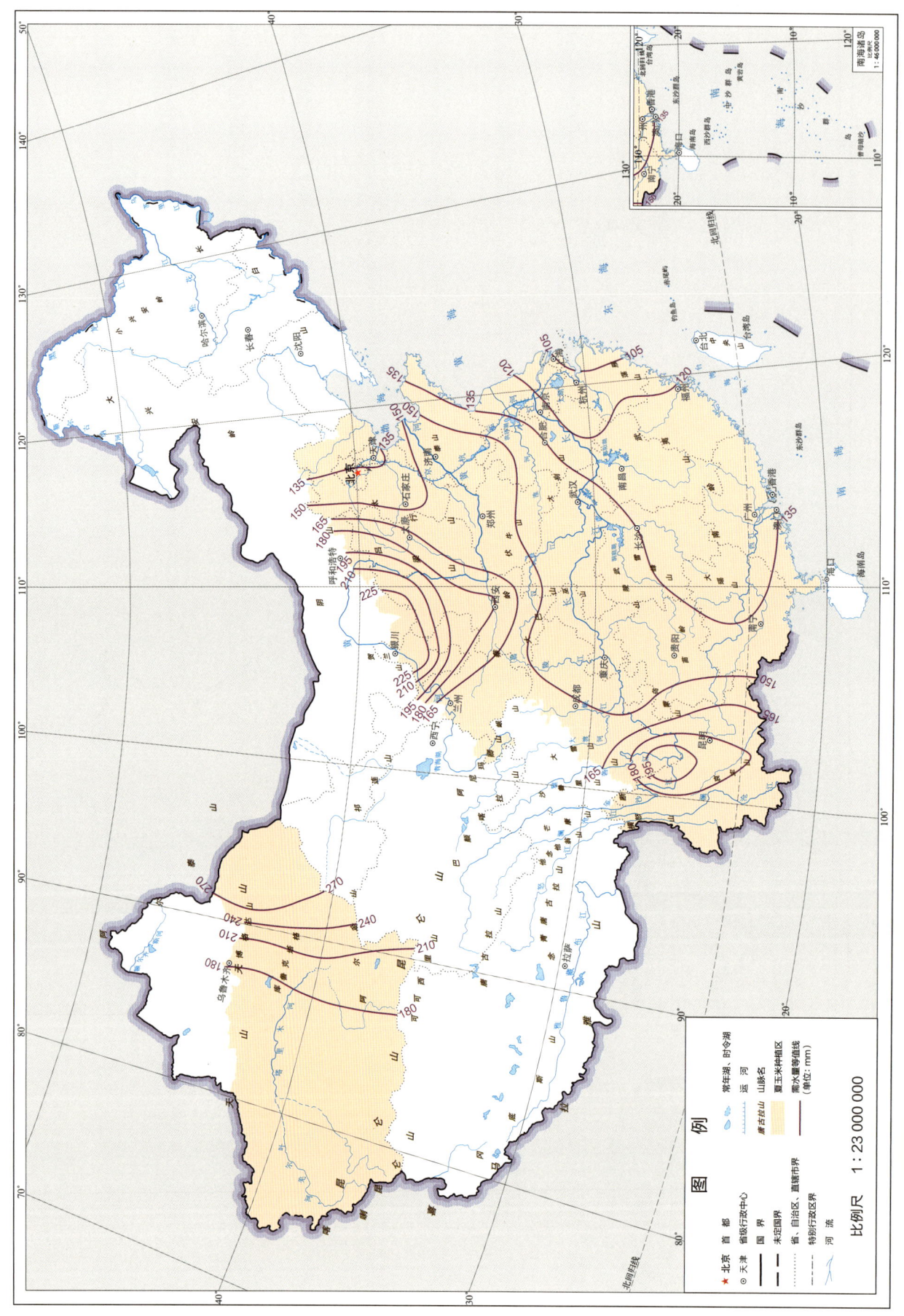
夏玉米播种期—拔节期需水量

夏玉米播种期—拔节期降水盈亏量

2.2.3 夏玉米拔节期—抽雄期

21世纪10年代,夏玉米拔节期—抽雄期日数一般为20～30 d,河南大部分地区>30 d,广西、广东、福建大部分地区<20 d。

在夏玉米东部种植区,1981—2010年,夏玉米拔节期—抽雄期日照时数、日照百分率由北往南呈现逐渐减少的变化趋势,变化范围分别为100～200 h和30%～60%。高值区分布在西北种植区,低值区分布在西南山地玉米区。夏玉米拔节期—抽雄期≥0℃、≥5℃、≥10℃、≥15℃和≥20℃积温自西北向东南逐渐增加,高值区分布在长江中下游及以南地区,低值区分布在西北种植区及云南西部地区。平均温度自西北向东南呈现逐渐增加的变化趋势,变化范围为16～28℃,高值区分布在黄淮海种植区及长江流域以南广大地区,低值区分布在西北种植区。夏玉米拔节期—抽雄期降水量自西北向东南呈现逐渐递增的变化趋势,变化范围从<60 mm增加到>210 mm;需水量从西北向东北、东南呈现逐渐减少的变化趋势,变化范围从<70 mm增加到>110 mm。夏玉米拔节期—抽雄期降水盈亏量从西北向南呈逐渐增加的变化趋势,变化范围从<-60 mm增加到>150 mm。河北怀安—山西繁峙—运城—陕西西安—甘肃礼县—玛曲一线为夏玉米拔节期—抽雄期降水盈亏量0 mm等值线,水分供需基本平衡。夏玉米拔节期—抽雄期降水盈亏量0 mm等值线往西北降水亏缺量增加,宁夏北部、宁夏和内蒙古交界地区降水亏缺量>60 mm,水分不足。广东南部、广西南部、云南西南以及浙江、安徽和江西三省交界地区降水较充足,降水盈余量>120 mm。云南景洪地区降水盈余量>150 mm,为东部种植区降水盈余量最高的地区。江苏、安徽、浙江、江西北部和福建西北部降水盈余量>90 mm。

新疆地区夏玉米拔节期—抽雄期日照时数为200 h左右,日照百分率为60%左右。新疆地区≥0℃、≥5℃、≥10℃、≥15℃和≥20℃积温均为400℃·d左右。平均温度从西向东呈现逐渐增加的变化趋势,变化范围为16～28℃。降水量自西向东呈现逐渐降低的变化趋势,变化范围从<10 mm增加到>15 mm;需水量自西北向东呈现逐渐增加的变化趋势,变化范围从<120 mm增加到>200 mm,降水量不能满足夏玉米拔节期—抽雄期的水分需求,是全国需水量最高的地区。降水盈亏量自西向东呈现逐渐减少的变化趋势,变化范围从>-120 mm减少到<-180 mm,是降水亏缺量全国最高的地区,水分严重不足,需要补充灌溉以满足夏玉米拔节期—抽雄期的生长需求。

21世纪10年代夏玉米拔节期—抽雄期日数

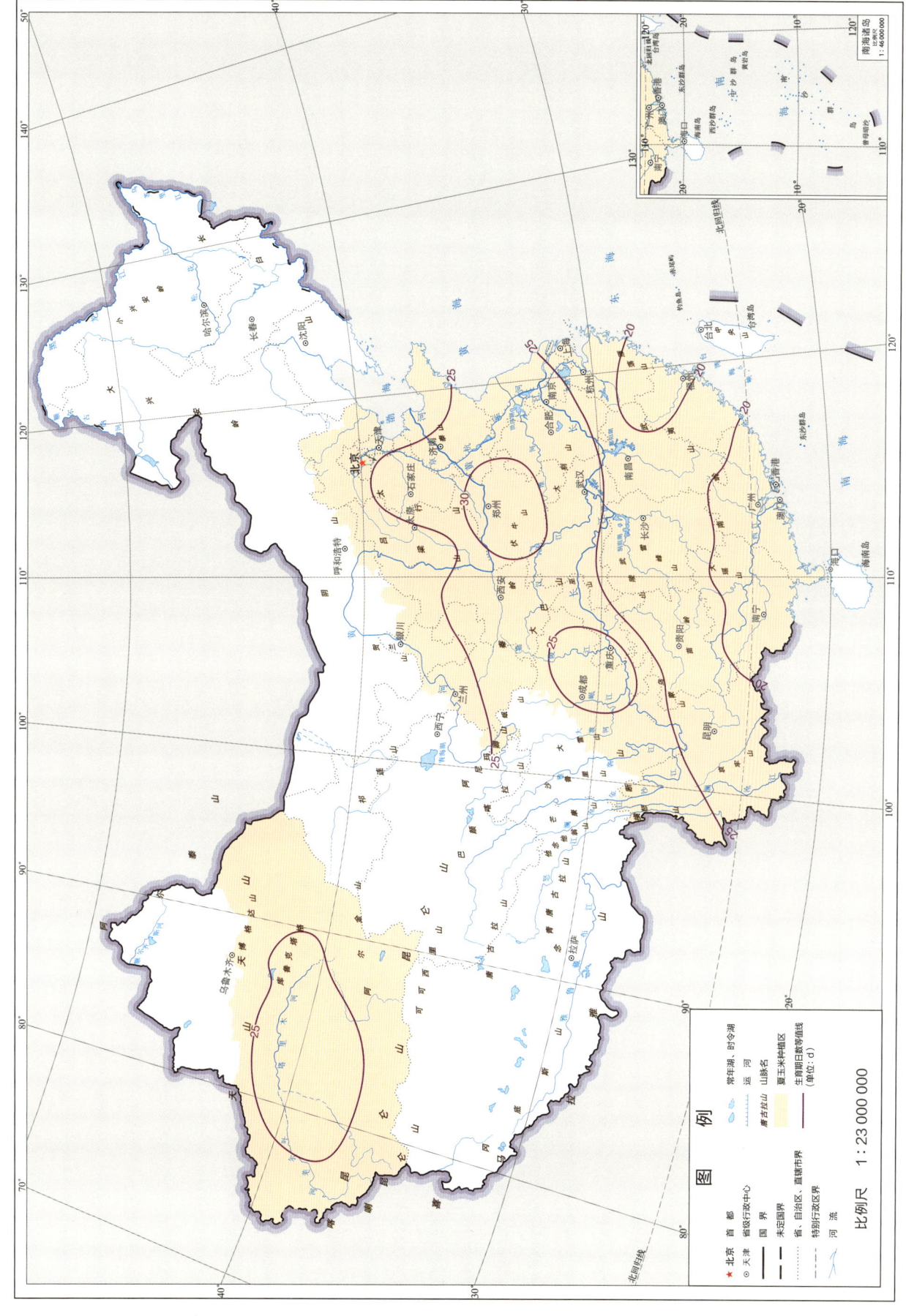

2 夏玉米

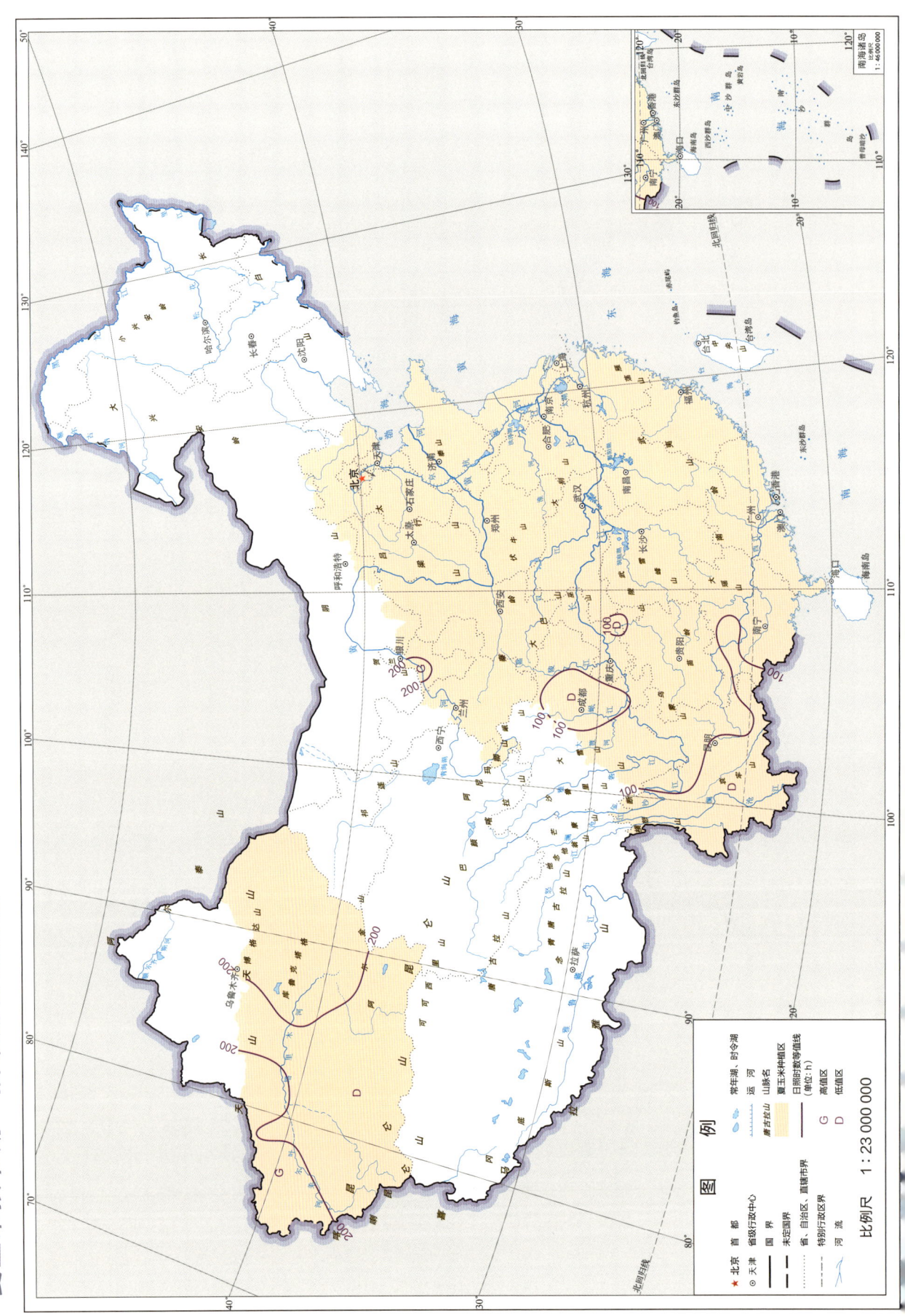

夏玉米拔节期—抽雄期日照时数

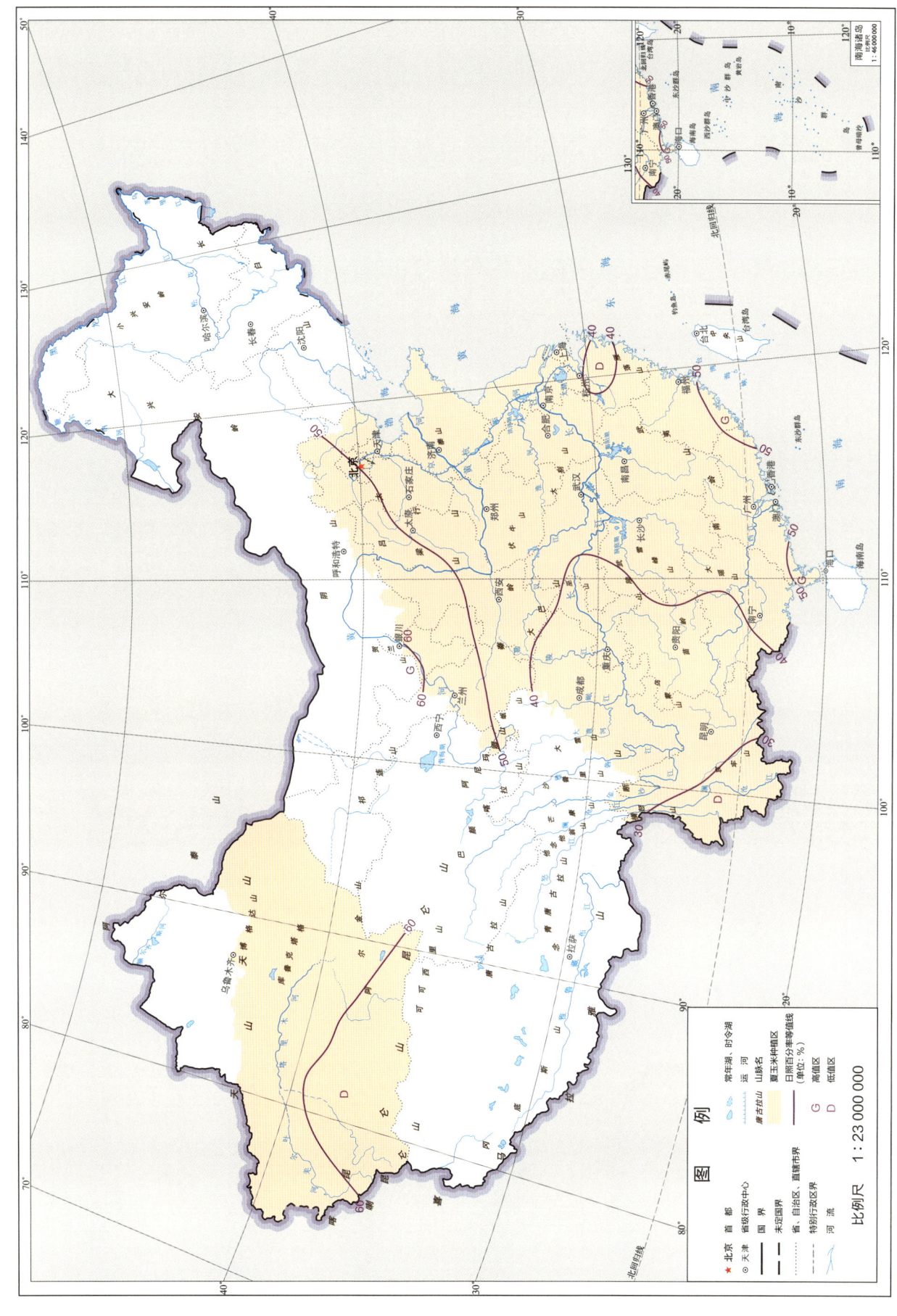

夏玉米拔节期—抽雄期日照百分率

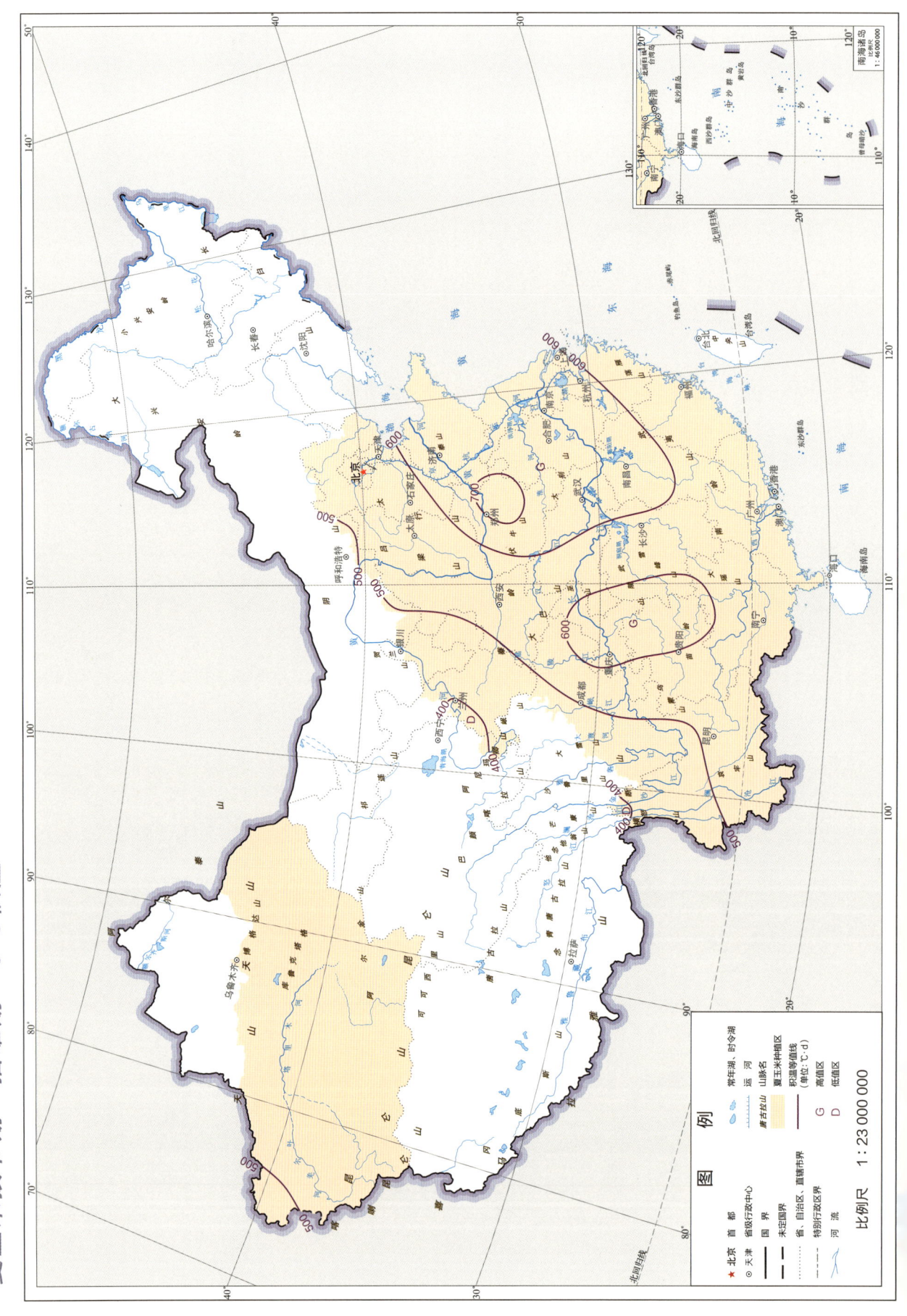

夏玉米拔节期—抽雄期 ≥0℃积温

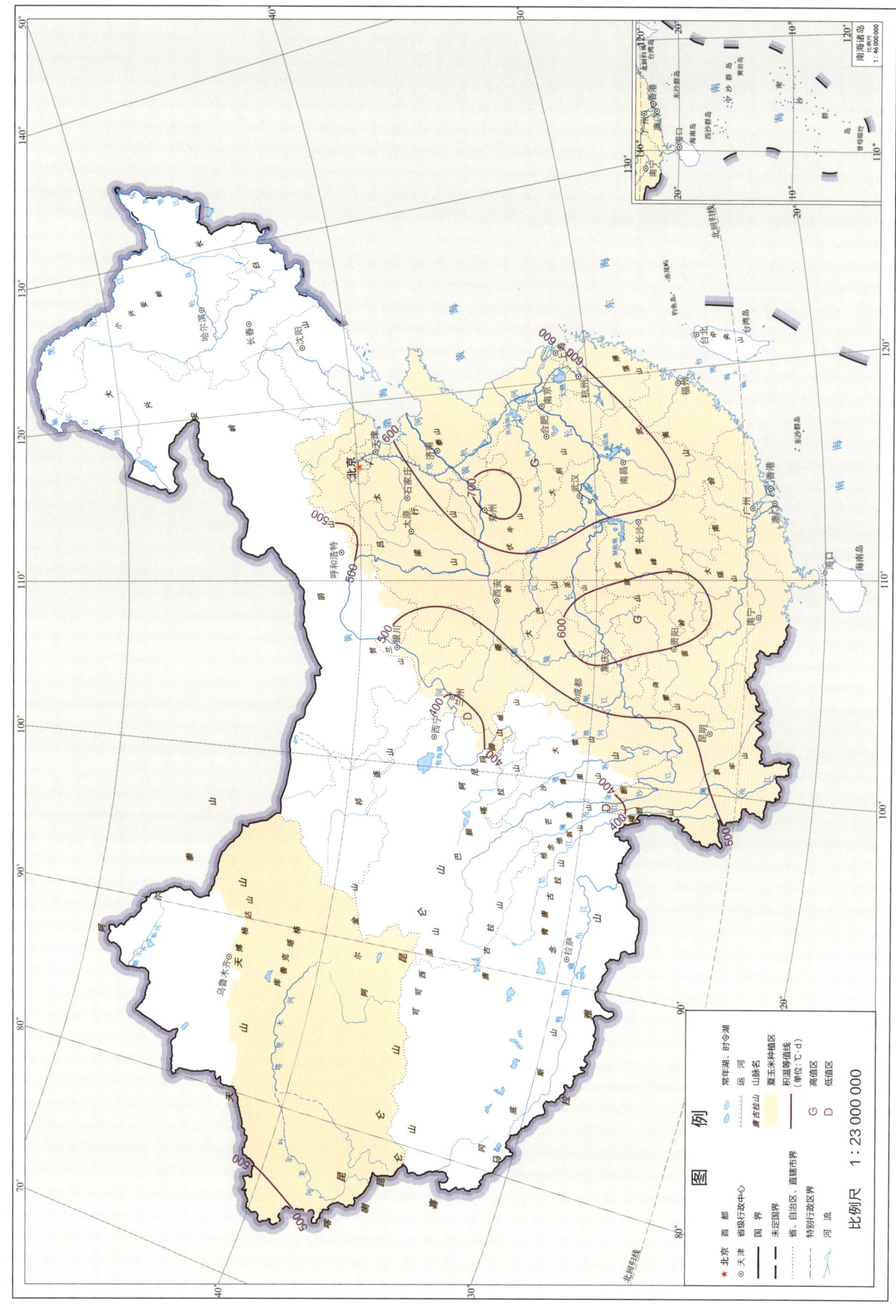

夏玉米拔节期—抽雄期≥5℃积温

夏玉米拔节期—抽雄期≥10℃积温

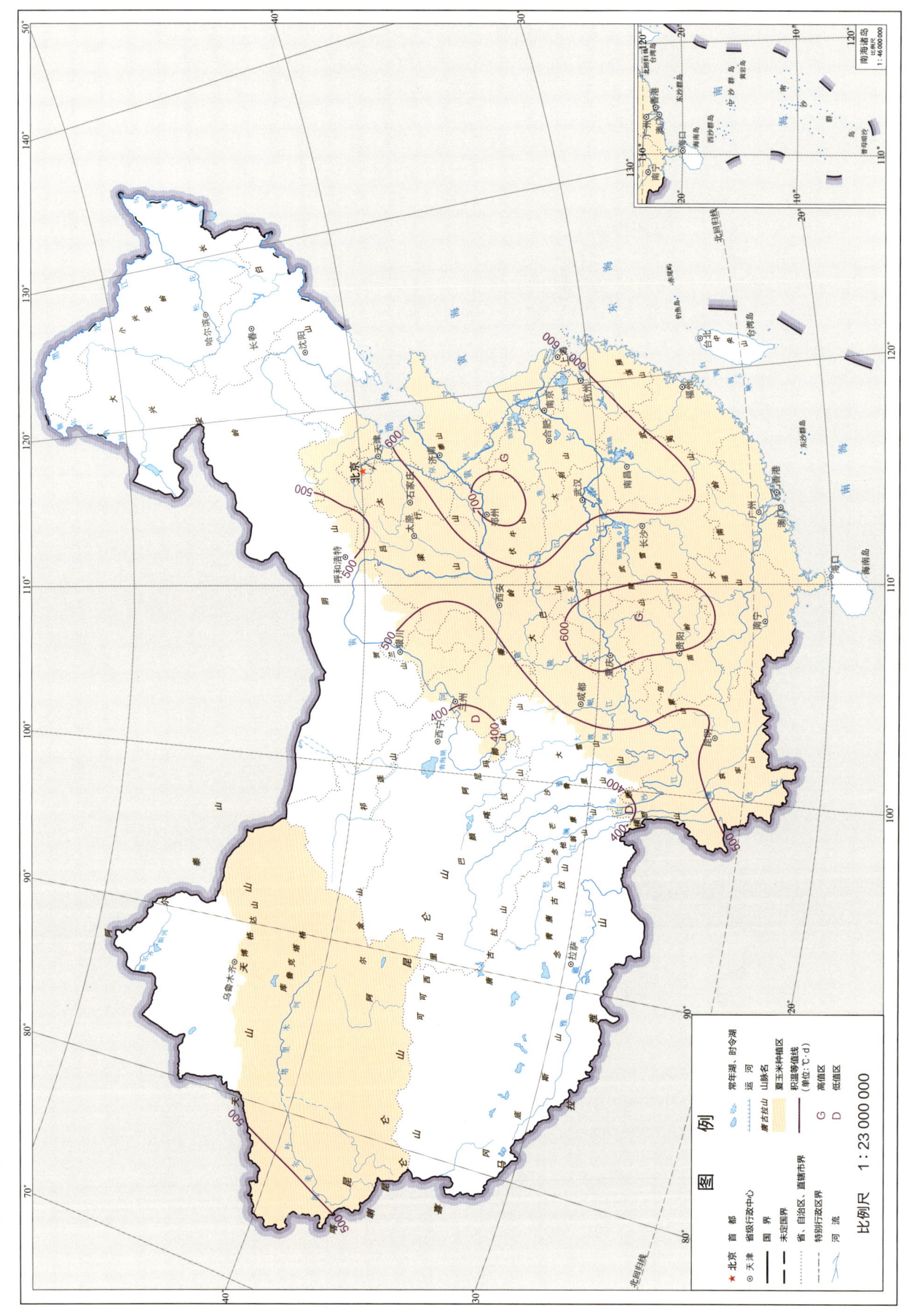

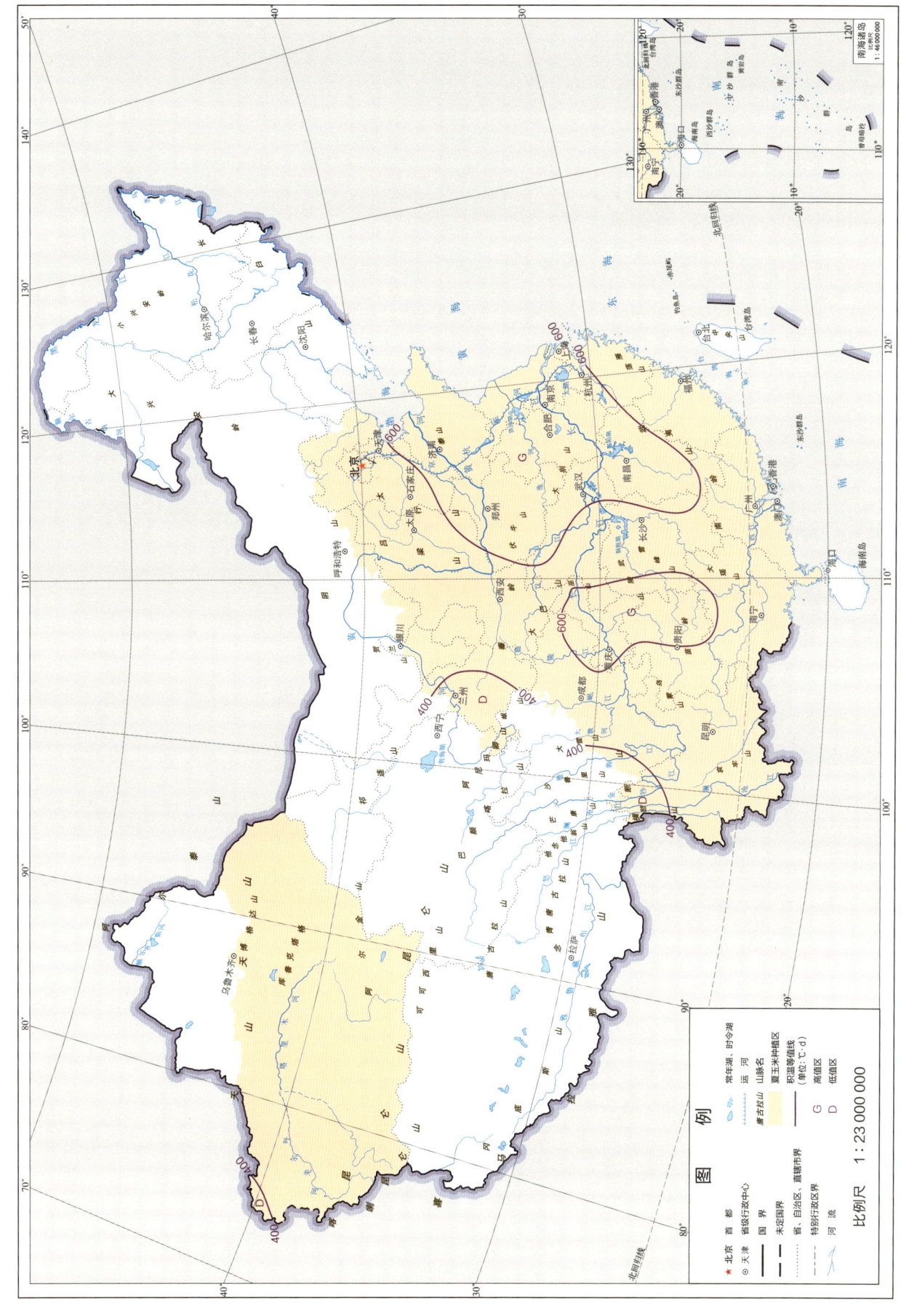
夏玉米拔节期—抽雄期≥15℃积温

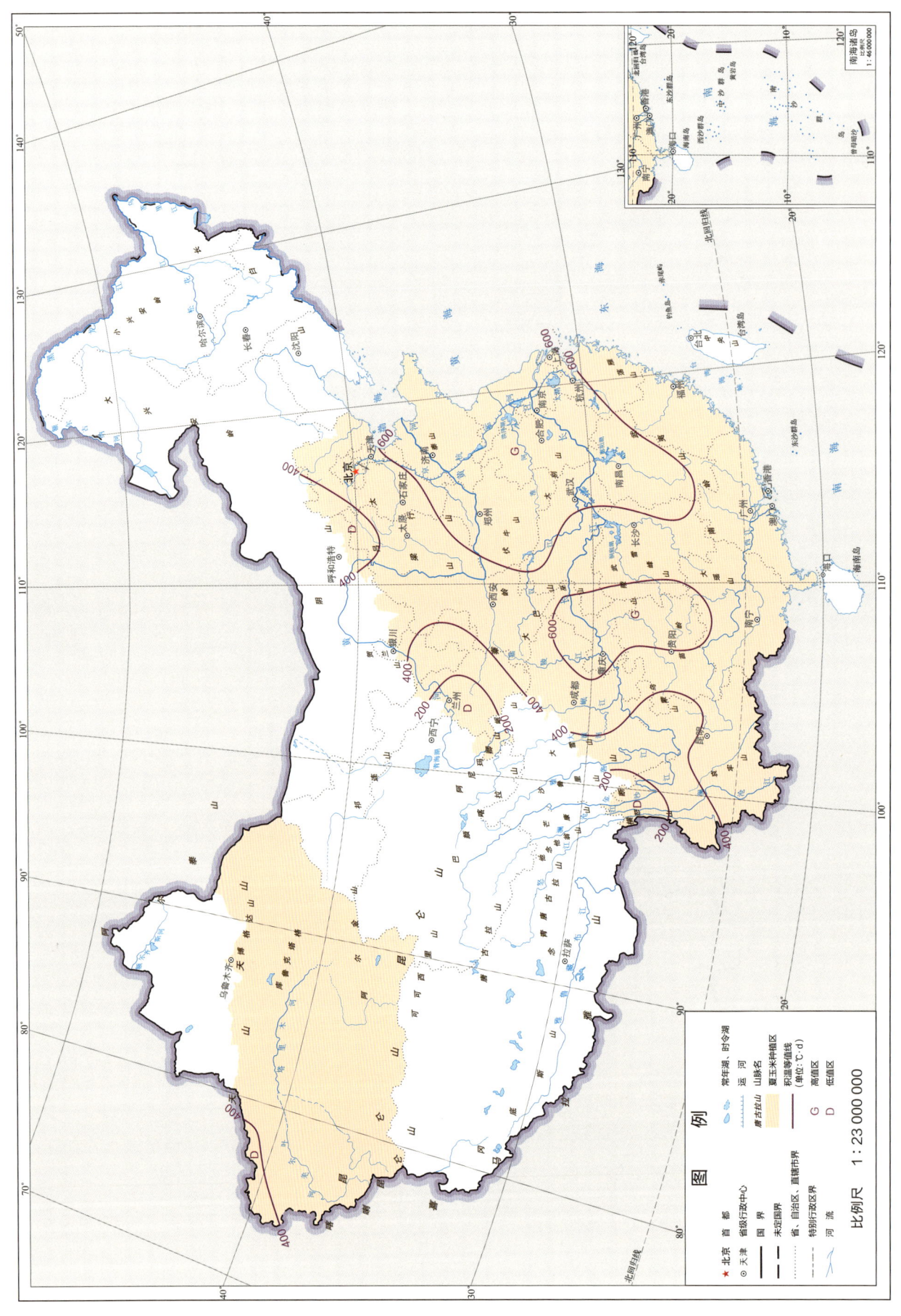

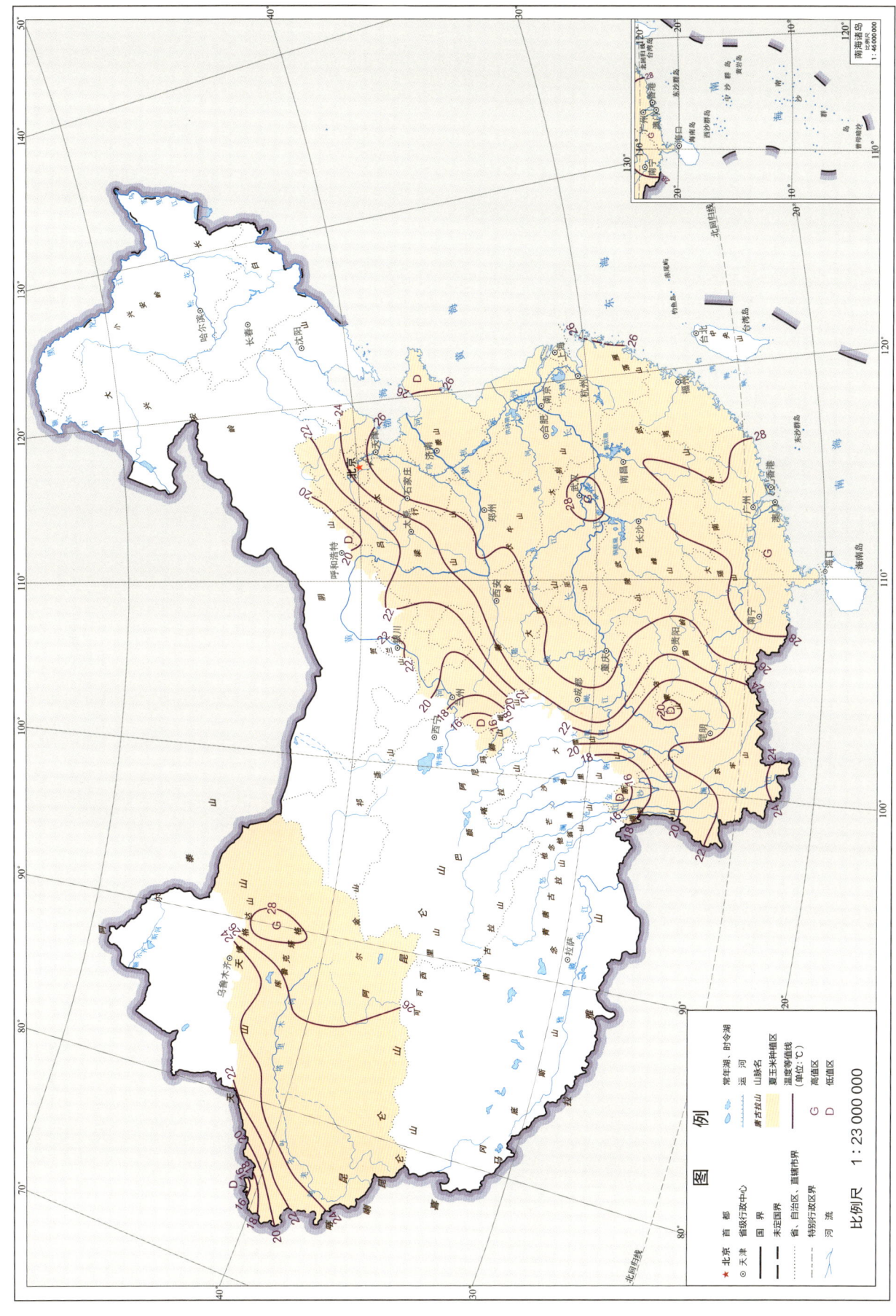
夏玉米拔节期—抽雄期平均温度

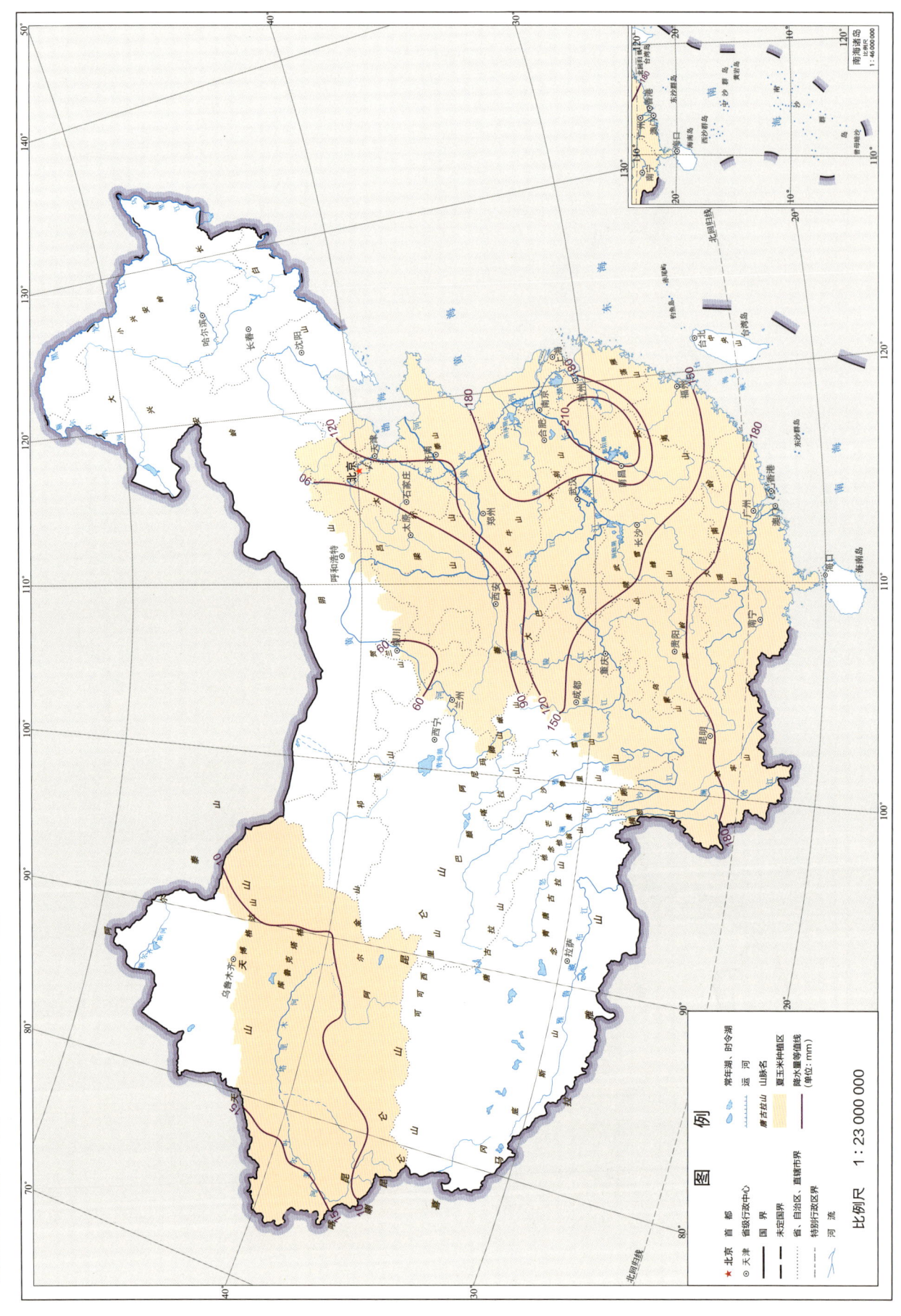

夏玉米拔节期—抽雄期降水量

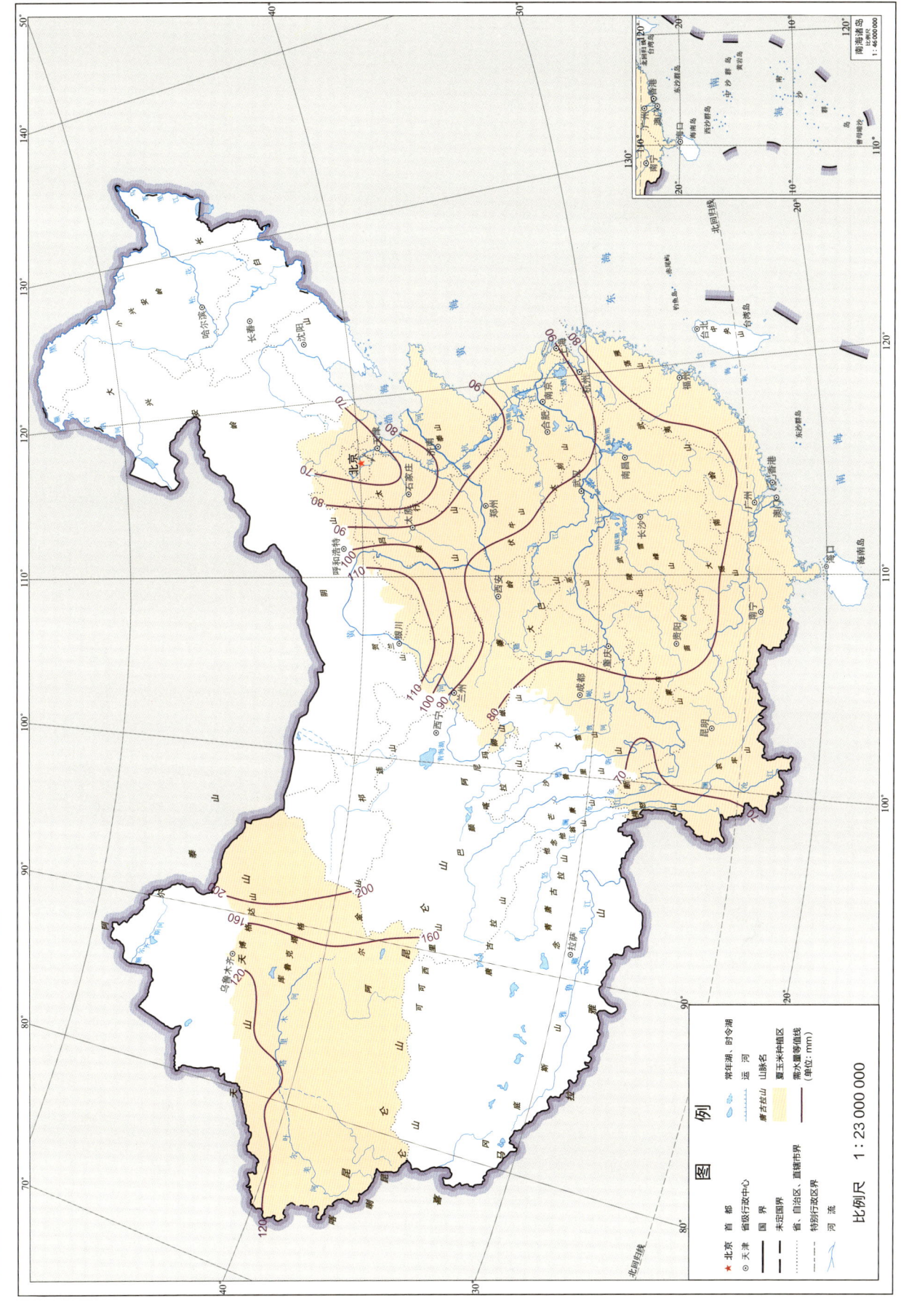

夏玉米拔节期—抽雄期需水量

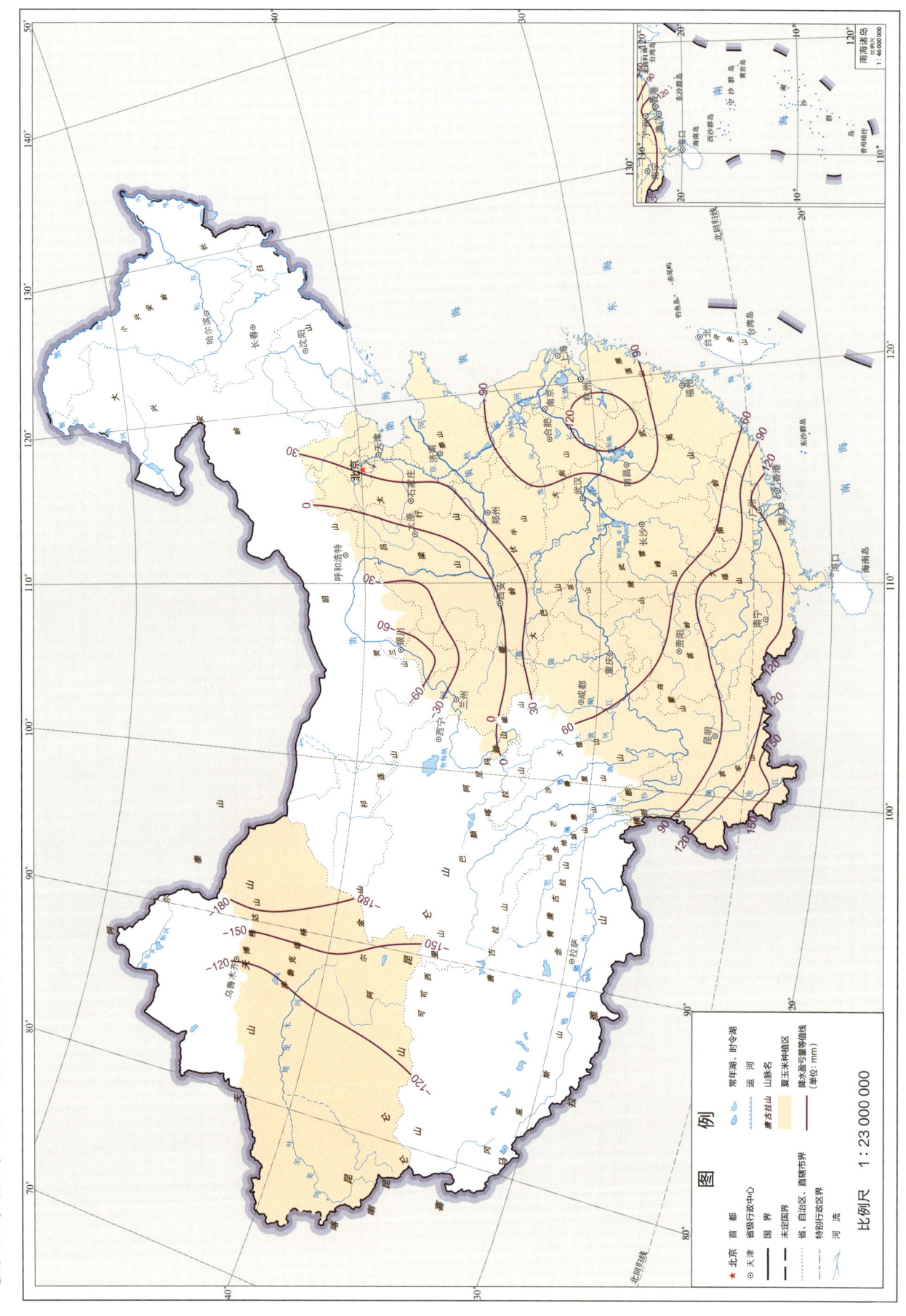

夏玉米拔节期—抽雄期降水盈亏量

2.2.4 夏玉米抽雄期—成熟期

21世纪10年代，夏玉米抽雄期—成熟期日数一般为40~45 d。新疆地区最长，＞50 d；四川、重庆大部分地区最短，＜30 d；云南大部分地区，＜35 d。

在夏玉米东部种植区，1981—2010年，夏玉米抽雄期—成熟期日照时数、日照百分率由北向南呈现逐渐减少的变化趋势，变化范围分别为200~300 h和40%~60%，高值区分布在西北宁夏银川和吴忠种植区，低值区分布在西南山地种植区。≥0℃、≥5℃、≥10℃、≥15℃和≥20℃积温自西北向东南逐渐增加，变化范围分别为600~1000℃·d、600~1200℃·d、400~1000℃·d、200~1000℃·d和200~1000℃·d，高值区分布在长江中下游及以南地区，低值区分布在西北灌溉玉米区。平均温度自西北向东南呈现逐渐增加的变化趋势，变化范围为12~28℃，高值区分布在黄淮海玉米种植区及长江流域以南广大地区，低值区分布在西北地区及云南北部地区。降水量自北向南呈现逐渐递增的变化趋势，变化范围从＜100 mm增加到＞350 mm。需水量从西向东北、东南呈现逐渐减少的变化趋势，变化范围从＜110 mm增加到＞180 mm。夏玉米抽雄期—成熟期降水盈亏量从西北向南呈现逐渐增加的变化趋势，变化范围从＜－60 mm增加到＞240 mm。山东诸城—泰安—河南郑州—三门峡—陕西铜川—甘肃秦安—卓尼一线为夏玉米抽雄期—成熟期降水盈亏量0 mm等值线，水分供需基本平衡。夏玉米抽雄期—成熟期降水盈亏量0 mm等值线往西北降水亏缺量增加，宁夏北部、宁夏和内蒙古交界地区降水亏缺量＞60 mm，水分不足。淮河流域、长江流域地区降水盈余量为0~60 mm。四川西部、云南西部、广西南部、广东南部降水盈余量＞120 mm。广西北海、钦州地区降水盈余量＞240 mm，为东部种植区降水盈余量最高的地区。

新疆地区夏玉米抽雄期—成熟期日照时数为300 h左右，日照百分率为70%左右。≥0℃、≥5℃、≥10℃、≥15℃和≥20℃积温为200~1000℃·d。平均温度从西向东逐渐增加，变化范围为10~22℃。降水量自西北向东南呈现逐渐降低的变化趋势，变化范围从＜10 mm增加到＞20 mm，降水量严重不足，不能满足夏玉米抽雄期—成熟期的水分需求。需水量自西北向东呈现逐渐增加的变化趋势，变化范围从＜200 mm增加到＞360 mm，是全国需水量最高的地区。降水盈亏量自西北向东呈现逐渐减少的变化趋势，变化范围从＞－180 mm减少到＜－300 mm，是全国降水亏缺量最高的地区，水分严重不足，需补充灌溉以满足夏玉米抽雄期—成熟期的生长需求。

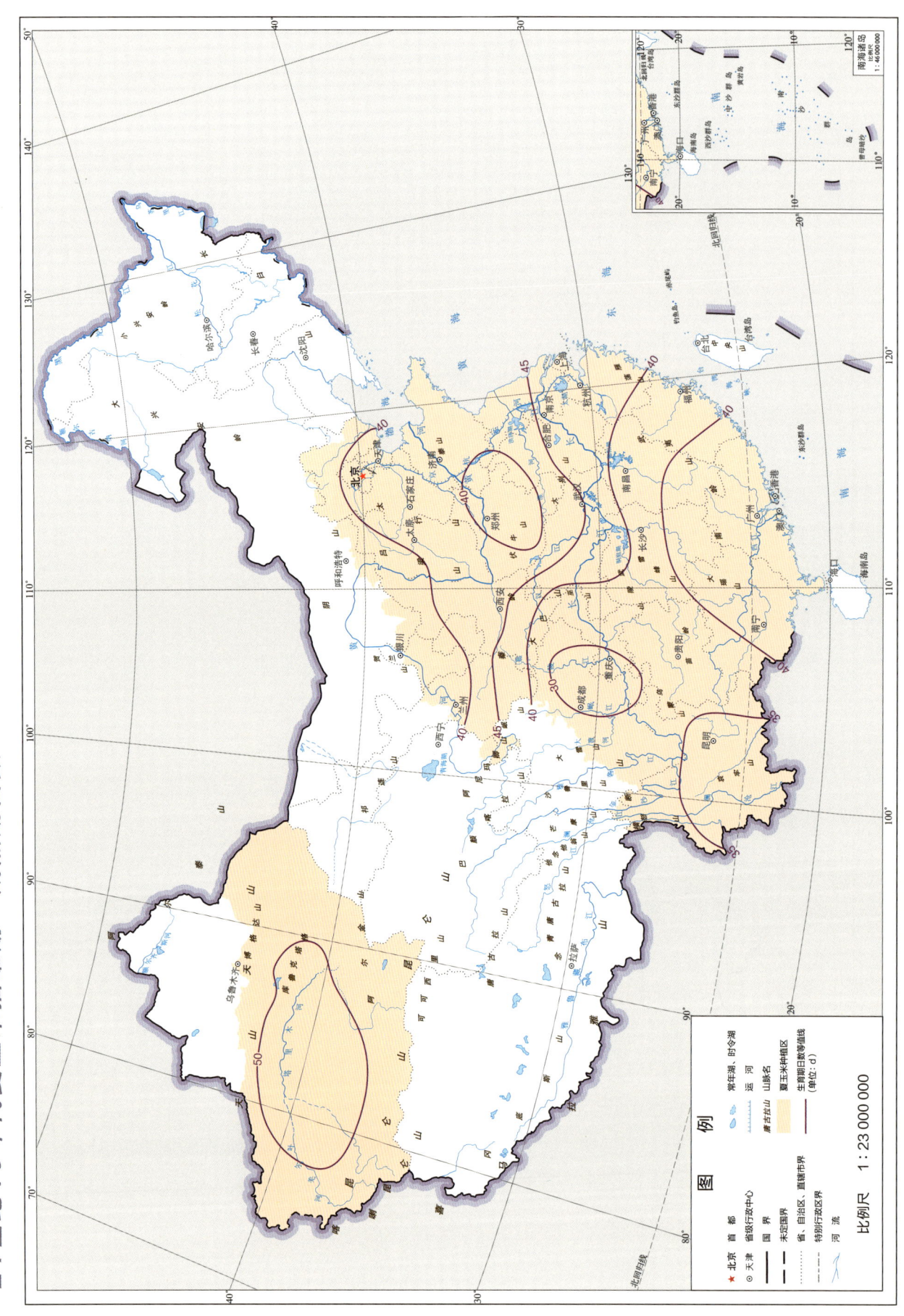

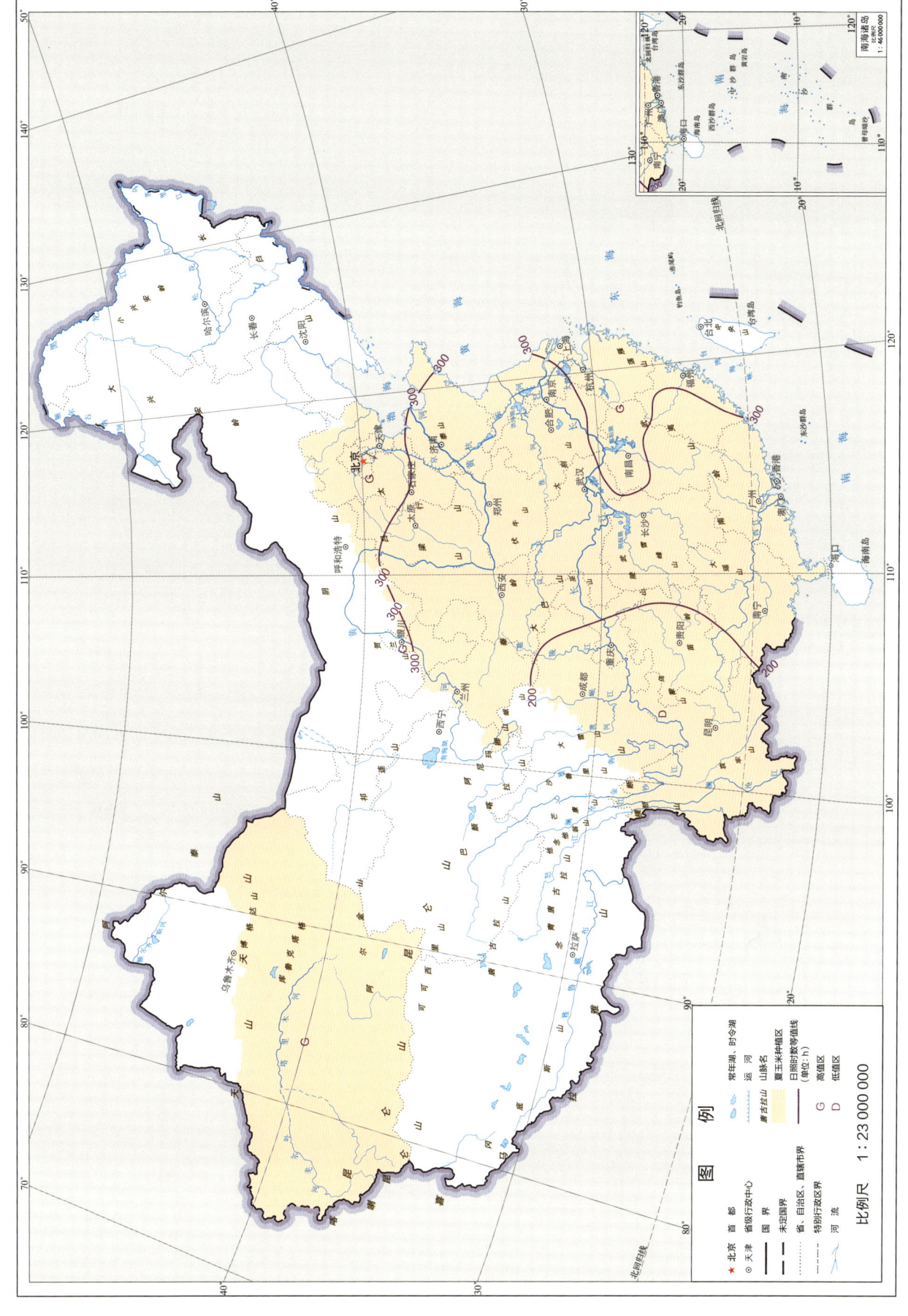

夏玉米抽雄期—成熟期日照百分率

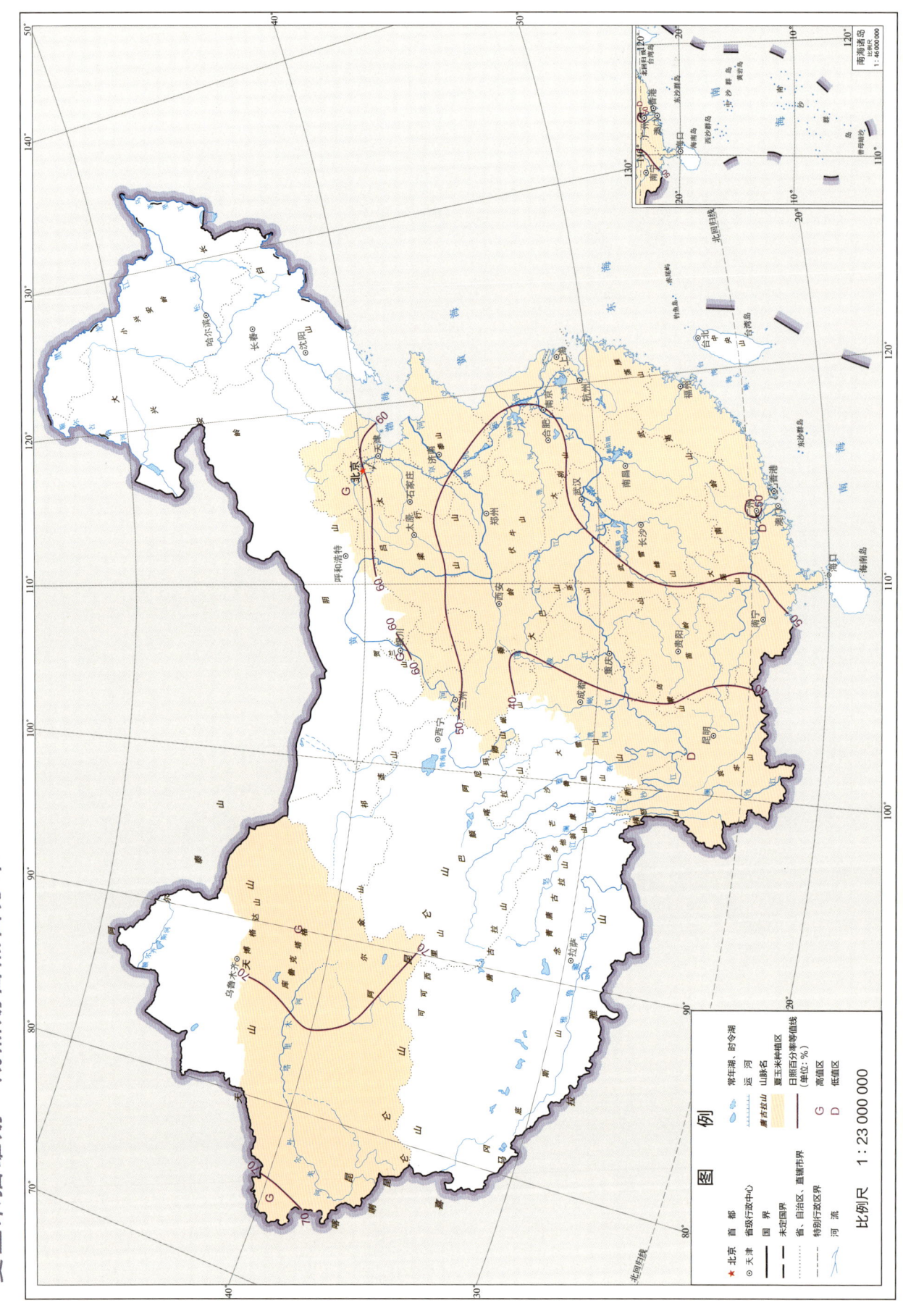

154 中国主要作物气候资源图集 玉米卷

夏玉米抽雄期—成熟期 ≥0℃积温

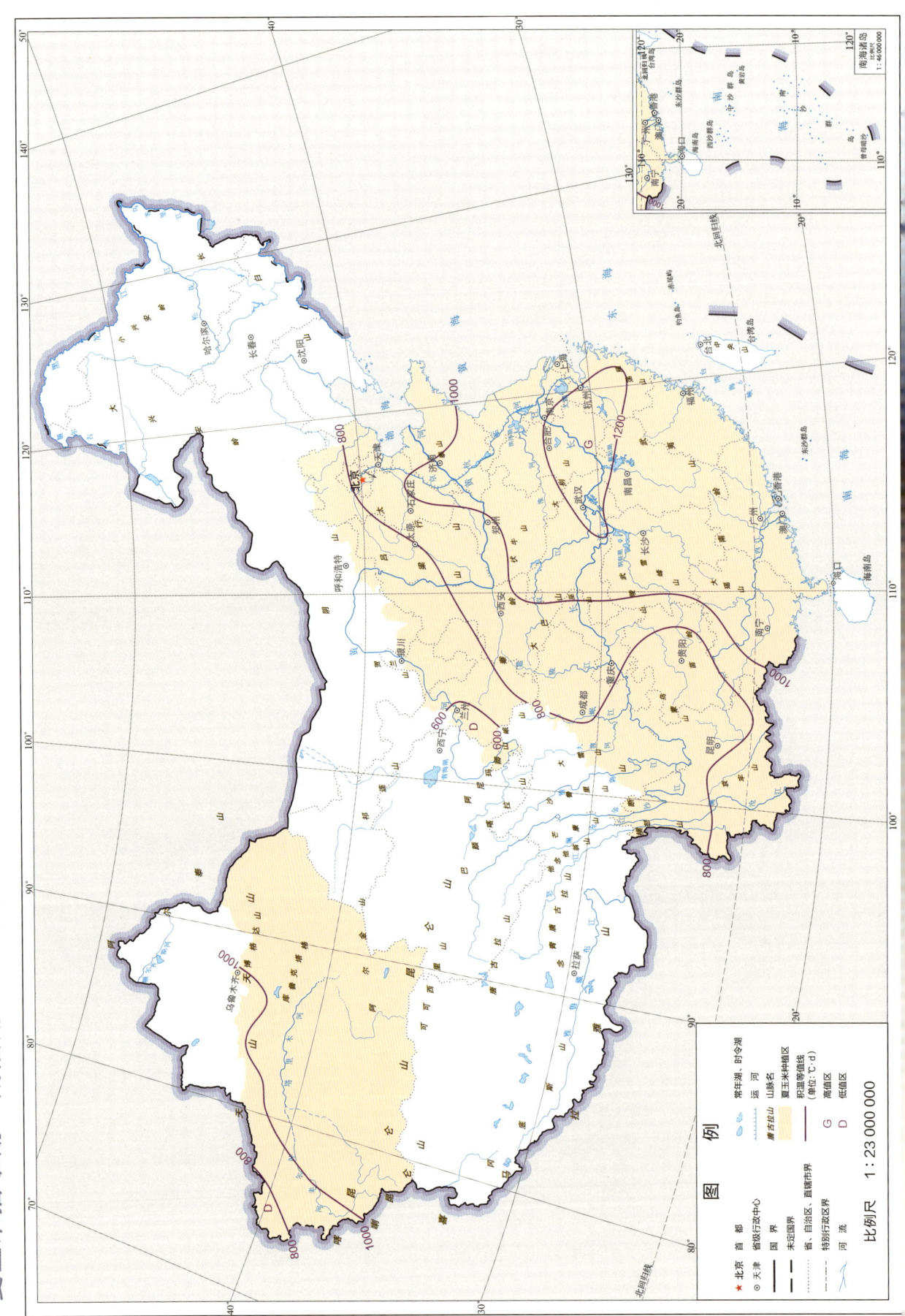

夏玉米抽雄期—成熟期≥5℃积温

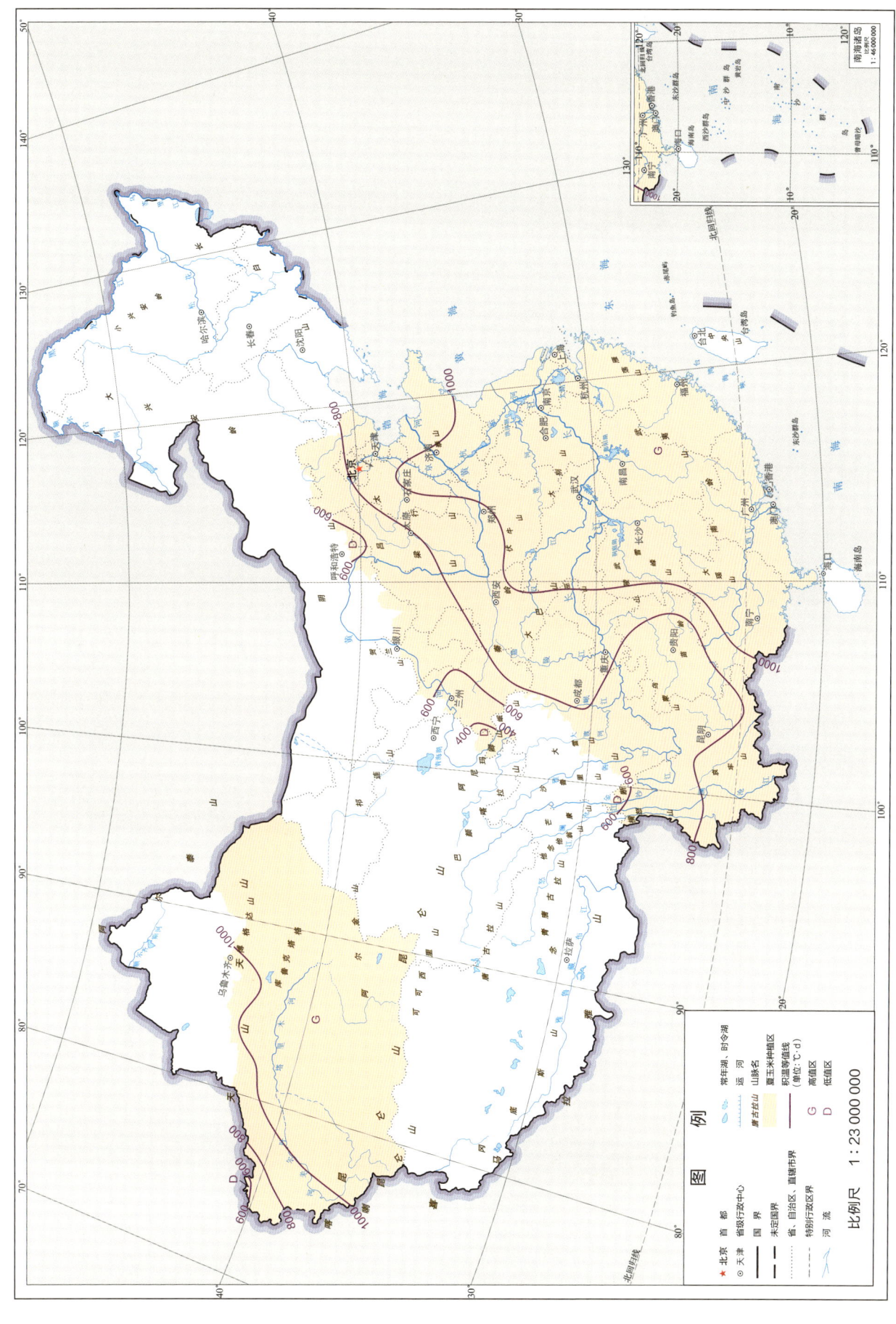

夏玉米抽雄期—成熟期≥10℃积温

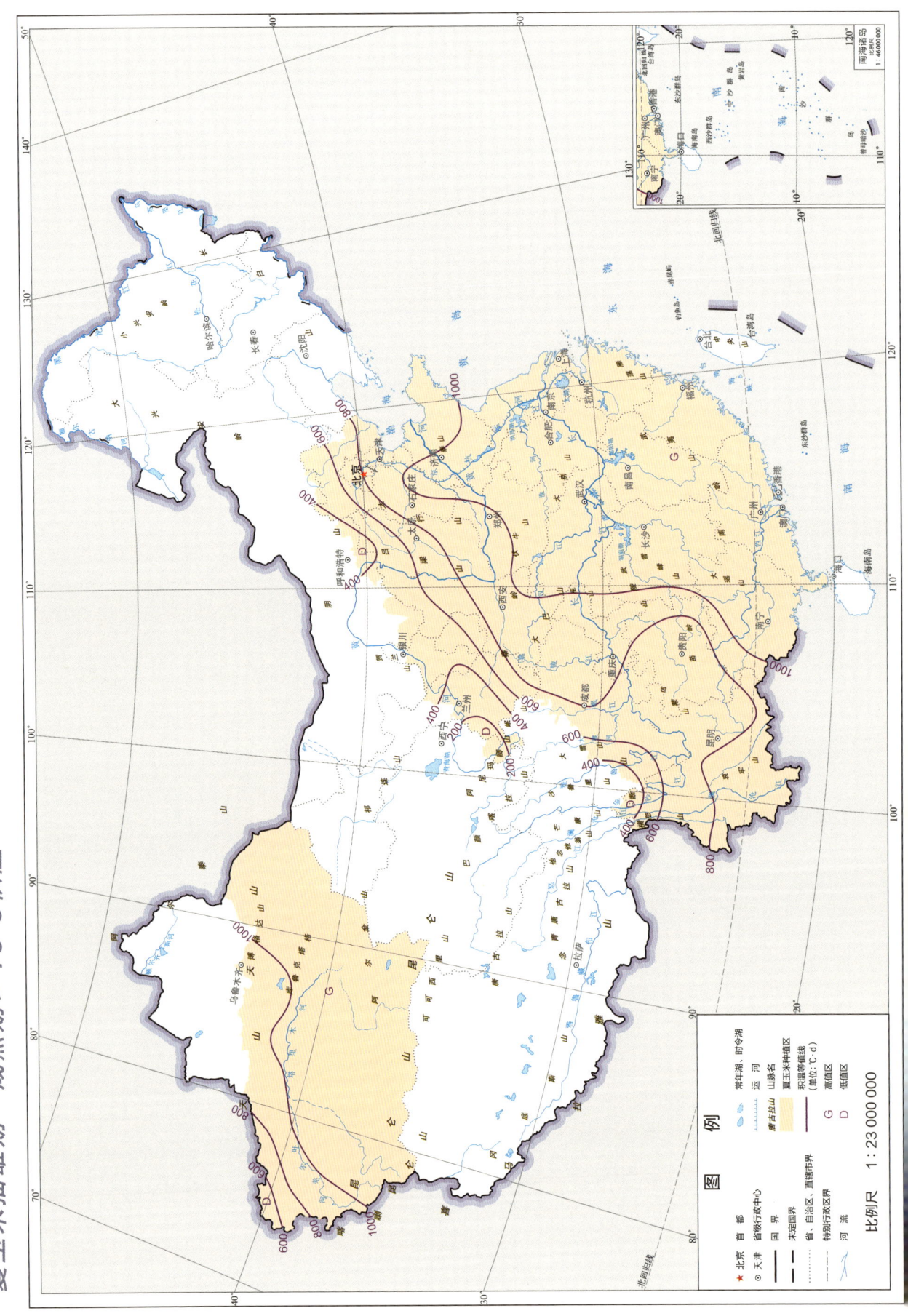

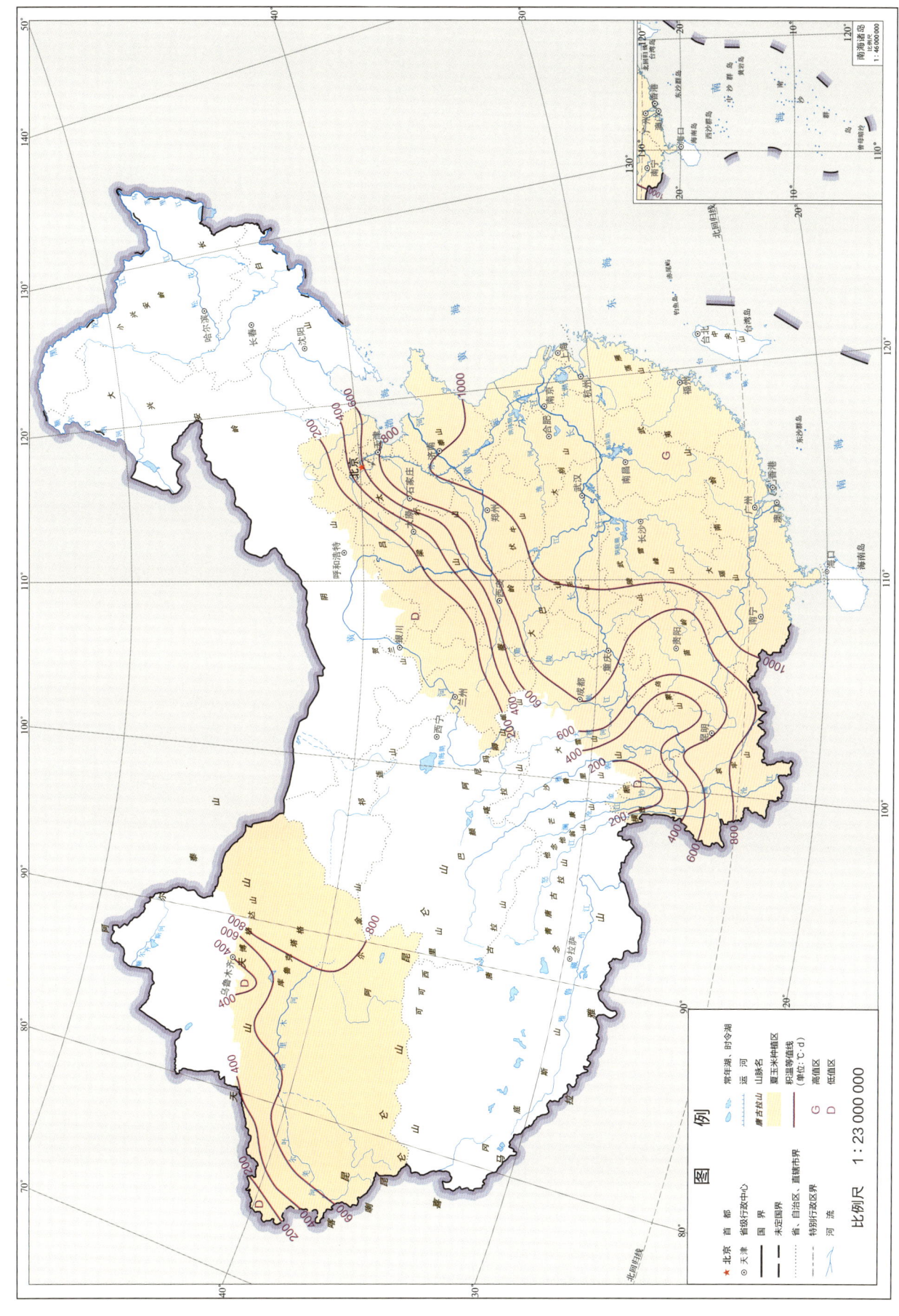

夏玉米抽雄期—成熟期≥20℃积温

夏玉米抽雄期—成熟期平均温度

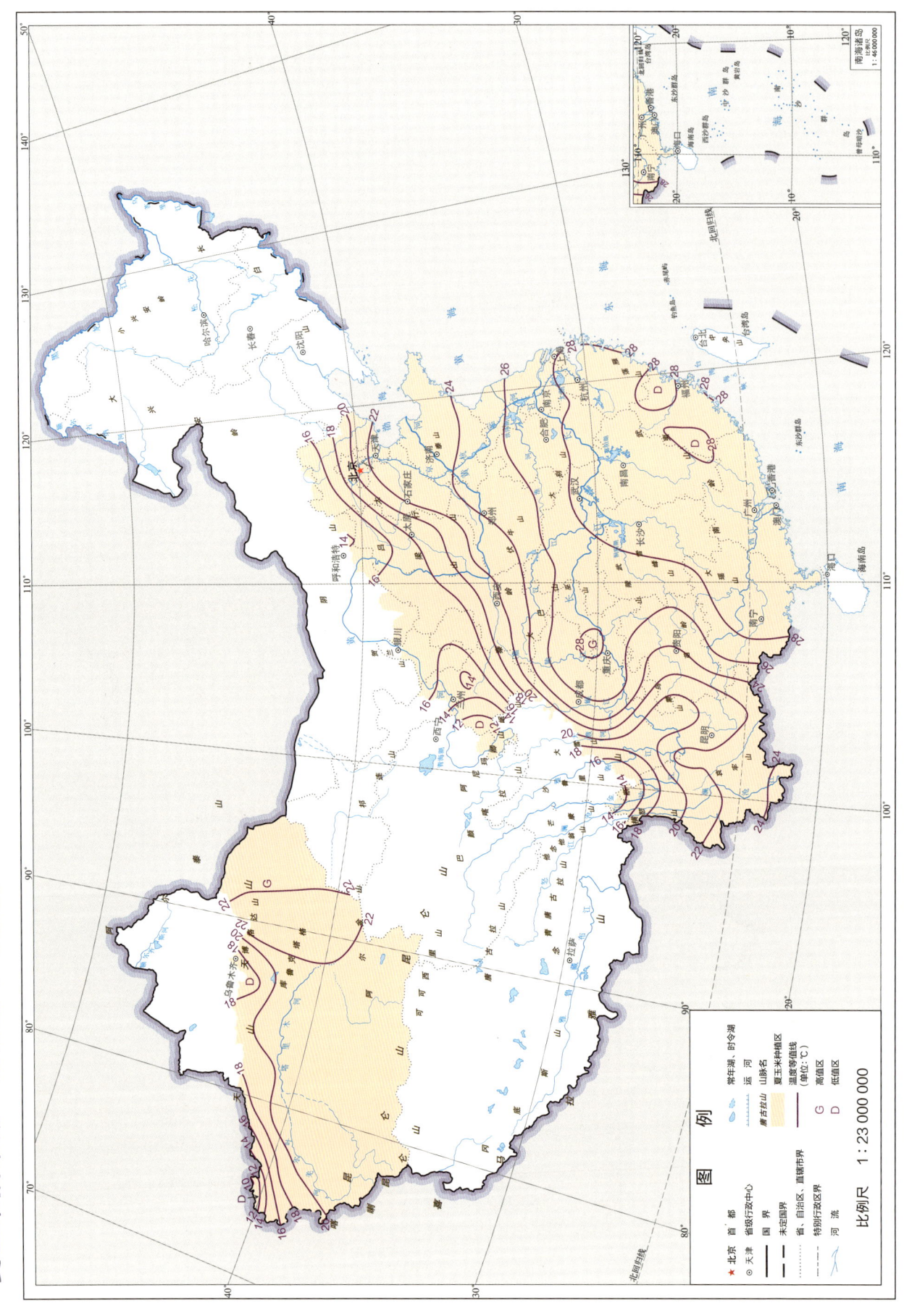

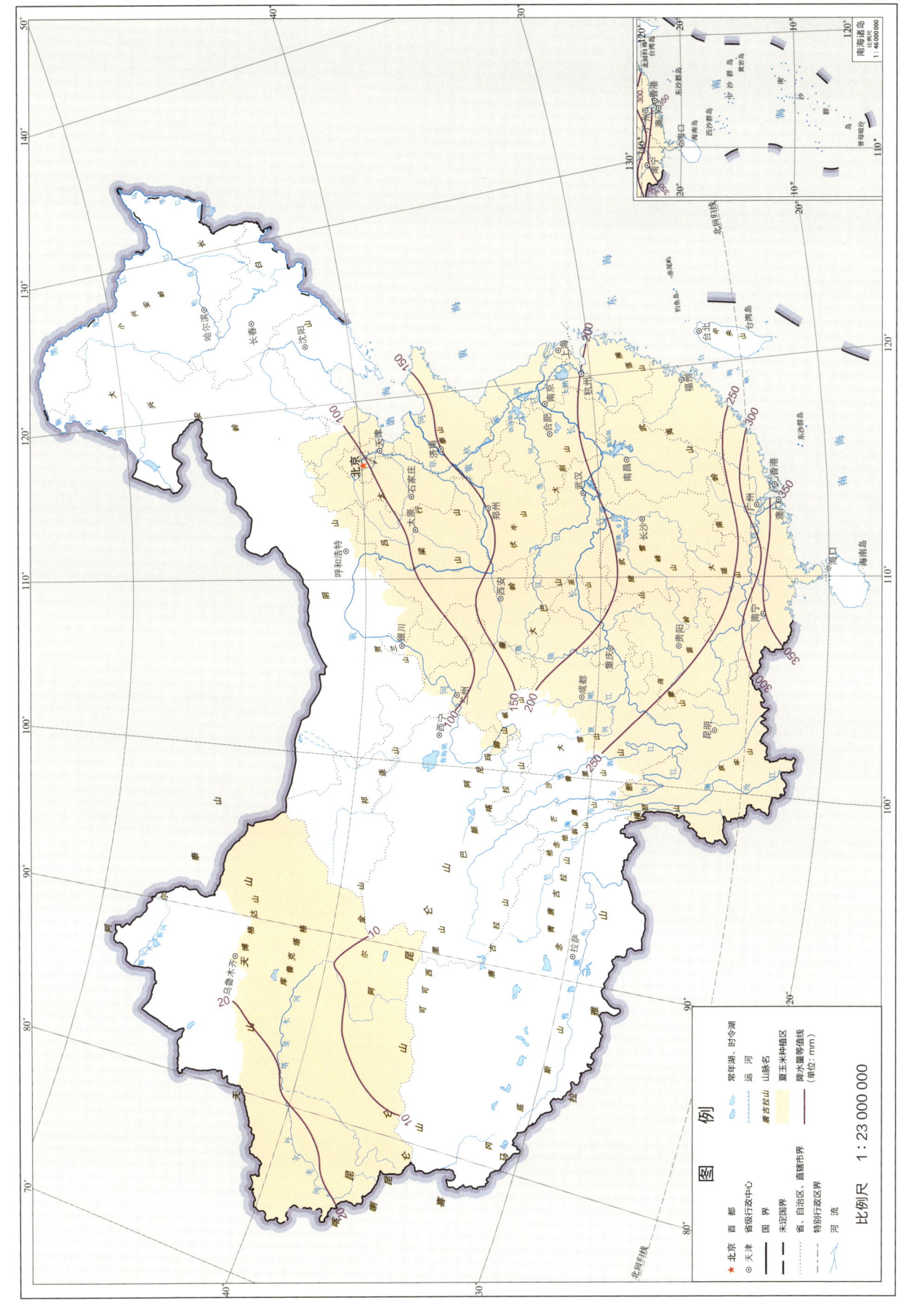

夏玉米抽雄期—成熟期需水量

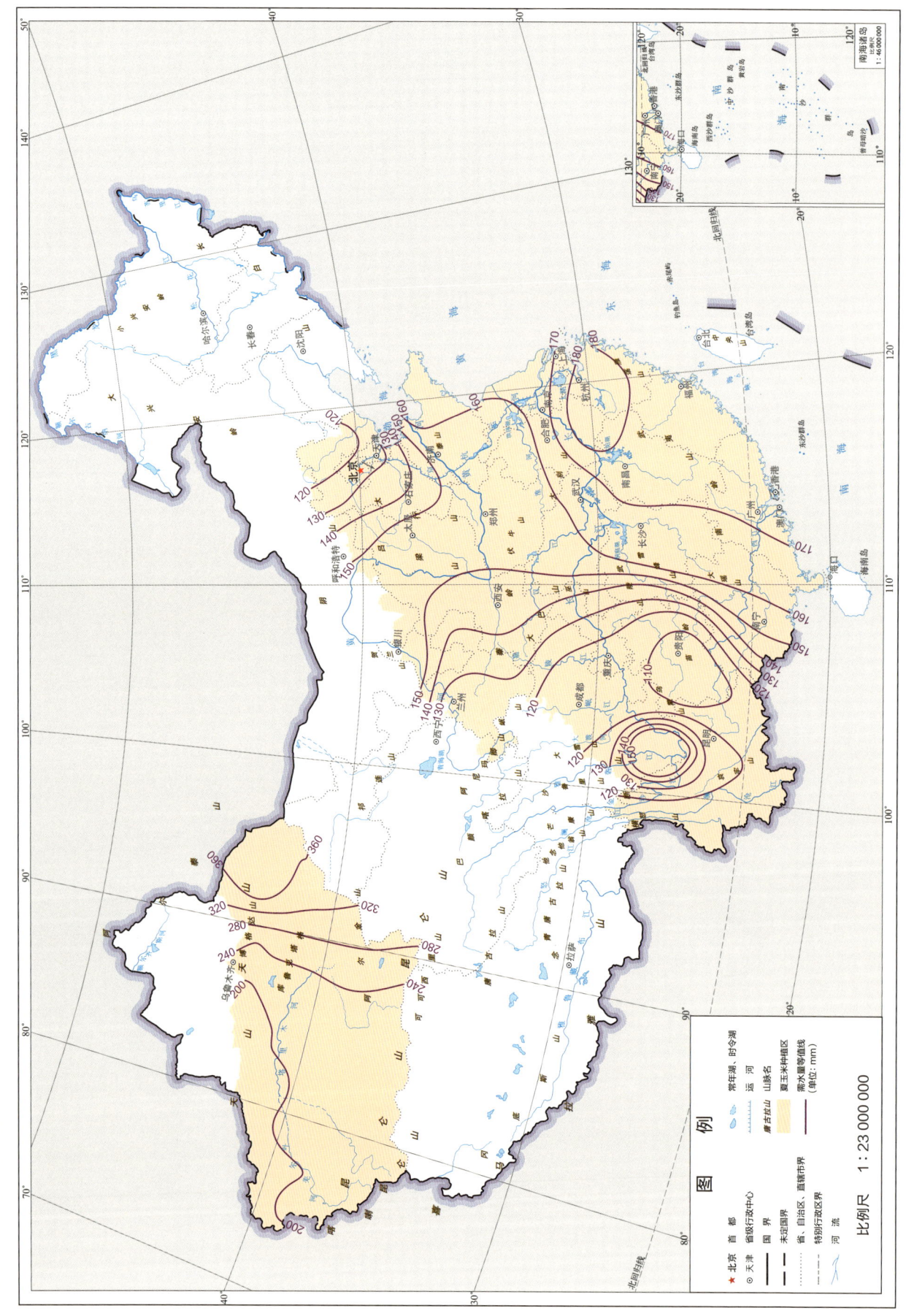

夏玉米抽雄期—成熟期降水盈亏量

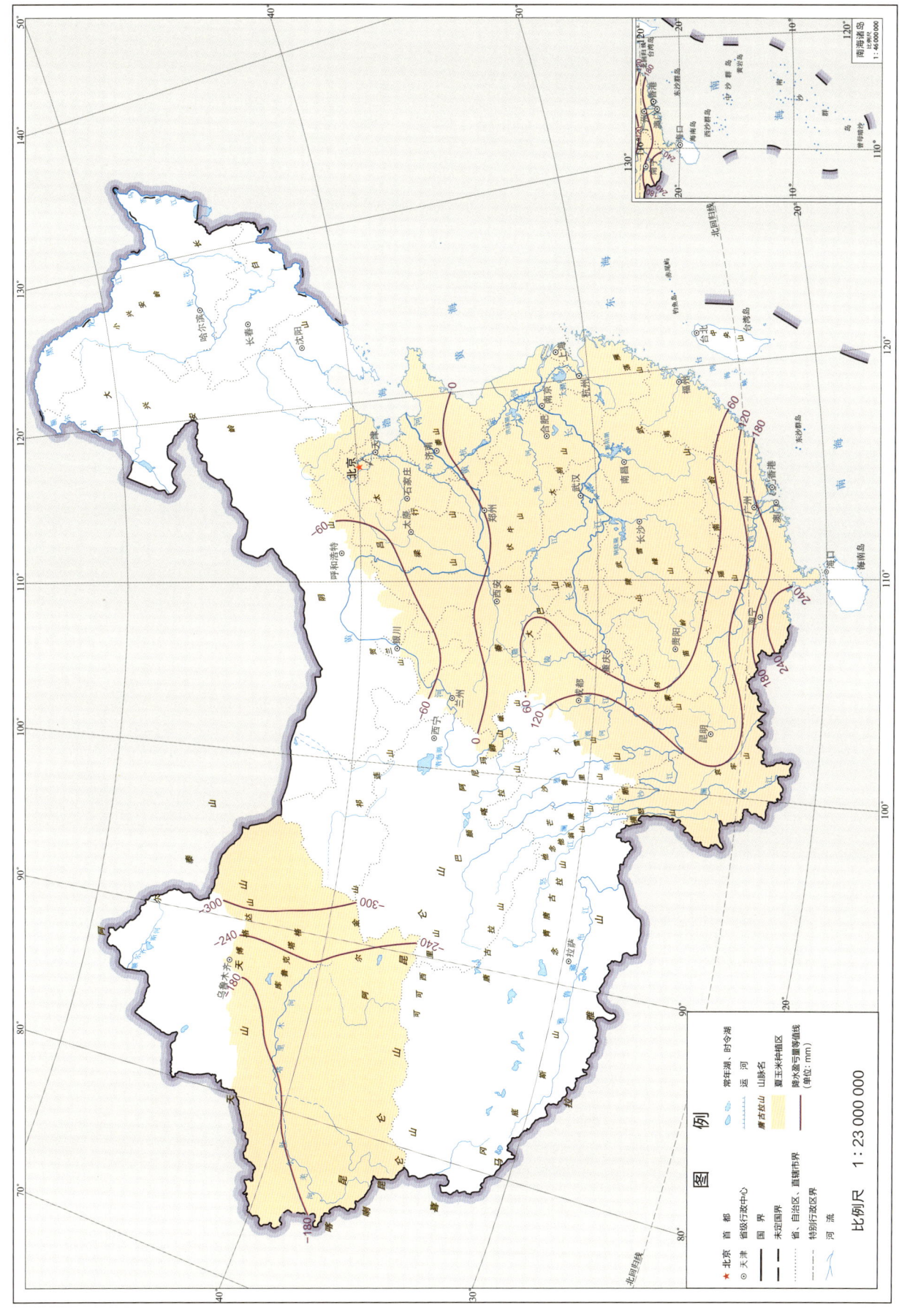

2.3 夏玉米主要气象灾害

　　夏玉米开花期高温主要发生在每年的7月20日—8月10日，其间日最高气温≥30℃且相对湿度≤60%（指标1），夏玉米开花较少，影响产量，易发生夏玉米开花期高温灾害。

　　夏玉米开花期高温灾害（指标1），发生范围广，北方发生频次高，西南地区发生频次较低。1981—2010年，高发区包括新疆中西部、山西西部、陕西北部、宁夏北部，发生频次超过25次，即超过83%的年份均有发生；由高发区向东南，发生频次逐渐减少、频率降低，山东青岛—泰安—河南开封—湖北十堰—施恩—贵州铜仁—贵阳—四川宜宾—乐山—康定一线，与江苏淮安—安徽蚌埠—湖南岳阳—怀化—广西桂林—福建武夷山一线之间发生频次低于5次；江南地区的高发区包括江西西南部和湖南南部，发生频次超过15次；仅云南西南部未见发生。

　　夏玉米开花期高温主要发生在每年的7月20日—8月10日，其间日最高气温≥35℃（指标2），夏玉米花粉丧失活力，不能正常开花，影响产量，易发生夏玉米开花期高温灾害。

　　夏玉米开花期高温灾害（指标2），发生范围广，长江中下游及其以南地区和新疆南部发生频次高，西南地区发生频次较低。1981—2010年，高发区分布在长江中下游及其以南地区和新疆南部地区，发生频次超过25次，即超过83%的年份均有发生；由高发区向西北，发生频次逐渐减少、频率降低，到宁夏南部、甘肃南部、四川西南部、云南大部分发生频次低于5次；四川康定—西昌—贵州六盘水—云南文山一线以西地区未见发生。

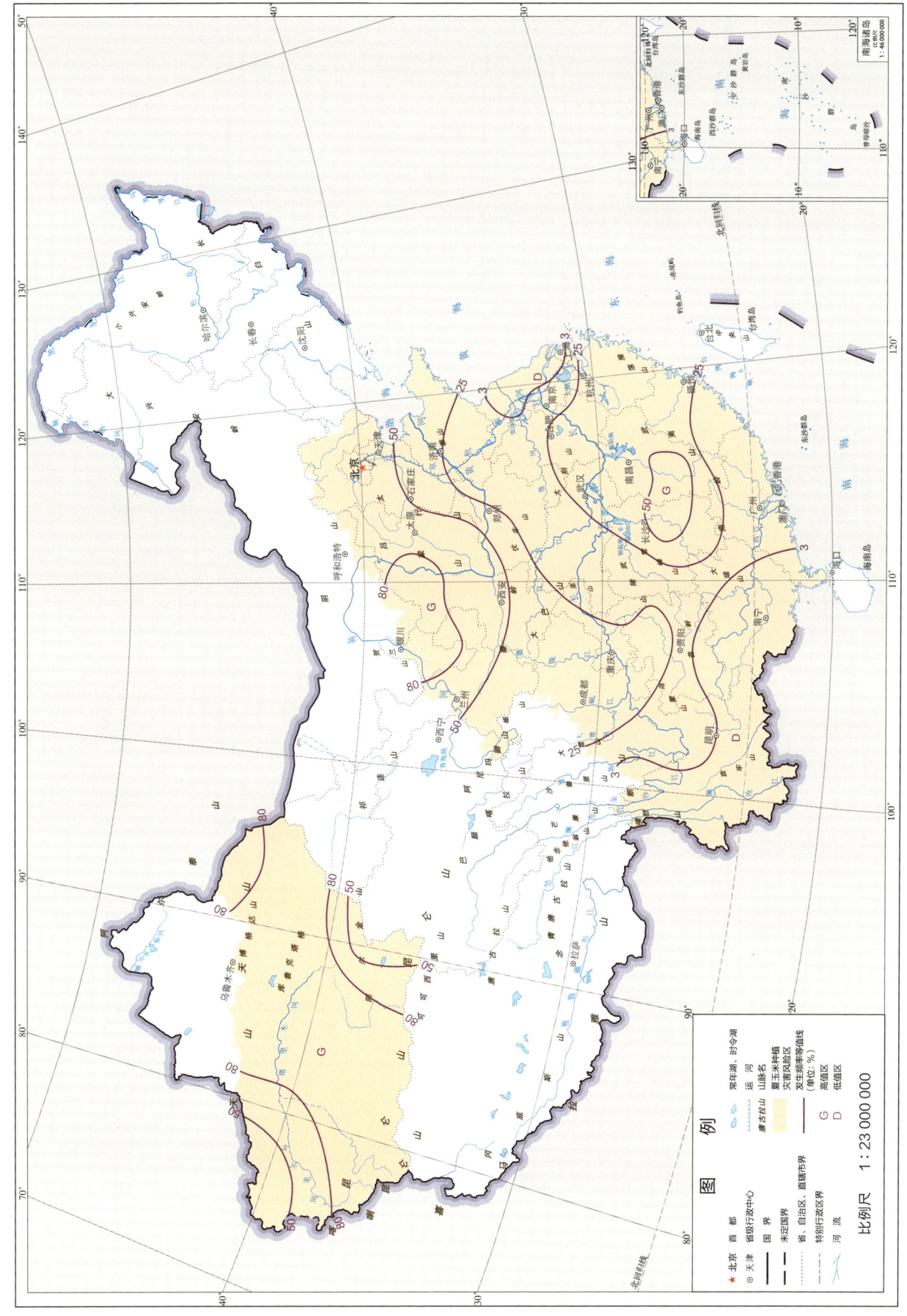

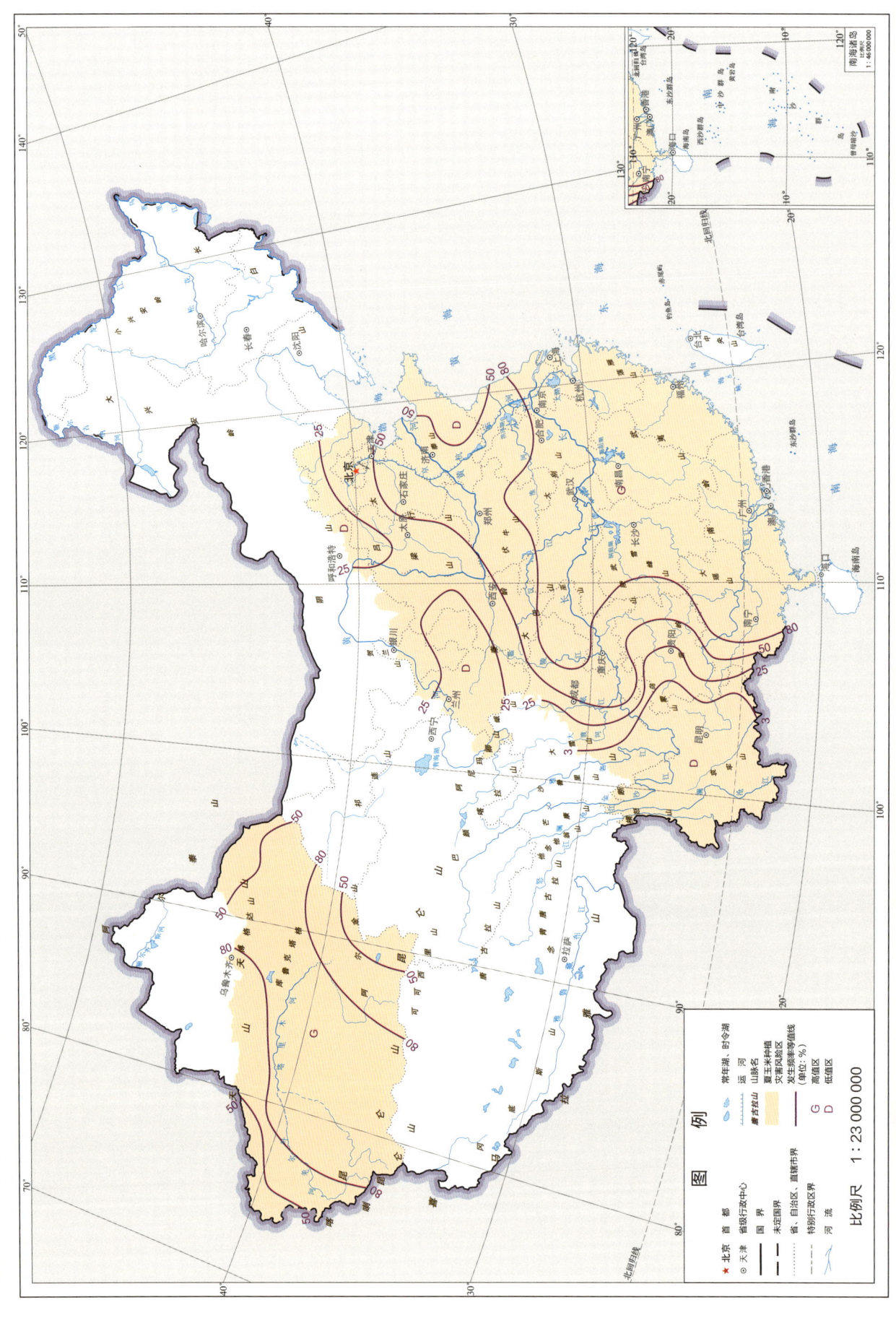

夏玉米开花期高温（指标2）发生频率

参考文献

陈欢，王全忠，周宏，2015.中国玉米生产布局的变迁分析[J].经济地理，35(8)：165-171.

高素华，1995.中国农业气候资源及主要农作物产量变化图集[M].北京：气象出版社.

郭建平，2010.气候变化背景下中国农业气候资源演变趋势[M].北京：气象出版社.

郭延景，肖海峰，2022.基于比较优势的中国玉米生产布局变迁及优化研究[J].中国农业资源与区划，43(3)：58-68.

郝云理，1993.农业气象适用技术[M].北京：气象出版社.

贾正雷，程家昌，李艳梅，等，2018.1978—2014年中国玉米生产的时空特征变化研究[J].中国农业资源与区划，39(2)：50-57.

梅旭荣，2015.中国农业气候资源图集·农业气象灾害卷[M].杭州：浙江科学技术出版社.

梅旭荣，2015.中国农业气候资源图集·综合卷[M].杭州：浙江科学技术出版社.

梅旭荣，2015.中国农业气候资源图集·作物光温资源卷[M].杭州：浙江科学技术出版社.

梅旭荣，2015.中国农业气候资源图集·作物水分资源卷[M].杭州：浙江科学技术出版社.

南京气象学院，1984.中国农业气候资源图集(水分部分)[M].北京：气象出版社.

气象科学研究院，1984.中国农业气候资源图集(热量部分)[M].北京：气象出版社.

孙磊，2021.东北春玉米主要农业气象灾害及减灾保产调控关键技术[M].北京：中国农业科学技术出版社.

徐延红，2014.东北玉米适应气候变化措施对农业气候资源利用率的影响评估[D].北京：中国气象科学研究院.

杨晓光，刘志娟，李少昆，2021.中国三大粮食作物潜在产量及气候资源利用图集[M].北京：科学出版社.

杨晓光，于沪宁，2006.中国气候资源与农业[M].北京：气象出版社.

袁彬，2012.气候变化下东北春玉米气候生产潜力及农业气候资源利用率[D].北京：中国气象科学研究院.

周美君，李飞，邵佳琪，等，2020.气候变化背景下中国玉米生产潜力变化特征[J].地理科学进展，39(3)：443-453.